黑龙江省佳木斯市郊区耕地地力评价

国忠宝　主编

中国农业出版社

内 容 提 要

  本书是对黑龙江省佳木斯市郊区耕地地力调查与评价成果的集中反映。在充分应用耕地信息大数据智能互联技术与多维空间要素信息综合处理技术并应用模糊数学方法进行成果评价的基础上，首次对佳木斯市郊区耕地资源历史、现状及问题进行了分析和探讨。它不仅客观地反映了郊区土壤资源的类型、面积、分布、理化性质、养分状况和影响农业生产持续发展的障碍性因素，揭示了土壤质量的时空变化规律，而且详细介绍了测土配方施肥大数据的采集和管理、空间数据库的建立、属性数据库的建立、数据提取、数据质量控制、县域耕地资源管理信息系统的建立与应用等方法和程序。此外，还确定了参评因素的权重，并通过利用模糊数学模型，结合层次分析法，计算了郊区耕地地力综合指数。这些不仅为今后改良利用土壤、定向培育土壤、提高土壤综合肥力提供了路径、措施和科学依据；而且也为今后建立更为客观、全面的黑龙江省耕地地力定量评价体系，实现耕地资源大数据信息采集分析评价互联网络智能化管理提供参考。

  全书共 7 章。第一章：自然与农业生产概况；第二章：耕地地力评价技术路线；第三章：耕地土壤、立地条件与农田基础设施；第四章：耕地土壤属性；第五章：耕地地力等级分述；第六章：耕地区域配方施肥；第七章：耕地地力建设对策与建议。书末附 6 个附录供参考。

  该书理论与实践相结合、学术与科普融为一体，是黑龙江省农林牧业、国土资源、水利、环保等大农业领域各级领导干部、科技工作者、大中专院校教师和农民群众掌握和应用土壤科学技术的良师益友，是指导农业生产必备的工具书。

编 写 人 员 名 单

总 策 划：王国良　辛洪生

主　　编：国忠宝

副 主 编：晋宝忠　王　森　孙忠坤　王　颖　徐永杰

编写人员（按姓氏笔画排序）：

马金启　马治国　王亚平　刘文波　孙娟娟

李长林　李传华　李树铭　吴　昊　吴艳霞

邱惠芹　张　华　赵云平　段立志　姜艳军

贾东兴　徐宝春　高凤莉　郭长胜　郭洪满

董福长　褚国江　潘俊勇　薛桂莉

序

　　农业是国民经济的基础；耕地是农业生产的基础，也是社会稳定的基础。中共黑龙江省省委、省政府高度重视耕地保护工作，并做了重要部署。为适应新时期农业发展的需要、促进农业结构战略性调整、促进农业增效和农民增收，针对当前耕地土壤现状确定科学的土壤评价体系，摸清耕地的基础地力并分析预测其变化趋势，从而提出耕地利用与改良的措施和路径，为政府决策和农业生产提供依据，乃当务之急。

　　2009年，佳木斯市郊区结合测土配方施肥项目实施，及时开展了耕地地力调查与评价工作。在黑龙江省土壤肥料管理站、黑龙江省农业科学院、东北农业大学、中国科学院东北地理与农业生态研究所、黑龙江大学、哈尔滨万图信息技术开发有限公司及佳木斯市郊区农业科技人员的共同努力下，佳木斯市郊区耕地地力调查与评价工作于2012年顺利完成，并通过了农业部组织的专家验收。通过耕地地力调查与评价工作，摸清了该区域耕地地力状况，查清了影响当地农业生产持续发展的主要制约因素，建立了佳木斯市郊区耕地土壤属性、空间数据库和耕地地力评价体系，提出了全区耕地资源合理配置及耕地适宜种植、科学施肥及中低产田改造的路径和措施，初步构建了耕地资源信息管理系统。这些成果为全面提高农业生产水平，实现耕地质量计算机动态监控管理，适时提供辖区内各个耕地基础管理单元土、水、肥、气、热状况及调节措施提供了基础数据平台和管理依据。同时，为各级政府制订农业发展规划、调整农业产业结构、保证粮食生产安全以及促进农业现代化建设提供了最基础的科学评价体系和最直接的理论、方法依据，也为今后全面开展耕地地力普查工作，实施耕地综合生产能力建设，发展旱作节水农业、测土配方施肥及其他农业新技术的普及工作提供了技术支撑。

《黑龙江省佳木斯市郊区耕地地力评价》一书，集理论基础性、技术指导性和实际应用性为一体，系统介绍了耕地资源评价的方法与内容，应用大量的调查分析资料，分析研究了该区域耕地资源的利用现状及存在问题，提出了合理利用的对策和建议。该书既是一本值得推荐的实用技术读物，又是佳木斯市郊区各级农业工作者必备的一本工具书。该书的出版，将对全区耕地的保护与利用、分区施肥指导、耕地资源合理配置、农业结构调整及提高农业综合生产能力起到积极的推动和指导作用。

王国良

2017 年 5 月

前言

黑龙江省佳木斯市郊区耕地地力评价工作，是按照《耕地地力调查与质量评价技术规程》、全国农业技术推广服务中心制定的《耕地地力评价指南》及《黑龙江省2007年测土配方施肥工作方案》的要求实施。在佳木斯市郊区区委、区政府的高度重视下，在中国科学院东北地理与农业生态研究所、黑龙江省土壤肥料管理站有关专家的大力支持和协助下，在佳木斯市郊区农业技术推广中心的指导下，以及各有关单位的全力配合和帮助下，历时近4年的时间，完成了佳木斯市郊区"测土配方施肥"项目的耕地地力评价工作。

佳木斯市郊区本次耕地地力评价，结合测土配方施肥项目的开展，4年来共采集土样11 333个，化验土样10 757个；对1 012个耕地地力采样点进行调查分析。通过对1 012个耕地地力采样点的调查分析，对郊区耕地地力进行了评价分级，基本摸清了郊区内耕地地力与生产潜力状况，为各级领导进行宏观决策提供了可靠的依据，为指导农业生产提供了较为科学的数据。较系统地构建了"测土配方施肥"宏观决策和动态管理的基础平台，为农民科学种田、增产增收提供了科学的保障。同时按照每个采样点所代表的地块面积和农户，分别发放了配方卡，按照测土配方卡指导农民科学施肥，将省配送的直供肥送到了农户手中。工作中制作了大量的图、文、表、说明材料，建立了佳木斯市郊区测土配方施肥数据库和区域土地资源空间数据库、属性数据库及佳木斯市郊区耕地质量管理信息系统。编写了《佳木斯市郊区耕地地力评价技术报告》《佳木斯市郊区耕地地力评价专题报告》《佳木斯市郊区耕地地力评价工作总结》，并整理成《黑龙江省佳木斯市郊区耕地地力评价》一书。

　　本书的编写过程中得到了黑龙江省土壤肥料管理站、黑龙江极象动漫影视有限公司、哈尔滨万图信息技术开发有限公司和黑龙江大学的技术支持，特别是黑龙江大学孟凯教授、黑龙江极象动漫影视有限公司朱文勇董事长对本书的编写给予了大力帮助，在此一并表示感谢。

　　由于时间紧，任务重，书中不当之处在所难免，恳请读者批评指正。

编　者

2017 年 5 月

目 录

第一章　自然与农业生产概况

第一节　地理位置与行政区划

佳木斯市郊区坐落在风光秀丽的三江平原腹地,地处完达山老爷岭北麓,横卧松花江下游两岸。

佳木斯郊区地理坐标为北纬46°52′、东经129°51′~130°38′。区平面呈C形。郊区半环抱佳木斯市区,东与桦川县毗邻、南与桦南县接壤、西与依兰县相连、北与汤原县相望,总面积1 750平方千米。

佳木斯市郊区地理位置优越,南、北、西三面环抱佳木斯市区。运输便利,境内有9条铁路干线可通往全国各地,公路有3条国道贯穿东南西北,纵横交错。江海联运可通过三江口直达俄罗斯,佳木斯市郊区农村公路总里程810.7千米。其中,区道16.4千米,乡道456.1千米,村道338.2千米。四通八达的交通干线为佳木斯市郊区走向全国、走向世界提供了得天独厚的优势。

佳木斯市郊区共11个乡(镇),5个农场局。其中,参与地力评价的有96个行政村、5个农场局。长青乡佳西村由于位于市区内,大部分土地被征集,未参与本次地力评价。且敖其镇双兴村与平安乡双兴村重村名(表1-1)。总人口29.8万人,农业人口14.6万人。耕地面积84 493.33公顷,森林覆盖率16.77%。2009年,粮食产量实现3.45亿千克,全区农民人均纯收入实现5 454元。境内居住有汉族、蒙古族、回族、满族、朝鲜族、赫哲族等20个民族。

表1-1　佳木斯市郊区行政区划

乡(镇)	行政村	乡(镇)	行政村
大来镇	大来村	敖其镇	永仁村
	复兴村		双兴村
	富民村		双玉村
	南城子村	望江镇	北四合村
	庆丰村		德新村
	山音村		东付中村
	胜利村		东明村
	卧龙村		佳兴村
	兴华村		景阳村
	中大村		立新村
	中胜村		临江村
敖其镇	敖其村		望江村
	长春村		望胜村
	长寿村		文俊村
	兴隆村		西付中村
	永安村		新合村

（续）

乡（镇）	行政村	乡（镇）	行政村
长发镇	北长发村	平安乡	群英村
	长虹村		荣新村
	长新村		双兴村
	东胜村		太阳升村
	东四合村		万胜村
	二龙山村		新业村
	南长发村		兴安村
	太平川村	四丰乡	花园村
	新河村		顺山堡村
	巨桥村		四丰村
	正合村		新鲜村
沿江乡	福胜村		四合山村
	黑通村		松木河村
	民兴村		团结村
	泡子沿村		董家村
	三连村	群胜乡	群胜村
	新华村		永胜村
	沿江村		陡沟村
西格木乡	草帽村		高峰村
	东格木村		西高峰村
	丰胜村		巨桦村
	靠山村		新城村
	民胜村	莲江口镇	长胜村
	平安村		万庆村
	群林村		红升村
	西格木村		永兴村
平安乡	东风村	长青乡	光明村
	东旺村		前进村
	富胜村		四合村
	佳新村		万兴村
	莲花村		五一村
	明德村		兴家村

第二节　自然与农村经济概况

一、土地资源概况

佳木斯市郊区土地开发利用总面积为 175 001 公顷，耕地面积为 84 493.33 公顷。行政辖区内基本农田面积 65 352.84 公顷，其中，旱田、水田、菜田面积分别为 46 765.84 公顷、10 661 公顷、7 926 公顷。

土地是由土壤、气候、地形、地貌、岩石、植被和水文等因素组成的历史综合体。全区土地利用结构，按土地利用现状划分为耕地、园地、林地、牧草地、居民点与工矿用地、交通用地、水域和未利用土地八大类型。

二、自然气候与水文地质条件

（一）气候条件

佳木斯市郊区处于温和半湿润气候区，属于寒温带大陆性季风气候。气候总的特点是：春季气温回升，多风易旱；夏季温热多雨，气候湿润；秋季气候凉爽，雨雪交替，时间短，降温快；冬季受风控制，寒冷漫长，大风多，降水少，气候干燥。

（1）气候资源分布规律：温度由松花江向南、向北逐渐降低，年活动积温由 2 600℃降到 2 400℃；降水量由南向北逐渐减少，年降水量由 554.8 毫米减少到 538 毫米；日照时数由南部半山区向北部平原逐渐延长。根据佳木斯市郊区各地不同气候特点划分为以下两个气候区。

①北部沿江平原气候区。生长期平均 129 天，年平均气温 2.9℃，生长季节有效积温 2 591℃，年平均降水量 535.3 毫米，干燥指数 1.1。平均初霜期 9 月 22 日，终霜期 5 月 16 日，全年日照数为 2 525 小时。

②南部低山丘陵气候区。生长期平均 116 天，年平均气温 2.7℃，生长季节有效积温 2 503℃，年平均降水量 523 毫米，干燥指数 1.03。全年日照数为 2 303 小时。

（2）日照：佳木斯市郊区全年日照时数平均为 2 525 小时，作物生长季节（5～9 月）平均为 1 175.3 小时，是全年日照时数最多的季节。夏至昼长达 15 小时 50 分。全年太阳总辐射量为 110 千卡/平方厘米。5～9 月太阳辐射量为 50 千卡/平方厘米，与长江中下游地区相似。

（3）气温与积温：佳木斯市郊区纬度高，气候比较寒冷，年平均气温只有 2.9℃。夏季气温较高，平均气温 18℃；7 月平均气温 22℃左右，且昼夜温差大，极端最高气温为 38.1℃，地面温度高达 62.6℃。佳木斯市郊区地处黑龙江省东部，纬度较高，年活动积温较低，远不及南方，10 年的累年平均积温 2 591℃。历史最高年份的积温可达 3 029℃，最低年的积温为 2 116℃。≥10℃活动积温在 2 165.7～3 029.2℃；历年平均有效积温为 2 603℃。从气温来看，基本可以满足一年一季作物的生长需求。

（4）降水和蒸发：

①降水。佳木斯市郊区年平均降水量 540.5 毫米,在整个作物生育期中的 5～9 月,历年平均降水量为 443.4 毫米,占全年降水量的 82.04%,其中 7～8 月的降水量可达到 249.9 毫米,占全年降水量的 46.2%。雨热同季,为作物生长发育提供了十分有利的条件。大气降水年际间差异很大,最多的 1994 年多达 746.2 毫米,最少的 2001 年仅降水 270.9 毫米。年内降水量也很不均匀,年降水量 40% 集中在 7～8 月,1998 年 7～8 月降水 386.2 毫米,占作物生育期降水量 603.3 毫米的 64%;春季降水量仅占全年降水量的 14.6%。

②蒸发。佳木斯市郊区年平均蒸发量为 1 266.3 毫米,是全年平均降水量的 2.34 倍,一年之中蒸发量随气温的变化而变化。12 月和 1 月蒸发量最低,2 月以后随气温上升而增加,5 月蒸发量为最多,6 月蒸发量逐渐减少。

(5)风:佳木斯市郊区是黑龙江省大风较多的区域,尤其春季风大风多,4～5 月大风天数为 12 天,占全年大风总数的 60%。春季风多、风大加剧了旱情的发展,并造成大面积毁地、压苗等灾害,给春播造成很大困难。

(6)地温:地温从全年看,在夏季地表面收入的热量大于冬季失去的热量。因此,累年平均地面温度 3.9℃ 左右,比累年平均气温高 1.0℃ 左右。地温在夏秋两季比气温高,而冬春两季低于气温。最热的 7 月,月平均地面温度为 25.4℃,极端最高地面温度为 62.6℃;最冷的 1 月,月平均地面温度为 −24.4℃,极端最低地面温度为 −46.6℃。土壤自地表到 160 厘米不同深度的变化规律为 9 月变化很小,4～8 月由地表向下的温度变化为递减,变幅较大;10 月至翌年 3 月由地表向下的温度变化为递增,变幅大。

地面开始结冻期在 10 月 29 日前后,地面稳定结冻期在 11 月 8 日左右。随着土壤深度的增加,冻结时间拖后,一直到第二年的 4 月土壤冻结为最深,平均冻结深度在 1.79 米左右。最大冻土深度为 2.11 米。由于土壤含水量不同,冻结深度和时间也不同,沼泽土和泥炭土由于受水分的影响比其他土类的结冻浅,在 1 米左右,但解冻时间也迟。地面开始解冻时间,每年在 3 月下旬开始不稳定解冻,4 月 5 日以后地面稳定解冻。

地面冻结期平均长达 5 个多月。土壤冰层的存在,对土壤水分运动和土壤形成以及农业生产都有十分重要的作用。10 月下旬土壤表层开始冻结,春季由于受温度的影响,从地表向下融化时,在冻层上形成了临时托水(返浆水)。所以,在农业生产措施上采用的顶浆打垄对抗春旱,对保证作物出苗有十分重大的意义。

佳木斯市历年各气象要素值见表 1-2。

表 1-2 佳木斯市历年各气象要素值

年份	年降水量 (毫米)	积温 (℃)	日照时数 (小时)	终霜	初霜	无霜期 (天)
1980	506.1	2 607.0	2 366.9	5 月 17 日	9 月 22 日	127
1981	680.7	2 440.0	2 484.8	5 月 5 日	9 月 27 日	144
1982	448.4	3 029.0	2 698.8	4 月 24 日	10 月 1 日	159
1983	531.7	2 532.0	2 288.2	5 月 9 日	9 月 28 日	141
1984	510.0	2 481.0	2 365.7	4 月 28 日	9 月 27 日	151

（续）

年份	年降水量 （毫米）	积温 （℃）	日照时数 （小时）	终霜	初霜	无霜期 （天）
1985	610.7	2 688.0	2 395.2	5 月 28 日	9 月 24 日	118
1986	449.4	2 531.0	2 593.2	5 月 9 日	9 月 29 日	142
1987	626.3	2 509.0	2 303.0	5 月 5 日	9 月 16 日	133
1988	538.9	2 751.0	2 393.4	5 月 8 日	9 月 25 日	139
1989	403.8	2 591.0	2 525.7	5 月 23 日	9 月 18 日	117
1990	593.8	2 392.0	2 481.1	5 月 10 日	9 月 23 日	135
1991	531.8	2 747.0	2 292.7	5 月 3 日	9 月 29 日	148
1992	467.2	2 626.0	2 348.7	5 月 2 日	9 月 20 日	140
1993	499.6	2 724.0	2 246.1	4 月 30 日	9 月 11 日	133
1994	841.5	2 860.0	2 332.2	5 月 19 日	10 月 7 日	140
1995	517.4	2 721.0	2 386.3	5 月 15 日	9 月 14 日	121
1996	491.2	2 900.0	2 368.7	5 月 4 日	9 月 4 日	122
1997	621.5	2 681.0	2 400.0	5 月 5 日	9 月 12 日	129
1998	655.5	2 961.0	2 345.8	5 月 10 日	9 月 22 日	134
1999	403.9	2 588.0	2 395.5	5 月 24 日	9 月 18 日	116
2000	528.3	3 089.0	2 421.9	5 月 9 日	10 月 15 日	158
2001	350.5	3 048.0	2 649.1	4 月 26 日	9 月 21 日	147
2002	564.4	2 853.0	2 298.5	4 月 26 日	9 月 20 日	146
2003	559.5	2 857.0	2 369.9	5 月 10 日	10 月 6 日	148
2004	452.1	2 842.0	2 481.7	5 月 1 日	9 月 30 日	151
2005	494.8	2 836.0	2 593.4	5 月 5 日	10 月 3 日	150
2006	515.3	3 033.0	2 370.0	5 月 12 日	10 月 7 日	147
2007	430.0	3 064.0	2 552.4	4 月 2 日	10 月 1 日	181
2008	394.5	2 805.4	2 529.8	4 月 25 日	9 月 28 日	156
2009	819.1	2 898.1	2 368.6	5 月 10 日	9 月 19 日	131

（二）水文地质条件

1. 水资源　佳木斯市郊区 2009 年水资源开发利用总量为 16 660 万立方米，在全区各业用水量中，城镇生活用水量 700 万立方米，全部为地下水；工业生产用水量 210 万立方米，全部为地下水；农业灌溉用水量 15 520 万立方米，其中地下水利用量 6 920 万立方米。

佳木斯市郊区地表水资源较为丰富，北部沿江平原区约为 2.5 亿立方米，南部低山丘陵区约为 3.3 亿立方米，共计约为 5.8 亿立方米。佳木斯市郊区有松花江（1 江）、格节河、英格吐河等河流（13 条中小河流），地表水资源较为丰富，全郊区总水域面积达 87.5 平方千米。

仅松花江段多年平均过境水量为 676.1 亿立方米，过境水量十分充沛。汛期流量为 7 168.93 立方米/秒，其中 1960 年汛期流量为 18 400 立方米/秒；枯水期流量为 357.9 立方米/秒。

2. 地质构造特征 佳木斯市郊区位于新华夏第二隆起带。佳木斯隆起与合江凹陷接壤处。北部为鹤岗、汤原地块，西连依兰-舒兰地堑，东接合江凹陷。因系几个大地单元衔接处，故构造情况十分复杂。褶皱基底为下元古界地层，其方向主要为北东或近东西向，并见有海西期花岗岩侵入其中，混合岩化现象显著。燕山期火山活动在佳木斯市郊区颇为频繁。中酸性火山岩甚为发育。第三系沉积层分布于佳木斯市郊区西部与北部，上第三纪时期沿袭老断裂带有玄武岩喷出。现在该区内仍有缓慢的差异性起伏运动。

（1）第四系全新统冲积沙砾孔隙潜水：分布在佳木斯市郊区北部宽广的漫滩地区，岩性主要由棕黄色、黄褐色沙、沙砾石组成。含水层厚度一般为 20～30 米，最厚可达 60米，向东部逐渐变厚，厚度为 50～70 米。唯纺织厂、玛钢厂以南基底隆起，含水层变薄，一般厚度为 12～19 米。向西黑通及泡子沿村一带由于受依兰-舒兰地堑的影响，其厚度增大，可达 85 米。该水层透水性能和富水性能良好。井中水位下降 2.38～2.96 米，单位涌水量为 27.19～35.4 吨/（秒·米），影响半径 238～422 米，渗透系数为 72～153.9 吨/日。地下水水质类型以 HCO_3-Ca 型为主，水的矿化度低，pH 为 6.5～7.0，稍偏酸性。重金属以铁、锰为主。铁元素在还原条件下是以二价铁离子状态存在于水中，一般均属于理想的饮用水。该层与全新沙砾石孔隙水构造统一的含水量水层，潜水位主要是受水文气象周期性变化控制。水位年变幅为 1～3 米，同时也受开采和农灌的影响，使潜水动态具有季节性变化规律。最深可达 7 米，其富水性较弱，单井出水量为 0.2～0.5 吨/日，水质不好。水质类型为 Cl-NO_3-Ca 及 Mg-HCO_3-Ca·Mg 型水，矿化度 150～930 克/升，由大气降水补给。

（2）第四系亚黏土孔隙-裂隙水：分布在一级阶地上的黏土及亚黏土中含孔隙、裂隙潜水，水位埋藏 2.4～4.0 米，丘陵缓坡有覆盖较厚的亚黏土（8～40 米）影响大气降水的直接渗透。潜水多以地表径流的形式汇入小溪，以地下径流方式补给高漫滩基岩裂隙水和第四系潜水。佳木斯市郊区地下水主要补给来源为大气降水，气象因素对地下水的补给起控制作用，季节性的冻土也起一定制约作用。7～9 月大气降水集中，同时也是地下水的丰水期。从山区流来的河水，在流经高漫滩的时候部分渗入地下，补给第四系潜水。形成高漫滩后缘潜水，水位高，水位埋藏浅。在人工开采条件下，松花江水由调节变成补给源。

（3）白垩系中酸性火山及沙砾岩裂隙水：在丘陵山区中，酸性火山及沙砾岩裂隙及构造裂隙较发育，含裂隙浅水。水位埋深 8～20 米，含水层厚度 30～50 米，岩层富水性较弱，单位涌水量 0.9 升/（秒·米），单井出水量为 240～840 吨/日，水质类型以 HCO_3-CA 为主，矿化度小于 1 克/升，属于矿化淡水。

砂岩砾岩，主要有黄褐色或灰绿色的砂岩、黄褐色砾岩，由凝灰质或沙质胶结，分布在漫滩下部的裂隙水具有承压性，水头一般在 30～40 米，最高水头 60 米。由于裂隙具有不均匀性，含水层的透水性和富水性区别较大。单井出水量为 140.6～872.6 吨/日，单位涌水量 0.246～2.327 升/（秒·米），渗透系数一般为 0.7～2.32 米/天，矿化度 0.2～0.27 克/升。水质类型以 HCO_3-Ca 型为主。

（三）不利的自然因素

佳木斯市郊区虽然农业生产条件优越，但气候多变，常有旱、涝、风、雹、冷害、霜害、冻害等灾害性天气出现。由于地处高纬度，属寒温带大陆性季风气候，气候深受冬、夏季风的影响，冷热交替和干湿交替强烈。

1. 低温冷害　发生的主要原因，一是作物生长季内≥10℃积温不足；二是由于6月、8月平均气温低，作物孕穗期遇到低温；三是秋霜早和光照不足，使作物生育期推迟或受粉不良，造成减产。发生频率，根据气象资料分析，郊区自1951—1981年共有7年为低温冷害年，出现频率为16％。其中，1969年是低温冷害最重年，≥10℃积温较均值减少443℃；2002年也是几十年未遇的混合型严重低温冷害年，6～8月≥10℃积温较历年减少82.7℃，6～8月平均气温低于均值，6～8月≥10℃积温之和与历年比日均减少2.6℃，7月中旬至8月上旬日平均气温低于18℃的天数有7天；5～8月日照时数减少76.8小时，日均减少0.62小时。水稻平均减产50％以上，玉米、大豆等粮食作物减产20％左右。

2. 旱涝交替　发生涝灾和春夏旱灾也是佳木斯市郊区农业生产的主要不利自然条件。根据调查和气象资料分析，郊区主要是内涝对农业生产危害较大。内涝在春、夏、秋都有发生。夏涝年一般发生在7～8月，降水量均超过360毫米，使农作物大幅度减产。旱灾在郊区发生机会较多，春旱发生最多，春、夏、秋连旱发生较少。2003年，春旱时70天没下一场透雨，致使农田大面积毁种、补种。

第三节　农业生产概况

一、农业发展简史

1. 1909—1931年　其生产关系是封建的土地私有制，土地制度束缚生产力的发展，农业生产技术落后，粮食产量低，生产发展缓慢。

2. 1932—1945年　东北沦陷后，土地垄断更加严重，除地主兼并土地外，日伪当局利用各种手段强占土地，农民不仅遭受地主阶级的剥削，而且要为统治者当兵，出劳工。日伪时期的粮谷出荷、苛捐杂税，造成广大农村民不聊生，土地荒芜，农业生产遭到严重摧残。

3. 1945—1946年　国民党忙于内战，穷兵黩武，苛捐杂税，横征暴敛，对人民生活漠不关心，农业生产畏缩不前。

4. 1947年　佳木斯市郊区开始平分土地，于1948年全面完成了土地改革。农民分得土地，激发起极大的生产热情，政府制定各项恢复发展农业生产的政策，使农业生产得到迅速恢复和发展。与此同时，在共产党的号召下，农民积极组织起来，走互助合作道路，经历了互助组、初级社，促进了农业生产持续发展。

5. 1956年　佳木斯市郊区实现了高级合作社，标志着社会主义制度在农村已经建立。由于合作社要求过急，改变过快，没能起到进一步解放生产力的作用，加之自然灾害的影响，1956年、1957年两年连续粮食产量下降。

6. 1958年　在"左"的思想指导下，搞"大跃进"和"人民公社"运动，"一平二调"的共产风、浮夸风和瞎指挥风盛行，使农业生产力遭到严重破坏，粮食产量大幅减产。

7. 1962—1965年　纠正了"一平二调"的错误，贯彻"调整、巩固、充实、提高"的八字方针，加大了农业投入，使农业生产得到恢复和发展。

8. 1966—1976 年　农村批判"三自一包",限制了农村经济的全面发展。虽然广大农民经历了困难时期的苦日子,但仍然坚持发展生产,在农田基本建设、增施化肥、普及科学种田、实行农业机械化方面有所进展。特别是 1971 年贯彻北方地区会议精神后,发动群众,大搞以防涝为主的农田基本建设,改善农业生产条件,大力调整农作物布局,增加玉米等高产作物的种植,使粮食产量大幅度增长。

9. 1978—1990 年　贯彻中共十一届三中全会的路线、方针、政策。由于不断改善农业生产条件,改革管理体制,调整生产结构,引进优良品种,推广新技术,加强植保工作,种植业有了很大发展,佳木斯市郊区农业连年跃上新台阶,进入了飞速发展阶段。

在党和政府的领导下,佳木斯市郊区种植业得到了巨大发展,取得了辉煌成就,为佳木斯市郊区农民生活从温饱不足到实现总体小康做出了巨大贡献。通过落实家庭联产承包责任制、免征农业税和良种补贴政策,全区不断加强农田基础设施建设,提高农业技术装备和服务水平,加大新品种、新技术的推广力度,农业生产能力不断增强,初步实现了传统农业向现代农业的转变。主要是农作物产量大幅度增长。全区粮食平均每公顷产量由中华人民共和国成立初期的 1.88 吨提高到现在的 5.7 吨,提高 3 倍以上。2009 年全区粮食总产量实现 3.45 亿千克,是改革开放初期的 3.38 倍。

种植结构不断优化。中华人民共和国成立初期,佳木斯市郊区农作物结构单一。改革开放以后,积极促进粮食和经济作物协调发展。主要农作物品种不断更新换代,先后引进农作物新品种 200 多个。在结构调整中,坚持区域化布局、标准化生产,着力规划建设"六大优势产业带"。2009 年全区蔬菜生产基地发展到 22 个,蔬菜种植面积 0.73 万公顷,其中蔬菜棚室达到 5 308 栋。蔬菜总产量实现 4.02 亿千克,是中华人民共和国成立初期的 196 倍。极大地丰富了城乡居民的菜篮子。

佳木斯市郊区耕地比较瘠薄,旱、涝、风、雹、病虫等灾害比较频繁。近几年由于种植业结构调整和农业技术推广应用,成为国家粮食主产区。2009 年,全区农作物播种面积 6.45 万公顷,其中粮食作物 5.9 万公顷。水稻 1.16 万公顷,单产 450.5 千克,总产75 990 吨;玉米 2.73 万公顷,单产 329.5 千克,总产 136 575 吨;大豆 2.02 万公顷,单产 96 千克,总产 27 930 吨。经济作物 0.59 万公顷,新改建棚室 130 栋,棚室生产达到 5 438 栋。

佳木斯市郊区农业生产,充分发挥机械化作用。从 1990 年开始,全区开展了秋起垄、秋整地、秋施肥、秋作床、秋深松"五秋"整地活动,改变以往春季整地的习惯。春潮秋闹,大大地提高了耕作水平和抵御自然灾害的能力。农机应用程度大大提高。2008 年,全区农机总动力达到 27.7 万千瓦,大、中、小型拖拉机保有量为 8 771 台。配套农机具2 713台(套);联合收割机 161 台;水稻插秧机 272 台。2009 年加快农机规模化进程,提高农业机械化耕作水平。组建农机合作社 4 个。新购进大、中型农机具 208 台、套,全区大、中型拖拉机达到 8 640 台,农业综合机械化程度达到 85%。

10. 1990—2009 年　佳木斯市郊区行政区划进行了 3 次调整,而在行政区划调整过程中,郊区的耕地面积和作物种植面积,也随着区域面积的变更而增减。因各乡(镇)所处的地理位置和自然条件的不同,自然地形成了不同的种植结构布局。

(1)粮食作物:主要分布在远郊的大来镇、敖其镇、群胜乡、西格木乡和中近郊的长发镇、沿江乡。水稻主要分布在江北的望江镇、莲江口镇、平安乡；江南的大来镇、敖其镇、沿江乡也有部分水稻面积。

（2）蔬菜作物：主要分布在近郊的长青乡、四丰乡和中近郊的沿江乡、长发镇、江北的莲江口镇、平安乡。

（3）经济作物：主要分布在远郊的大来镇、敖其镇、群胜乡、西格木乡和中近郊的沿江乡、四丰乡、长发镇。

佳木斯市郊区加快产业结构调整步伐，加快优质粮食生产。抓住黑龙江省启动千万吨粮食产能工程的机遇，加快发展现代农业，在粮食生产上，深入实施良种化工程，扎实开展粮食高产创建活动，按照"六统一"标准重点建设 21 个 27 公顷以上的农业核心示范区，推广新技术和新品种，在提高粮食产量上实现新突破。着力构建绿色食品基地，目前全区播种面积达到 8.69 万公顷，所有耕地通过国家无公害环境化验，绿色食品种植面积达到 4 万公顷，新建农业核心示范区 6 个，市级著名商标总数达到 6 个。敖其镇赫哲新村、大田良种场 100 栋棚室的蔬菜园区正在建设中，来年春季即可投入生产。

佳木斯市郊区粮豆经济作物种植面积统计见表 1-3，1990—2009 年佳木斯市郊区主要农作物产量见表 1-4。

表 1-3　佳木斯市郊区粮豆经济作物种植面积统计

单位：公顷

年份	总面积	水稻	玉米	大豆	小麦	小杂粮
1992	19 694.67	178.27	452.67	518.07	89.8	27
1993	20 463.27	1 983	6 069.13	11 167.73	538.6	210.67
1994	38 193.13	8 235.4	12 302.27	14 868.47	781.07	381.93
1995	39 130.33	8 729.93	15 018.2	13 474.47	440	168.87
1996	39 906.33	9 167.07	15 430.67	13 686.73	0	210.6
1997	41 249.13	9 803.2	11 972.6	18 422	45.33	90.4
1998	62 575.67	9 808.87	14 609.47	17 486.47	0	23.67
1999	44 927.87	11 649.13	18 209	13 208.73	0	18.93
2000	42 027.67	10 919.53	14 371.2	17 579.13	0	9.67
2001	40 542.73	10 483.4	15 410.47	14 331.93	0	0
2002	40 716.4	8 120.33	20 269.4	12 293.33	0	0
2003	41 885.67	9 096.73	16 863.33	15 673.6	0	100
2004	41 977.8	7 174.87	16 205.93	18 455.4	0	0
2005	44 730.6	8 189.27	18 843.4	17 184.53	0	0.67
2006	60 275	9 646	22 950	18 444	0	5
2007	61 566	10 152	24 633	17 738	0	43
2008	61 917	10 661	19 680	20 489	0	43
2009	64 451	11 576	27 268	20 193	0	0

表 1-4 1990—2009 年佳木斯市郊区主要农作物产量

年份	总产量（万千克）	种植业收入（万元）	产量（万千克）				
			水稻	玉米	大豆	小麦	小杂粮
1990	6 562.5	8 632	0	0	1 378.5	0	0
1991	6 442.5	9 158	0	0	1 325.5	0	0
1992	34 868.5	9 854	5 442.5	17 430	8 682.5	1 852	599.5
1993	32 067.5	10 350	4 403.5	14 675	11 524	765	213.5
1994	60 943	21 513	13 484	29 703.5	14 880.5	596.5	442
1995	94 571	34 323	28 430	48 488	15 157	716.5	186.5
1996	21 709.5	43 972	6 174.5	11 692.5	3 144	0	85
1997	15 433	43 433	2 187	7 771	4 497	16	26
1998	17 717.5	33 165	5 816	8 794	7 922.5	0	9
1999	28 059.5	36 204	10 128.5	14 837.5	3 088.5	0	5
2000	19 028	31 049	7 456	8 451.5	3 006	0	2
2001	20 550	32 237	7 635	10 254	2 559.5	0	0
2002	9 784.5	21 335	2 321.5	5 777.5	1 678	0	0
2003	10 978	19 736	3 891.5	5 233.5	1 792.5	0	4
2004	14 811	23 977	3 822	8 905.5	2 064	0	0
2005	20 155.5	28 874	4 587	11 617	3 184.5	0	0.5
2006	17 185	39 978	5 613	11 796.5	3 089	0	1
2007	20 482	31 578	5 474	12 688.5	2 957.5	0	7.5
2008	20 909.5	31 148	7 498	9 900.5	3 447.5	0	7.5
2009	24 051.5	38 188	7 599	13 657.5	2 793	0	0

二、肥料使用历史延革

1. 肥料施用的历史变化 佳木斯市郊区土地垦殖已有近 100 多年的历史，肥料应用也有近 50 年，从肥料应用和发展历史来看，大致可分为 4 个阶段。

（1）20 世纪 50～60 年代：耕地主要依靠有机肥料或不施任何肥料就可维持作物生产和保持土壤肥力，作物产量不高，农业生产基本处于原始的耕作状态。20 世纪 50 年代，主要靠自然肥力发展农业生产，60 年代农家肥施肥量有所增加，并少量施用化肥，平均每公顷施化肥 40.5 千克，但仍然靠消耗自然肥力发展生产。

（2）20 世纪 70～80 年代：逐步对提高土壤肥力有所认识，农家肥和化肥的施用量逐年增加，仍以有机肥为主、化肥为辅。化肥主要靠国家计划拨付，应用作物主要是粮食作物和少量经济作物除氮肥外，磷肥得到了一定范围的推广应用，主要是硝铵、硫铵、过磷酸钙，主要用于追施。

（3）20 世纪 80～90 年代：中共十一届三中全会后，实行家庭联产承包责任制后，农民有了土地的自主经营权，随着化肥在粮食生产作用的显著提高，农民对化肥形成了强烈的依赖，化肥开始大面积推广应用，施用有机肥的面积和数量逐渐减少。20世纪80年代初，开展了因土、因作物的诊断配方施肥，氮、磷、钾的配施在农业生产中得到应用。氮肥主要是硝铵、尿素、硫铵，磷肥以磷酸二铵为主，钾肥、复合肥、微肥、生物肥和叶面肥也有一定面积的推广应用。

（4）20世纪90年代至今：耕地对化肥的依赖性更加强烈，已经成为促进粮食增产不可取代的一项重要措施。平均每公顷施化肥40.5千克发展到现在的354千克，是20世纪50年代的8倍。长青乡以蔬菜生产为主，由于复种指数的提高，耗肥量大，每公顷施肥量也在不断增加。每公顷施农家肥18.75～22.5吨，保护地栽培每公顷施肥37.5千克。肥料投入从以农家肥为主过渡到以化肥为主导，并且化肥用量连年大幅度增加，农家肥用量大幅度减少，粮食产量也连年大幅度提高。同时化学肥料施用不但在数量上增加，而且施肥方法上也由原来的根部追肥或做底肥，发展到根外追肥。

2006—2009年佳木斯市郊区肥料使用统计见表1-5。

表 1-5　2006—2009 年佳木斯市郊区肥料使用统计

单位：吨

年份	农用化肥施用量（实物量）	氮肥	磷肥	钾肥	复合肥	生物肥	有机肥
2006	27 118	11 115	7 768	2 414	5 821	120	23 504
2007	27 184	10 854	7 801	2 565	5 964	139	47 994
2008	27 903	11 283	7 544	4 252	4 824	154	38 500
2009	28 309	12 398	5 486	3 467	6 958	17	33 300

2. 科技应用　佳木斯市郊区农业发展较快，与农业科技成果推广应用密不可分。

（1）化肥的应用：大大提高了单产，与20世纪70年代比，施用化肥平均可增产粮食40%以上。

（2）作物新品种的应用：大大提高了单产，尤其是玉米杂交种和水稻、大豆新品种。与20世纪70年代比，新品种的更换平均可提高粮食产量40%以上。

（3）农机具的应用：提高了劳动效率和质量，90%以上的旱田实现了机灭茬、机播种，部分旱田实现了机翻地，水田全部实现机整地。

（4）植保措施的应用：保证了农作物稳产、高产。除草剂的使用解放了大批劳动力，农药的使用减轻了病虫害的发生。

（5）栽培措施的改进：提高了单产。水田全部实现旱育苗、合理密植、配方施肥，70%的地块还应用了钵盘育苗、抛秧技术。旱田基本实现因地选种、因土施肥、科学轮作，有些地方还应用了地膜覆盖、宽窄行种植、生长调节剂等技术。

（6）农田基础设施得到改善，水田面积增加较快。

3. 目前农业生产存在的主要问题

（1）单产低：佳木斯市郊区地处世界第二大黑土带，有比较丰富的农业生产资源，但中低产田占40%以上，还有相当大的潜力可挖。

（2）农业生态有失衡趋势：据调查，耕地有机质含量下降，有机肥施入少，单靠化肥增产是主要原因。同时，农作物种类单一、新品种少，不能合理轮作，也是导致土壤养分失衡的另一重要因素。农药、化肥的大量应用，很大程度地造成了农业生产环境的污染。

（3）农田基础设施薄弱：排涝抗旱能力差，风蚀、水蚀也比较严重。

（4）机械化水平低：大型农机具少，高质量农田作业和土地整理面积很小，秸秆还田能力不足。

（5）农业整体应对市场能力差：农产品数量、质量、信息以及市场组织能力等方面都很落后。

（6）农技推广力量薄弱：科技成果转化慢，满足不了生产的需要。农民的科学意识、法律意识和市场意识有待加强。

第四节　耕地利用与生产现状

一、耕地利用

佳木斯市郊区土地利用结构，按土地利用现状划分为耕地、园地、林地、牧草地、居民点与工矿用地、交通用地、水域和未利用土地八大类型。全区土地开发利用总面积为175 001公顷，其中耕地面积为84 493.33公顷。按种植结构划分，全区耕地可分为旱田、水田、菜田三类。

佳木斯市郊区耕地按常年产量可划分为不稳定型和稳定型两类。

1. 产量不稳定型耕地　包括松花江两岸受水影响的耕地、处于半平原半山区地带坡洼地和处于南部半山区、坡度大于15°以上的耕地，约占全区耕地面积的15%。该型耕地，在雨水较大年份受洪水和水土流失等自然灾害的影响，产量下降幅度较大，部分江川地和洼地遇涝绝产。

2. 产量稳定型耕地　主要分布在松花江流域两岸的平原地带，这部分耕地土质肥沃，抗旱、涝能力强，在无虫害、病害、冰雹等特大自然灾害年份中，产量保持稳定。

近年来，佳木斯市郊区土地政策稳定，加大了政策扶持力度和资金投入，提高了农民的生产积极性，使耕地利用情况日趋合理。表现在几个方面：一是耕地产出率高；二是耕地利用率高，随着新品种的不断推广，间作套种等耕作方式的合理运用，耕地复种指数不断提高；三是产业结构日趋合理；四是基础设施进一步改善，水利化程度提高。

二、耕地利用存在问题

佳木斯市郊区耕地利用存在的问题是作物复种指数低，闲置时间长，水田面积少，没有充分发挥地表水资源优势，经济作物面积少。存在着人均耕地逐年减少，可供利用土地后备资源面临枯竭的情况。用地结构不合理，土地使用缺乏科学管理，重使用，轻养护。中低产田面积仍较大，在后备土地资源开发、中低产田改造、土地整理、城镇国有存量土地、农村居民点存量土地等方面还有一定的潜力可挖掘。

三、佳木斯市郊区在耕地保养上的做法

1. 耕作　佳木斯市郊区 1955 年以前主要用传统农业铧式大犁进行土壤耕作，翻得浅，耕作层仅 10～12 厘米；犁底层厚，且呈锯齿形，影响土壤生产力的发挥，加剧了旱作地区的水土流失和生态环境的恶化，土壤养分得不到充分吸收和利用，作物产量非常低。20 世纪 70 年代末以后，大量推广和使用了新农具，并且逐渐使用了机引农具进行耕作，打破了犁底层，加深了耕作层，达到 18～20 厘米。开始实现深松，深度达 25～27 厘米，从而进一步发挥了土壤的生产潜力；随着科学技术和农业机械化的发展，通过应用大、中、小型机械化播种和土壤深松、深翻等机械化作业，使土壤耕层达到 25 厘米，土壤环境得到了相应的改善，土壤养分得到充分的利用。使全区粮食产量有了大幅度提高。

耕作是人类从事农事活动中对土壤影响深刻的农业技术措施。通过翻耙、中耕松土，熟化了土壤，造就了一个耕作层，为作物生长创造了一个适宜的生长环境条件，发挥了土壤的生产潜力。通过土壤耕作造就的耕层，疏松多孔隙，通气透水好，保水能力强，水热条件好，促进了有益微生物的繁殖与活动，促进了养分的转化和释放，提高了土壤的保肥性。耕作层水、肥、气、热协调一致，提高土壤的生产力。

2. 施肥　施肥是养地、提高土壤生产力、增加作物产量的关键措施。佳木斯市郊区 1954 年前农民用旧的积肥方法，即夏季土打底（大土堆）、秋季黄粪戴帽，发一发酵，搅拌一下就施用，粪肥质量很低。1960 年以来，大力实行"五有三勤"积肥制度，广泛种植绿肥、过圈粪和高温造肥，开展养猪积肥，粪肥质量不断提高，数量也不断增加，平均每公顷施用有机肥 15 吨以上。施肥方法上实行底肥和追肥相结合。1963 年开始施用化肥，而且逐年增加；从 1984 年家庭联产承包以后，化肥施用量剧增。

3. 修建排灌工程　佳木斯市郊区十年九春旱，夏旱、伏旱和秋旱也时常发生。春季种地难，抓苗难，产量很不稳定。为改变这种状况，防洪、除涝、灌溉工程基本形成体系。基本解决了种地难，抓苗难的问题。同时积极发展灌溉，使土壤水分有了改善，生产潜力得到了发挥。佳木斯市郊区沿江平原土壤地势低洼平坦，地下水位高，排水不畅，易受涝害。通过截、围、堵、顺、排的方法进行了治理，佳木斯市郊区通过旱改水，在一定程度上减少了涝灾。

4. 防风固沙、保护水土　佳木斯市郊区春季气候干旱少雨，风多风大。岗地土壤抗风蚀能力差，风蚀严重，每年都有不同程度的风灾。春播阶段，大风一刮起沙滚，造成部分耕地地表土流失、种子裸露，严重地危害了农业生产，破坏地力，影响人民生活。植树造林是防风固沙、保护水土、改良土壤，促进增产的重要措施。20 世纪 50 年代，全区人民大力营造农田防护林，这对防止风沙，改善农业生产条件起了很大作用。近几年来，根据国家"三北"防护林建设的规划要求和国家退耕还林政策，大量营造了新的防护林和用材林，并有计划改造了部分旧的防护林。佳木斯市郊区区委、区政府还制订了封山育林、特色农业开发等一系列优惠政策，建设了苗木、中草药、黄牛饲养、生猪饲养、蛋（肉）

鸡、绿色食品、优质米、大豆等生产基地和科技示范园区。通过这些基地和园区的建设，推广了一系列保护耕地的措施，对佳木斯市郊区土地资源合理开发利用、保护耕地资源起到了积极作用。

5. 合理利用土地　种植业内部结构的调整，促进了土地的集约利用，提高了土地的单位效率。通过退耕还林工程的实施，将原来坡度大、路程远、水土流失严重的低产坡耕地转向植树、造林、种草，土地利用效率得到了大幅度提高。同时使节省下来的生产要素（如灌溉用水、化肥、劳动力等）向未退耕耕地转移，带来粮食单产的增长。耕地面积逐年减少已是一个普遍性问题，在倡导绿色观念、引导绿色消费、开拓绿色市场、发展绿色产业、大力发展绿色食品生产，粮食总产和粮食单产总体比退耕前有所增加。

6. 开展水保　佳木斯市郊区水土流失治理以小农水计划和国债两种形式进行。主要是进行山、水、田、林、路综合治理。治理主要是以面上治理为主，取得显著效果。治理区域内群众生活水平普遍提高，社会效益显著，减少了自然灾害的频繁发生，有效地保护了人民的生命财产，农业生态环境明显改善。

四、耕地质量保护建议及对策

1. 合理制订耕地利用规划　在制订耕地利用规划时，要综合考虑作物布局、耕地地力水平及土壤类型差异，少侵占高产田，多征用中低产田。高产田是经过长期的耕作改良和地力培育，土壤水、肥、气、热诸多因素较好，应纳入基本农田保护区域，实行重点保护。规划时优先考虑中低产田；要保持耕地地力不下降，必须在政策法规指引下坚持不懈地对耕地进行合理的保护。

2. 确保粮食作物播种面积　要实现粮食产能 5 亿千克的目标，必须确保耕地面积。近年来，在政府的领导下，采取了一系列政府补贴政策，提高农民种粮的积极性，降低农资投入成本，提高经济效益，切实保证耕地数量不减少。保护好现有耕地的粮食生产能力，严禁撂荒现象发生。合理进行农业结构调整，在耕地面积减少的情况下，调整粮食作物和经济作物比例。推广高产优质栽培技术，提高粮食单产。

3. 发展区域经济种植　因地制宜，调整种植业结构布局，科学合理利用好耕地。首先，推广粮食作物优质高产高效栽培技术；其次，搞好经济作物与粮食作物的合理布局；最后，要保护土壤耕作层，发展经济作物种植区，集中连片发展经济作物，合理保护好耕地生态环境。

4. 严格耕地保护制度　实行严格的耕地保护制度，确保粮食生产能力。要贯彻执行《土地管理法》和《基本农田管理条例》，采用行政、经济和法律的多种手段，切实加强用地管理，严格控制各类建设用地占用基本农田。保证粮食生产能力，确保粮食安全，核心是要保护好粮食的综合生产能力。从保证人们食物供给有效性和安全性的农业发展观出发，加大对耕地保护宣传和耕地培肥技术推广，正确引导农户用好地，做到用地和养地相结合，保持土壤肥力，保护好有限的耕地资源。

5. 建立耕地保障体系　耕地数量和质量保护是长期的工作，需要社会的关注和支持。

结合乡（镇）、村行政区划调整和土地整理补充耕地，进一步加大对各类零星工业点的淘汰、转移和归并力度，加快形成以都市型农业为主的配套现代化农业产业生产链。通过查清基本农田数量等工作，加强基本农田的保护制度建设，建立健全基本农田保护责任制、用途管理制、质量保护制，采用严格审批与补充、乡规民约等一整套基本农田保护制度，政府与各部门逐级签订目标责任书，形成由政府一把手负总责的基本农田保护责任保障体系。

第二章　耕地地力评价技术路线

第一节　调查方法与内容

一、调查方法

本次耕地地力调查工作采取内业调查与外业调查相结合的方法。内业调查主要包括图件资料的收集、文字资料的收集；外业调查包括耕地的土壤调查、环境调查和农业生产情况的调查。

(一)内业调查

1. 基础资料准备　包括图件资料、文件资料和数字资料3种。

(1)图件资料：主要包括第二次土壤普查编绘的1∶50 000的《佳木斯市郊区土壤图》、1990年编绘的1∶50 000的《佳木斯市郊区土地利用现状图》和1990年1∶50 000的《佳木斯市郊区行政区划图》。

(2)数字资料：主要采用佳木斯市郊区统计局2009年的《统计年鉴》数据资料。佳木斯市郊区耕地总面积采用的是TM遥感数据1∶100 000的统计数据，包括农田防护林和田间道路，以及部分农场地块（可能与实际耕地面积有一些出入）。

(3)文件资料：包括第二次土壤普查编写的《佳木斯市郊区土壤志》《佳木斯市郊区年鉴》和《佳木斯市郊区区志》等。

2. 补充调查资料准备　对上述资料记载不够详尽或因时间推移利用现状发生变化的资料，进行了专项的补充调查。主要包括：近年来农业技术推广概况，如良种推广、测土配方施肥技术的推广、病虫鼠害综合防治等；农业机械现状，如耕作机械的种类、数量、应用效果等；水田和蔬菜的种植面积、生产状况、产量等进行了补充调查。

(二)外业调查

外业调查包括土壤调查、环境调查和农户生产情况调查。

1. 布点　布点是调查工作的重要一环，正确的布点能保证获取信息的典型性和代表性；能提高耕地地力评价成果的准确性和可靠性；能提高工作效率，节省人力和资金。

(1)布点原则：既要考虑代表性和均匀性，又要考虑比较性。

①代表性。布点一方面要考虑到全区耕地的典型土壤类型和土地利用类型；另一方面要考虑耕地地力评价布点与土壤环境调查布点相结合。

②典型性。样本的采集必需能够正确反映样点的土壤肥力变化和土地利用方式的变化。采样点应具有典型性。

③比较性。尽可能在第二次土壤普查的采样点上布点，以反映第二次土壤普查以来的耕地地力和土壤质量的变化。

④均匀性。同一土类、同一土壤利用类型在不同区域内应保证点位的均匀性。

（2）布点方法：依据以上布点原则，确定调查的采样点。

为了便于以后全国耕地地力调查工作的汇总和这次评价工作的实际需要，把佳木斯市郊区第二次土壤普查确定土壤分类系统归并到黑龙江省土壤分类系统。

（3）确定调查点数和布点：按照旱田、水田平均每个点代表面积的要求，确定布点数量。布点过程中，充分考虑了各土壤类型所占耕地总面积的比例、耕地类型以及点位的均匀性。另外将《佳木斯市郊区行政区划图》《土地利用现状图》和《佳木斯市郊区土壤图》3 图叠加，确定调查点位。

2. 采样

（1）采样时间：春季整地前。

（2）野外采样田块确定：根据点位图，到点位所在的村庄，确定具有代表性的田块。田块面积要求在 2 公顷以上，依据田块的准确方位修正点位图上的点位位置，并用 GPS 定位仪进行定位。

（3）调查、取样：向已确定采样田块的户主，按调查表格的内容逐项进行调查填写。在该田块中按旱田 0～20 厘米土层采样；采用"S"法，均匀随机采取 15 个采样点，充分混合后，四分法留取 1 千克土样。

二、调查内容及步骤

（一）调查内容

按照《黑龙江省耕地地力评价技术规程》（以下简称《规程》），对所列项目，如：立地条件、土壤属性、农田基础设施条件、栽培管理等情况进行了详细调查。对附表未涉及，但对当地耕地地力评价又起着重要作用的一些因素，在表中附加，并将相应的填写标准在表后注明。调查内容分为：基本情况、化肥使用情况、农药使用情况等。

（二）调查步骤

佳木斯市郊区耕地地力评价工作大体分为 2 个阶段。

1. 准备阶段　2010 年 1 月至 4 月，此阶段主要工作是收集、整理、分析资料。

（1）统一野外编号：参与本次地力评价的佳木斯市郊区共 11 个乡（镇），5 个农场、96 个村屯。按照国家要求的调查点统一编号、调查点区内编号、调查点类型等。

（2）确定调查点数和布点：全区确定调查点位 1 012 个。依据这些点位所在的乡（镇）、村、屯为单位，填写了《调查点登记表》，主要说明调查点的地理位置、野外编号和土壤名称，为外业做好准备工作。

（3）外业准备：在土壤化冻（土壤化冻 20 厘米）前对被确定调查的地块（采样点）进行实地确认，同时对地块所属农户的基本情况等进行调查。按照《规程》中所规定的调查项目，设计制订了野外调查表格，统一项目、统一标准进行调查记载。在土壤化冻后（四月中、下旬）进行采集土样，填写土样登记表，并用 GPS 定位仪进行准确定位，同时补充测土配方项目实施时遗漏的项目。

2. 具体实施阶段　分四步进行。

（1）组建外业调查组：选择一些比较有经验的，事业心比较强的人员组成外业调查组。

（2）培训和试点：对外业组成人员进行技术培训。培训内容是调查表格填写，土壤采集方法等。

（3）全面调查：全面调查是由1：50 000全区土壤图为工作底图，确定了被调查的具体地块及所属农户的基本情况，填写乡（镇）、村、屯、户为单位的调查点登记表。

（4）审核调查：在第一次外业入户调查任务完成后，对各组填报的各种表格及调查登记表进行统一汇总，并逐一认真审核。

第二节　样品分析化验质量控制

实验室的数据质量客观的反映出了人员素质水平、分析方法的科学性、实验室质量体系的有效性和符合性及实验室管理水平。在实验过程中由于受实验样品（均匀性、代表性）、实验方法（实验条件、实验程序）、实验仪器（仪器的分辨率）、实验环境（湿度、温度）、实验人员（分辨能力、习惯）等因素的影响，总存在一定的实验误差，在采取适当、有效、可行的措施加以控制的基础上，科学处理实验数据，才能获得满意的效果。

要保证分析实验质量控制，首先要严格按照《测土配方施肥技术规范》（以下简称《规范》）所规定的实验室面积、布局、环境、仪器和人员的要求，加强实验室建设和人员培训。做好实验室环境条件的控制、人力资源的控制、计量器具的控制。按照《规范》做好标准物质和参比物质的购买、制备和保存。

一、实验室实验质量控制

1. 实验前

（1）样品确认：确保样品的唯一性、安全性。

（2）实验方法确认：当同一项目有几种实验方法时。

（3）实验环境确认：温度、湿度及其他干扰。

（4）实验用仪器设备的状况确认：标志、使用记录。

2. 实验中

（1）严格执行标准或《规程》和《规范》。

（2）坚持重复实验，控制精密度：在实验过程中，随机误差是无法避免的，但根据统计学原理，通过增加测定次数可减少随机误差，提高平均值的精密度。在批量样品测定中，每个项目首次分析时需做100％的重复实验，结果稳定后，重复次数可减少，但需做10％～15％重复样。重复测定结果的误差在规定允许范围内者为合格，否则应对该批样品增加重复测定比率进行复查，直至满足要求为止。

（3）坚持带标准样或参比样：判断实验结果是否存在系统误差。在重复测定精密度（用极差、平均偏差、标准偏差、方差、变异系数表示）合格的前提下，标准样的测定值落在（$X=2\alpha$）（涵盖了全部测定值的95.5％）范围之内，则表示分析正常。

（4）标准加入法：当选测的项目无标准物质或参比样时，可用加标回收实验来检查测定准确度。NY/T 395—2000 规定，加标量视被测组分的含量而定，含量高的加入被测组分含量的 0.5～1.0 倍，含量低的加 2～3 倍，但加标后被测组分的总量不得超过方法的测定上限。

（5）注意空白实验：空白实验即在不加试样的情况下，按照分析试样完全相同的操作步骤和条件进行的实验。得到的结果称为空白值。它包括了试剂、纯净水中杂质带来的干扰。从待测试样的测定值中扣除，可消除上述因素带来的系统误差。

（6）做好校准曲线：为消除温度和其他因素影响，每批样品均需做校准曲线，与样品同条件操作。标准系列应设置 6 个以上浓度点，根据浓度和吸光值绘制标准曲线或求出一元线性回归方程。计算其相关系数。当相关系数大于 0.999 时为通过。

（7）用标准物质校核实验室的标准溶液、标准滴定溶液。

3. 实验后　加强原始记录校核、审核、确保数据准确无误。原始记录的校核、审核，主要是核查实验方法、计量单位、实验结果是否正确、重复实验结果是否超差、控制样的测定值是否准确，空白实验是否正常、标准曲线是否达到要求、实验条件是否满足、记录是否齐全、记录更改是否符合程序等。发现问题及时研究、解决或召开质量分析会议，达成共识。同时进行异常值处理和复查等。

二、地力评价土壤检测项目

土壤样品分析项目：pH、有机质、全氮、碱解氮、全磷、有效磷、全钾、速效钾、有效铁、有效锌、有效锰、有效铜、有效硼、容重。分析方法见表 2-1。

表 2-1　土壤样本检测项目及实验方法

分析项目	分　析　方　法
pH	土液比 1：2.5 电位法
有机质	油浴加热重铬酸钾氧化容量法
全　氮	凯氏蒸馏法
碱解氮	碱解扩散法
全　磷	氢氧化钠熔融-钼锑抗比色法
有效磷	碳酸氢钠浸提-钼锑抗比色法
全　钾	氢氧化钠熔融-火焰光度法
速效钾	乙酸铵浸提-原子吸收分光光度法
有效锌	DTPA 浸提-原子吸收分光光度计法
有效铁	DTPA 浸提-原子吸收分光光度计法
有效锰	DTPA 浸提-原子吸收分光光度计法
有效铜	DTPA 浸提-原子吸收分光光度计法
有效硼	沸水浸提-姜黄素比色法
容　重	环刀法

第三节　数据质量控制

一、田间调查取样数据质量控制

按照《规程》的要求，填写调查表格。抽取 5％～10％ 的调查采样点进行审核。对调查内容或程序不符合《规程》要求、抽查合格率低于 80％ 的，重新调查取样。

二、数据审核

数据录入前仔细审核，对不同类型的数据，审核重点各有侧重。

（1）数值型资料：注意量纲、上下限、小数点位数、数据长度等。

（2）地名：注意汉字多音字、繁简体、简全称等问题。

（3）土壤类型、地形地貌、成土母质：注意相关名称的规范性，避免同一土壤类型、地形地貌或成土母质出现不同的表达。

（4）土壤和植株实验数据：注意对可疑数据的筛选和剔除。根据当地耕地养分状况、种植类型和施肥情况。确定实验数据与录入的调查信息是否吻合。结合对 5％～10％ 的数据重点审查的原则。确定审查实验数据大值和小值的界限。对于超出界限的数据进行重点审核。经审核，可信的数据保留。对实验数据明显偏高或偏低、不符合实际情况的或者剔除，或者返回实验室重新测定。若实验分析后，实验结果仍不符合实际的。可能是该点不存在；采样等其他环节出现问题，应予以作废。

三、数据录入

采用规范的数据格式，按照统一的录入软件录入。采取二次录入进行数据核对。

第四节　资料的收集和整理

耕地是自然历史综合体，同时也是重要的农业生产资料。因此，耕地地力与自然环境条件和人类生产活动有着密切的关系。进行耕地地力评价，必须调查研究耕地的一些可度量或可测定的属性。这些属性概括起来有两大类型，即自然属性和社会属性。自然属性包括气候、地形地貌、水文地质、植被等自然成土因素和土壤剖面形态等；社会属性包括地理交通条件、农业经济条件、农业生产技术条件等。这些属性数据的获得，可通过多种方式来完成。一种是野外实际调查及测定；另一种是收集和分析相关学科已有的调查成果和文献资料。

一、资料收集与整理的流程

资料收集与整理流程见图 2-1。

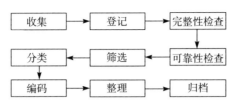

图 2-1 资料收集与整理流程

二、资料收集与整理方法

1. 收集 在调研的基础上广泛收集相关资料。同一类资料不同时间、不同来源、不同版本、不同介质都进行收集，以便将来相互检查、相互补充、相互佐证。

2. 登记 对收集到的资料进行登记，记载资料名称、内容、来源、页（幅）数、收集时间、密级、是否要求归还、保管人等；对图件资料进行记载比例尺、坐标系、高程系等有关技术参数；对数据产品还应记载介质类型、数据格式、打开工具等。

3. 完整性检查 资料的完整性至关重要，一套分幅图中如果缺少一幅，则整套图无法使用；一套统计数据如果不完全，这些数据也只能作为辅助数据，无法实现与现有数据的完整性比较。

4. 可靠性检查 资料只有翔实可靠，才有使用价值，否则只能是一堆文字垃圾。必须检查资料或数据产生的时间、背景等信息。来源不清的资料或数据不能使用。

5. 筛选 通过以上几个步骤的检查可基本确定哪些是有用的资料。在这些资料里还可能存在重复、冗余或过于陈旧的资料，应做进一步的筛选。有用的留下，没有用的做适当的处理，该退回的退回、该销毁的销毁。

6. 分类 按图件、报表、文档、图片、视频等资料类型或资料涉及内容进行分类。

7. 编码 为便于管理和使用，所有资料进行统一编码成册。

8. 整理 对已经编码的资料，按照耕地地力评价的内容，如评价因素、成果资料要求的内容，进行针对性的、进一步的整理，珍贵资料采取适当的保护措施。

9. 归档 对已整理的所有资料，建立管理和查阅使用制度，防止资料散失。

三、图件资料的收集

收集的图件资料包括行政区划图、土地利用现状图、土壤图、第二次土壤普查成果图等专业图、卫星照片以及数字化矢量和栅格图。

1. 土壤图（1∶50 000） 在进行调查和采样点位确定时，通过土壤图了解土壤类型等信息。另外，土壤图也是进行耕地地力评价单元确定的重要图件，还是各类评价成果展示的基础底图。

2. 土壤养分图（1∶50 000） 包括第二次土壤普查获得的土壤养分图及测土配方施肥新绘制的土壤养分图。

3. 土地利用现状图（1:50 000） 近几年来，土地管理部门开展了土地利用现状调查工作，并绘制了土地利用现状图，这些图件可为耕地地力评价及其成果报告的分析与编写提供基础资料。

4. 农田水利分区图（1:50 000） 通过将农田水利分区图与采样点位图叠加，可以得到每个采样和调查点的水源条件、排水能力和灌溉能力等信息，是采样和调查点基本情况调查的重要内容。通过建立农田水利分区图可以大大降低调查时的工作量，并提高相关信息获取的准确度。

5. 行政区划图（1:50 000） 由于近年来撤乡并镇工作的开展，致使部分地区行政区域变化较大，因此，收集了最新行政区划图（到行政村）。

四、数据及文本资料的收集

1. 数据资料的收集 数据资料的收集内容包括：区级农村及农业生产基本情况资料、土地利用现状资料、土壤肥力监测资料等。

（1）近3年粮食单产、总产、种植面积统计资料。

（2）近3年肥料用量统计表及测土配方施肥获得的农户施肥情况调查表。

（3）土地利用地块登记表。

（4）土壤普查农化数据资料。

（5）历年土壤肥力监测化验资料。

（6）测土配方施肥农户调查表。

（7）测土配方施肥土壤样品化验结果表：包括土壤有机质、大量元素、中量元素、微量元素及pH、容重、含盐量、代换量等土壤理化性状化验资料。

（8）测土配方施肥田间实验、技术示范相关资料。

（9）区、乡、村编码表。

2. 文本资料的收集

（1）农村及农业基本情况资料。

（2）农业气象资料。

（3）第二次土壤普查的土壤志、专题报告。

（4）土地利用现状调查报告及基本农田保护区划定报告。

（5）近3年农业生产统计文本资料。

（6）土壤肥力监测及田间实验示范资料。

（7）其他文本资料，如水土保持、土壤改良、生态环境建设等资料。

五、其他资料的收集

包括照片、录像、多媒体等资料，内容涉及土样采集到检测流程；测土配方宣传，当地农业生产基地典型景观；特色农产品介绍。

1. 成土母质 母质是风化过程的产物，是形成土壤的特质基础，是土壤发生性状、肥力性状和某些障碍性状的重要影响因素，是耕地地力评价的主要因素之一。母质资料的整理以全国第二次土壤普查资料为依据，整理包括佳木斯市郊区区域内所有耕地土壤的母质类型。

2. 水文及水文地质　耕地资源的水文条件，包括地表水资源和地下水文地质。

（1）地表水：也称陆地水，它的多少、分布及其季节变化与耕地资源的特性及其利用密切相关。地表水资料的整理包括对河流、湖泊和沼泽等水体资料的整理。

（2）地下水：是土壤水分补充的一个主要方面，且对水成或半水成土壤的形成有显著影响。因此在耕地地力评价中重视了地下水资源资料的整理，包括地下水的埋藏条件、含水层情况、供水与排水水质及水位线等水文地质图表资料。

3. 土壤属性资料的整理　土壤属性是指在成土因素共同作用下形成的土壤内在性质和外在形态的综合表现，是成土过程的客观记录，是耕地地力评价的核心内容。土壤属性包括土壤剖面构型、土壤形态特征、土壤自然形态、土壤侵蚀情况、土壤排水状况、土壤化学性状等。

4. 土壤剖面构型　剖面构型是土壤剖面中各种土层组合的总称。剖面构型资料的整理包括对土壤发生层次、土壤质地层次、土壤障碍层次等资料的整理。

5. 土壤形态特征　与耕地地力有关的土壤形态特征包括土层厚度、土壤质地。两者对土壤的水、肥、气、热状况有明显的影响，应该注重其资料的整理。

6. 土壤自然形态　土壤自然形态是指那些在田间表现很不稳定、极易受气候变化和耕地措施等因素影响而变化的土壤性质，其与农业生产密切相关。土壤自然形态资料整理包括土壤干湿度、土壤结构、土壤紧实性、土壤孔隙度、容重等资料的整理。

7. 土壤侵蚀情况　土壤侵蚀是指土壤或土体在外力（水力、风力、冻融或重力）作用下发生冲刷、剥蚀和吹蚀的现象，它是影响耕地地力的主要因素。土壤侵蚀资料的整理包括侵蚀方式、侵蚀形态、侵蚀强度及其资料的整理。

8. 土壤排水状况　整理包括地形所影响的排水条件和土壤质地与土壤剖面层次所形成的土体内排水条件两个方面的资料，并依据水分在土体中移动的快慢及保持的时间划分为排水稍过量、排水良好、排水不畅、排水极差4种情况。

9. 土壤化学性状　土壤化学性状是耕地地力的重要组成部分。土壤化学性状的整理包括土壤有机质及氮、磷、钾、锌、硼、锰、钼、铜、铁等养分的含量与分级状况，以及土壤可溶性盐、pH等化学性状的含量与分级状况。土壤化学性状的分级参考全国第二次土壤普查的分级标准，结合佳木斯市郊区近年来的实际进行适当调整，并细化划分等级。

10. 耕地利用　由于受自然、经济和社会条件的影响，不同地域的耕地资源具有不同的生产利用方式和结构特征。耕地利用资料的整理包括对作物布局、种植方式及熟制等种植制度及日光温室、塑料大棚等不同设施栽培类型资料的整理。

11. 土地整理　土地整理是农田基本建设水平的反映。土地整理资料包括对灌溉水源类型、输水方式、灌溉方式、灌溉保证率、排涝能力等农田基础设施方面资料的整理。

12. 栽培管理水平　栽培管理水平是耕地土壤培肥水平的反映。其主要内容包括秸秆还田情况、有机肥与化肥施用情况及影响耕层厚度的耕作方式及深度，如翻耕、深松耕、旋耕、耙地、中耕、镇压、起垄等。

13. 其他　其他资料包括佳木斯市郊区粮食生产情况、社会经济状况、耕地土壤改良利用措施、特色农产品生产情况等。

第五节　耕地资源管理信息系统建立

一、属性数据库的建立

属性数据库的建立实际上包括两大部分内容。一是相关历史数据的标准化和数据库的建立，二是测土配方施肥项目产生的大量属性数据的录入和数据库的建立。

（一）历史数据的标准化及数据库的建立

1. 数据内容　历史属性数据主要包括区域内主要河流、湖泊基本情况统计表，灌溉渠道及农田水利综合分区统计表，公路网基本情况统计表，区、乡、村行政编码及农业基本情况统计表，土地利用现状分类统计表，土壤分类系统表，各土种典型剖面理化性状统计表，土壤农化数据表，基本农田保护登记表，基本农田保护区基本情况统计表（村），地貌类型属性表，土壤肥力监测点基本情况统计表等。

2. 数据分类与编码　数据的分类编码是对数据资料进行有效管理的重要依据。编码的主要目的是节省计算机内存空间，便于用户理解使用。地理属性进入数据库之前进行编码是必要的，只有进行了正确的编码，才能使空间数据与属性数据正确连接。

编码格式有英文字母、字母数字组合等形式。本次主要采用数字表示的层次型分类编码体系，它能反映专题要素分类体系的基本特征。

3. 建立编码字典　数据字典是数据应用的重要内容，是描述数据库中各类数据及其组合的数据集合，也称元数据。地理数据库的数据字典主要用于描述属性数据，它本身是一个特殊用途的文件，在数据库整个生命周期里都起着重要的作用。它避免重复数据项的出现，并提供了查询数据的唯一入口。

（二）测土配方施肥项目产生的大量属性数据的录入和数据库的建立

测土配方施肥属性数据主要包括 3 个方面的内容，一是田间实验和示范数据；二是调查数据；三是土壤化验数据。

测土配方施肥属性数据库建立必须规范，按照数据字典进行认真填写，规范了数据项目名称、数据类型、量纲、数据长度、小数点、取值范围（极大值、极小值）等属性。

（三）数据录入与审核

数据录入前仔细审核，数值型资料注意量纲、上下限；地名注意汉字、多音字、繁简体、简全称等问题，审核定稿后再录入。录入后还应仔细检查，经过二次录入相互对照方法，保证数据录入无误后，将数据库转为规定的格式（Dbase 的 .dbf 格式文件），再根据数据字典中的文件名编码命名后保存在子目录下。

另外，文本资料以 .TXT 格式命名，声音、音乐以 .WAV 或 .MID 文件保存，超文本以 .HTML 格式保存，图片以 .BMP 或 .JPG 格式保存，视频以 .AVI 或 .MPG 格式保存，动画以 .GIF 格式保存。这些文件分别保存在相应的子目录下，其相对路径和文件名录入相应的属性数据库中。

二、空间数据库的建立

将图纸扫描后，校准地理坐标，然后采用屏幕数字化的方法将图纸矢量化，建立空间数据库。图件扫描的分辨率为 300.dpi，彩色图用 24 位真彩，单色图用黑白格式，以 .jpg 格式保存。数字化图件包括：土地利用现状图、土壤图、地形图、行政区划图等。

图件数字化的软件采用地理信息系统软件 GIS，坐标系为 1954 北京坐标系，高斯投影。比例尺为 1：50 000 和 1：100 000。评价单元图件的叠加、调查点点位图的生成、评价单元克里格插值使用软件平台为 ArcMap 软件，文件保存格式为 .shp 格式。采用矢量化方法及主要图层配置见表 2 - 2。

表 2 - 2　采用矢量化方法及主要图层配置

序号	图层名称	图层属性	连接属性表
1	土地利用现状图	多边形	土地利用现状属性数据
2	行政区划图	线层	行政区代码表
3	土壤图	多边形	土种属性数据表
4	土壤采样点位图	点层	土壤样品分析化验结果数据表

三、空间数据库与属性数据库连接

ArcInfo 系统采用不同的数据模型分别对属性数据和空间数据进行存储管理，属性数据采用关系模型，空间数据采用网状模型。两种数据的连接非常重要。在一个图幅工作单元 Coverage 中，每个图形单元由一个标识码来唯一确定。同时一个 Coverage 中可以有若干个关系数据库文件，即要素属性表，用以完成对 Coverage 的地理要素的属性描述。图形单元标识码是要素属性表中的一个关键字段，空间数据与属性数据以此字段形成关联，完成对地图的模拟。这种关联使 ArcInfo 的两种数据模型连成一体，可以方便从空间数据检索属性数据或者从属性数据检索空间数据。

对属性数据与空间数据的连接有 4 种不同的途径：一是用数字化仪数字化多边形标识点，记录标识码与要素属性，建立多边形编码表，用关系数据库软件 Foxpro 输入多边形属性；二是用屏幕鼠标采取屏幕地图对照的方式实现上述步骤；三是利用 ArcInfo 的编辑模块对同种要素一次添加标识点再同时输入属性编码；四是自动生成标识点，对照地图输入属性。

第六节　图件编制

一、耕地地力评价单元图斑的生成

耕地地力评价单元图斑是在矢量化土壤图、土地利用现状图的基础上，在 ArcMap 中利用矢量图的叠加分析功能，将以上两个图件叠加，生成评价单元图斑。

二、采样点位图的生成

采样点位的坐标用 GPS 进行野外采集，在 ArcInfo 中将采集的点位坐标转换成与矢量图一致的 1954 北京坐标系。将转换后的点位图转换成可以与 ArcView 进行交换的 .shp 格式。

三、专题图的编制

采样点位图在 ArcMap 中利用地理统计分析子模块中的克立格插值法进行空间插值完成各种养分的空间分布图。其中包括：有机质、有效磷、速效钾，有效锌、耕层厚度、障碍层类型、有效硼、容重、pH 等专题图。坡度、坡向图由地形图的等高线转换成 Arc 文件，再插值生成栅格文件，土壤图、土地利用现状图和行政区划图都是矢量化以后生成专题图。

四、耕地地力等级图的编制

首先利用 ArcMap 的空间分析子模块的区域统计方法，将生成的专题图件与评价单元图挂接。在耕地资源管理信息系统中根据专家打分、层次分析模型与隶属函数模型进行耕地生产潜力评价，生成耕地地力等级图。

第七节　耕地地力评价基本原理

耕地地力是耕地自然要素相互作用所表现出来的潜在生产能力。耕地地力评价大体可分为以气候要素为主的潜力评价和以土壤要素为主的潜力评价。在一个较小的区域范围内（县域），气候要素相对一致，耕地地力评价可以根据所在区域的地形地貌、成土母质、土壤理化性状、农田基础设施等要素相互作用表现出来的综合特征，揭示耕地综合生产力的高低。

耕地地力评价有两种表达方法：一是用单位面积产量来表示，另一种是用耕地自然要素评价指数来表示。

1. 单位面积产量表示法　关系式为：

$$Y = b_0 + b_1 x_1 + b_2 x_2 + \cdots + b_n x_n$$

式中：Y——单位面积产量；

　　　x_1——耕地自然属性（参评因素）；

　　　b_1——该属性对耕地地力的贡献率（解多元回归方程求得）。

单位面积产量表示法的优点是一旦上述函数关系建立，就可以根据调查点自然属性的数值直接估算要素，单位面积产量还因农民的技术水平、经济能力的差异而产生很大的变化。如果耕种者技术水平比较低或者主要精力放在外出务工，肥沃的耕地实际产量不一定高；如果耕种者具有较高的技术水平，并采用精耕细作的农事措施，自然条件较差的耕地上仍然可获得较高的产量。因此，上述关系理论上成立，实践上却难以做到。

2. 耕地自然要素评价指数表示法 其关系式为：

$$IFI = b_1x_1 + b_2x_2 + \cdots + b_nx_n$$

式中：IFI——耕地地力综合指数；

x_1——耕地自然属性（参评因素）；

b_1——该属性对耕地地力的贡献率（层次分析方法或专家直接评估求得）。

根据 IFI 的大小及其组成，不仅可以了解耕地地力的高低，而且可以揭示影响耕地地力的障碍因素及其影响程度。采用合适的方法，也可以将 IFI 值转换为单位面积产量，更直观地反映耕地的地力。

第八节 耕地地力评价的原则和依据

本次耕地地力评价是一种一般性的目的评价，根据所在地区特定气候区域以及地形地貌、成土母质、土壤理化性状、农田基础设施等要素相互作用表现出来的综合特征，揭示耕地潜在生产能力的高低。通过耕地地力评价，可以全面了解佳木斯市郊区的耕地质量现状，合理调整农业结构；生产无公害农产品、绿色食品、有机食品；针对耕地土壤存在的障碍因素，改造中低产田，保护耕地质量，提高耕地的综合生产能力；建立耕地资源数据网络，对耕地质量实行有效的管理等提供科学依据。

耕地地力评价是对耕地的基础地力及其生产能力的全面鉴定，因此，在评价时必须遵循三个原则。

一、综合因素研究与主导因素分析相结合的原则

耕地地力是各类要素的综合体现，综合因素研究是对地形地貌、土壤理化性状以及相关的社会经济因素进行综合研究、分析与评价，全面了解耕地地力状况。主导因素是指对耕地地力起决定作用的、相对稳定的指标，在评价中要着重对其进行研究分析。

二、定性与定量相结合的原则

影响耕地地力有定性的和定量的因素，评价时必须把定量和定性评价结合起来。可定量的评价指标按其数值参与计算评价；对非数量化的定性指标要充分应用专家知识，先进行数值化处理，再进行计算评价。

三、采用 GIS 支持的自动化评价方法的原则

充分应用计算机技术，通过建立数据库、评价模型，实现评价流程的全部数字化、

自动化。

第九节 耕地地力评价技术路线

通过 GIS 系统平台，采用 ArcView 软件对调查的数据和图件进行数值化处理，最后利用扬州土壤肥料工作站开发的全国耕地力调查与质量评价软件系统 V2.0 进行耕地地力评价，其简要技术流程见图 2-2。

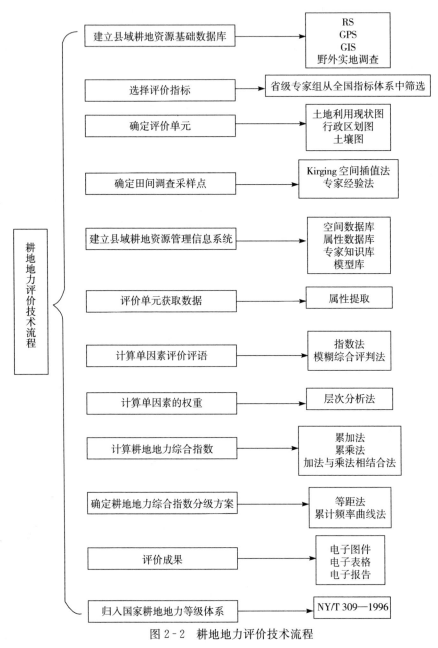

图 2-2 耕地地力评价技术流程

1. 资料收集　利用 3S 技术，收集整理所有相关历史数据资料和测土配方施肥数据资料，采用多种方法和技术手段，以佳木斯市郊区为单位建立耕地资源基础数据库。

2. 确定评价指标　从国家耕地地力评价指标体系中，在省级专家技术组的主持下，佳木斯市郊区专家结合佳木斯市郊区实际，确定佳木斯市郊区的耕地地力评价 9 项指标。

3. 确定评价单元　利用数据化、标准化的佳木斯市郊区土壤图和土地利用现状图，确定评价单元。评价单元不宜过细过多，要进行综合取舍和其他技术处理。佳木斯市郊区共形成评价单元 2 920 个。

4. 建立管理信息系统　建立区域耕地资源管理信息系统。全国将统一提供系统平台软件，按照统一要求，将第二次土壤普查相关的图件和数据资料数字化，建立规范的数据库，并将空间数据库和属性数据库建立连接，用统一提供的平台软件进行管理。

5. 确定指标权重　对每个评价单元进行赋值、标准化和计算每个指标的权重。利用隶属函数法、层次分析法确定每个指标的权重。

6. 纳入国家体系　进行综合评价并纳入到国家耕地地力等级体系中去。

耕地地力评价技术流程见图 2 - 2。

第十节　利用佳木斯市郊区耕地资源 管理信息系统进行地力评价

一、确定评价指标

耕地地力评价实质是评价地形地貌、土壤理化性状等自然要素对农作物生长限制程度的强弱。选取评价指标时遵循以下几个原则：

（1）影响大：选取的指标对耕地地力有比较大的影响，如耕层厚度、障碍层类型等。

（2）变异大：选取的指标在评价区域内的变异较大，便于划分耕地地力的等级。

（3）相对稳定：选取的评价指标在时间序列上具有相对的稳定性，如土壤容重、有机质含量等，评价的结果能够有较长的有效期。

（4）反映区域大小：选取评价指标与评价区域的大小有密切的关系。

根据黑龙江省专家研讨会的结果，结合佳木斯市郊区的土壤条件、农田基础设施状况、当前农业生产中耕地存在的突出问题等，参照《规程》中所确定的 64 项指标体系，从中确定了 9 项要素（有机质、障碍层类型、耕层厚度、pH、有效磷、速效钾、容重、有效锌、有效硼）作为佳木斯市郊区耕地地力评价指标。佳木斯市郊区耕地地力评价指标见表 2 - 3，全国耕地地力评价指标体系见表 2 - 4。

（5）每一个指标的名称、释义、量纲、上下限等定义如下。

①有机质。是土壤肥力的核心，属数值型，量纲为克/千克。

②有效磷。反映耕地土壤耕层（0～20 厘米）供磷能力的指标，属数值型，量纲为毫克/千克。

表 2-3 佳木斯市郊区耕地地力评价指标

评价准则	评价指标
养分状况	有效磷
	速效钾
	有效锌
	有效硼
理化性状	pH
	有机质
	容重
立地条件	耕层厚度
	障碍层类型

表 2-4 全国耕地地力评价指标体系

项目	代码	要素名称	项目	代码	要素名称
气候	AL101000	≥0℃积温	剖面性状	AL301000	剖面构型
	AL102000	≥10℃积温		AL302000	质地构型
	AL103000	年降水量		AL303000	有效土层厚度
	AL104000	全年日照时数		AL304000	耕层厚度
	AL105000	光能辐射总量		AL305000	腐殖层厚度
	AL106000	无霜期		AL306000	田间持水量
	AL107000	干燥度		AL307000	旱季地下水位
立地条件	AL201000	经度		AL308000	潜水埋深
	AL202000	纬度		AL309000	水型
	AL203000	高程	耕层理化性状	AL401000	质地
	AL204000	地貌类型		AL402000	容重
	AL205000	地形部位		AL403000	pH
	AL206000	坡度		AL404000	阳离子代换量（CEC）
	AL207000	坡向	耕层养分状况	AL501000	有机质
	AL208000	成土母质		AL502000	全氮
	AL209000	土壤侵蚀类型		AL503000	有效磷
	AL201000	土壤侵蚀程度		AL504000	速效钾
	AL201100	林地覆盖率		AL505000	缓效钾
	AL201200	地面破碎情况		AL506000	有效锌
	AL201300	地表岩石露头状况		AL507000	水溶态硼
	AL201400	地表砾石度			
	AL201500	田面坡度			

（续）

项目	代码	要素名称	项目	代码	要素名称
耕层养分状况	AL508000	有效钼	障碍因素	AL605000	1米土层含盐量
	AL509000	有效铜		AL606000	盐化类型
	AL501000	有效硅		AL607000	地下水矿化度
	AL501100	有效锰	土壤管理	AL701000	灌溉保证率
	AL501200	有效铁		AL702000	灌溉模数
	AL501300	交换性钙		AL703000	抗旱能力
	AL501400	交换性镁		AL704000	排涝能力
障碍因素	AL601000	障碍层类型		AL705000	排涝模数
	AL602000	障碍层出现位置		AL706000	轮作制度
	AL603000	障碍层厚度		AL707000	梯田化水平
	AL604000	耕层含盐量		AL708000	设施类型（蔬菜地）

③速效钾。反映耕地土壤耕层（0～20厘米）供钾能力的指标，属数值型，量纲为毫克/千克。

④有效锌。反映耕地土壤耕层（0～20厘米）供锌能力的指标，属数值型，量纲为毫克/千克。

⑤pH。反映耕地土壤酸碱度的指标，属数值型。

⑥容重。反映土壤结构、疏紧状态，属于数值型，量纲为克/立方厘米。

⑦有效硼。土壤中能被水溶解硼的含量，属数值型，量纲为毫克/千克。

⑧耕层厚度。耕种土壤表层的厚度，该层土壤质地疏松、结构良好，有机质含量较多，是作物根系主要活动层，属于数值型，量纲为厘米。

⑨障碍类型。构成植物生长障碍的土层类型。

二、确定评价单元

耕地评价单元是由耕地构成因素组成的综合体。这次根据《全国耕地地力评价技术规程》的要求，采用综合方法确定评价单元，即用1：50 000的土壤图、土地利用现状图，先数字化，再在计算机上叠加复合生成评价单元图斑，然后进行综合取舍，形成评价单元。这种方法的优点是考虑全面、综合性强，同一评价单元内土壤类型相同、土地利用类型相同，既满足了对耕地地力和质量做出评价、又便于耕地利用与管理。本次佳木斯市郊区耕地地力评价共确定形成评价单元2 920个，总面积65 352.84公顷。确定评价单元方法如下。

（1）以土壤图为基础，将农业生产影响一致的土壤类型归并在一起成为一个评价单元。

（2）以耕地类型图为基础确定评价单元。

（3）以土地利用现状图为基础确定评价单元。

（4）采用网格法确定评价单元。

三、评价单元赋值

采取将评价单元与各专题图件叠加，采集各参评因素的信息。具体的方法是：按唯一标识原则为评价单元编码；生成评价信息空间数据库和属性数据库；从图形库中调出评价指标的专题图，与评价单元图进行叠加；保持评价单元几何形状不变，直接对叠加后形成的图形的属性数据库进行操作，以评价单元为基本统计单位，按面积加权平均汇总评价单元各评价因素的值。由此，得到图形与属性相连，以评价单元为基本单位的评价信息。根据不同类型数据的特点，采取以下几种途径为评价单元获取数据。

1. 点位数据 对于点位分布图，先进行插值形成栅格图，与评价单元图叠加后采用加权统计的方法给评价单元赋值。如土壤有效磷点位图、速效钾点位图等。

2. 矢量图 对于矢量分布图（土壤质地分布图），将其直接与评价单元图叠加，通过加权统计、属性提取给评价单元赋值。

3. 线形图 线形图（如等高线图）使用数字高程模型生成坡度图、坡向图等，再与评价单元图叠加，通过加权统计给评价单元赋值。

四、计算单因素评价评语（模糊评价法）

根据模糊数学的理论，将选定的评价指标与耕地生产能力的关系分为戒上型函数、戒下型函数、峰型函数、直线型函数以及概念型函数5种类型的隶属函数。前4种类型用特尔斐法对一组实例值评估出相应的一组隶属度，并根据这组数据拟合隶属函数；后一种是采用特尔斐法，专家直接打分，确定每一种概念型评价单元的隶属度。

1. pH 隶属度专家评估见表2-5，隶属函数拟合见图2-3，隶属函数曲线见图2-4。

表2-5　pH专家评估

pH	<4.7	5.5	6.0	6.5	7.0	>8
隶属度	0.65	0.85	0.95	1	0.96	0.82

2. 耕层厚度 耕层厚度专家评估表2-6，隶属函数拟合见图2-5，隶属函数曲线（戒上型）见图2-6。

表2-6　耕层厚度专家评估

单位：厘米

耕层厚度	<11	14	17	20	22	>25
隶属度	0.5	0.65	0.75	0.87	0.95	1

3. 容重 容重专家评估见表2-7，隶属函数拟合见图2-7，隶属函数曲线（戒下型）见图2-8。

图 2-3 pH 隶属函数拟合

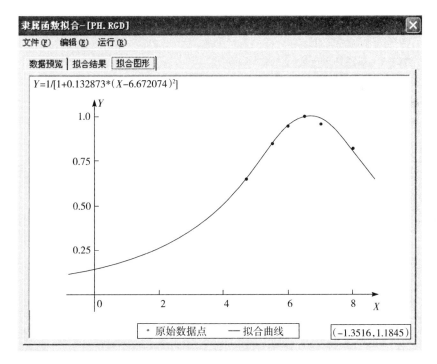

图 2-4 pH 隶属函数曲线（峰型）

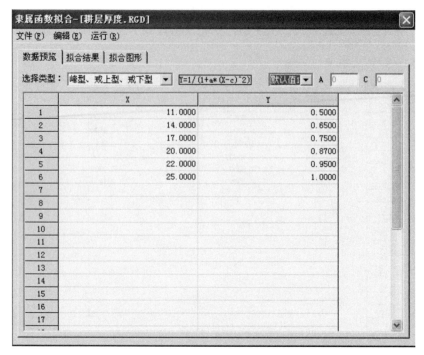

图 2-5　耕层厚度隶属函数拟合

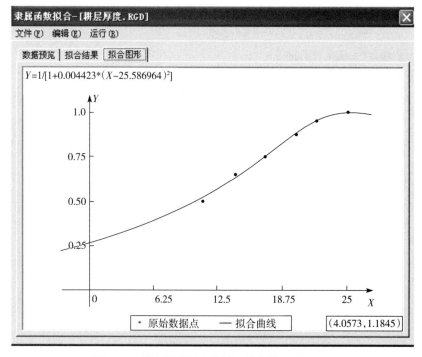

图 2-6　耕地耕层厚度隶属函数曲线（戒上型）

表2-7 容重专家评估

单位：克/立方厘米

容重	<0.85	1.10	1.20	1.30	1.40	1.6	>1.8
隶属度	0.85	0.99	1	0.93	0.82	0.65	0.48

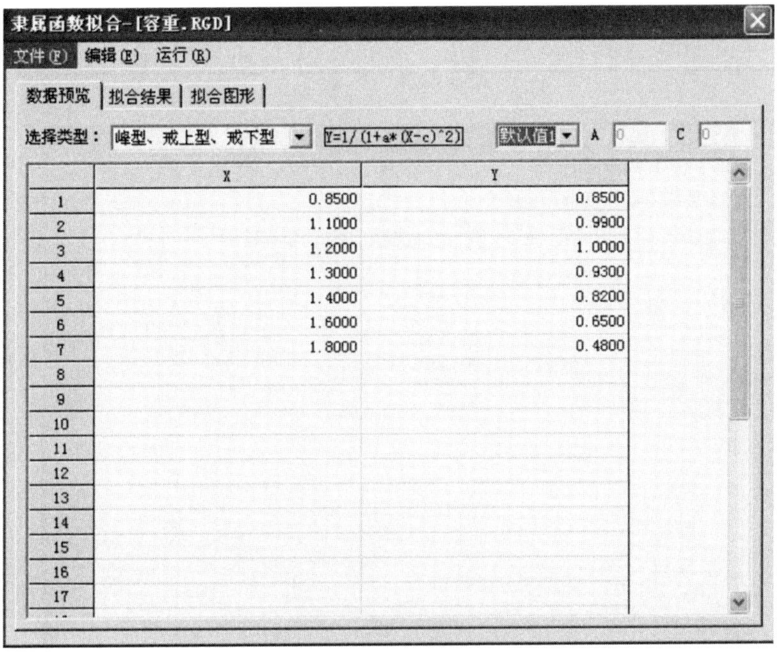

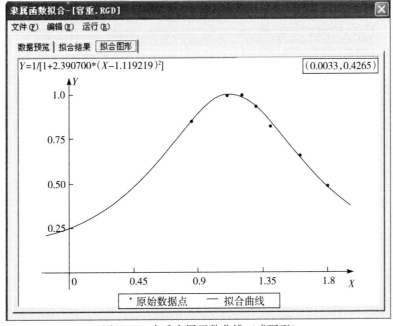

图2-7 容重隶属函数拟合

图2-8 容重隶属函数曲线（戒下型）

4. 速效钾　速效钾专家评估见表2-8，隶属函数拟合见图2-9，隶属函数曲线（戒上型）见图2-10。

表2-8　速效钾专家评估

单位：毫克/千克

速效钾	<30	80	120	150	200	>250
隶属度	0.55	0.68	0.85	0.92	0.99	1

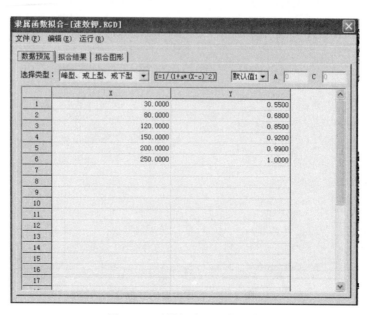

图2-9　速效钾隶属函数拟合

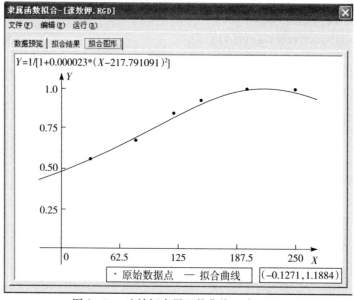

图2-10　速效钾隶属函数曲线（戒上型）

5. 有效磷　有效磷专家评估见表 2 - 9，隶属函数拟合见图 2 - 11，隶属函数曲线（戒上型）见图 2 - 12。

表 2 - 9　有效磷专家评估

单位：毫克/千克

速效钾	<15	30	40	50	60	80	>90
隶属度	0.65	0.75	0.85	0.92	0.96	0.99	1

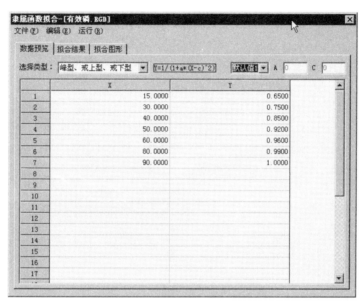

图 2 - 11　有效磷隶属函数拟合

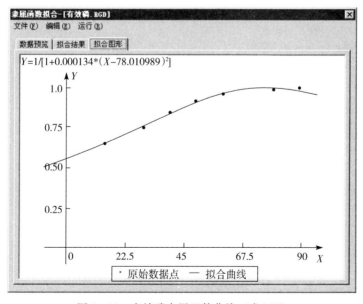

图 2 - 12　有效磷隶属函数曲线（戒上型）

6. 有机质 有机质专家评估见表 2-10，隶属函数拟合见图 2-13，隶属函数曲线（戒上型）见图 2-14。

表 2-10 有机质专家评估

单位：克/千克

有机质	<10	20	30	40	50	60	100
隶属度	0.68	0.75	0.85	0.90	0.95	0.98	1

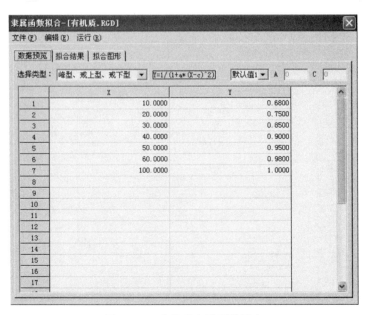

图 2-13 有机质隶属函数拟合

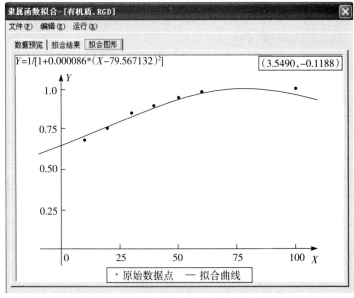

图 2-14 有机质隶属函数曲线（戒上型）

7. 有效硼　有效硼专家评估见表 2 - 11，隶属函数拟合见图 2 - 15，隶属函数曲线（戒上型）见图 2 - 16。

表 2 - 11　有效硼专家评估

单位：毫克/千克

有效硼	<1	2	4	6	8	10
隶属度	0.4	0.5	0.65	0.85	0.95	1

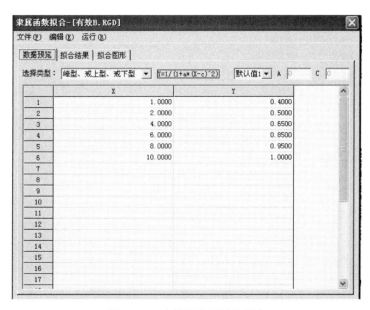

图 2 - 15　有效硼隶属函数拟合

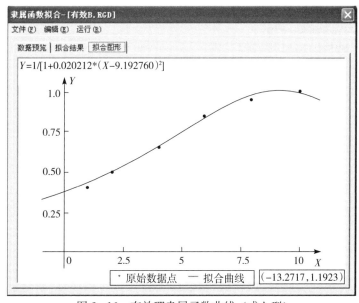

图 2 - 16　有效硼隶属函数曲线（戒上型）

8. 有效锌　有效锌专家评估见表 2-12，隶属函数拟合见图 2-17，隶属函数曲线（戒上型）见图 2-18。

表 2-12　有效锌专家评估

单位：毫克/千克

有效锌	<1.00	1.5	2.00	2.5	3.00
隶属度	0.75	0.85	0.92	0.98	1.00

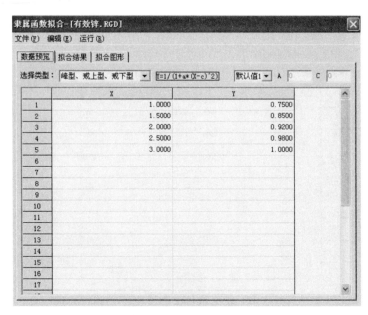

图 2-17　有效锌隶属函数拟合

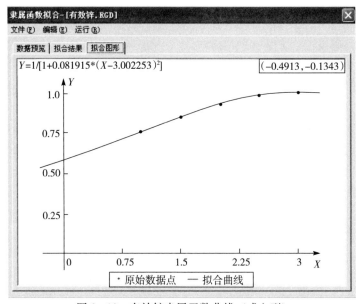

图 2-18　有效锌隶属函数曲线（戒上型）

9. 障碍层类型 障碍层类型专家评估见表 2 - 13，隶属函数拟合见图 2 - 19。

表 2 - 13 障碍层类型专家评估

障碍层类型	黏盘层	潜育层	白浆层	砾石层
隶属度	1	0.90	0.75	0.55

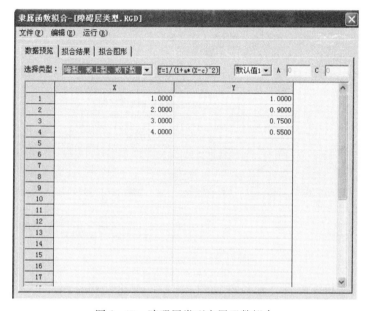

图 2 - 19 障碍层类型隶属函数拟合

五、计算单因素权重（层次分析法）

1. 构造层次模型 根据佳木斯市郊区耕地地力评价指标各要素间的关系构造了层次结构（图 2 - 20）。

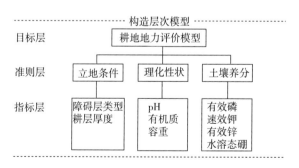

图 2 - 20 佳木斯市郊区地力评价各要素间的层次结构

2. 形成判断矩阵 请专家比较同一层次各因素对上一层次的重要性，给出数量化的评估。专家们的初步评估结果经合适的数学处理后反馈给各位专家，请专家重新修改或确认。经多轮反复确认形成最终的判断矩阵。

（1）准则层判断矩阵：准则层判断矩阵见图2-21。

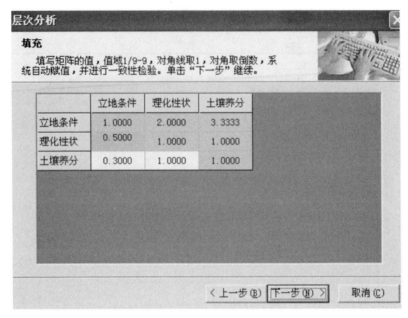

图2-21　准则层判断矩阵

（2）目标层判断矩阵：立地条件见图2-22，理化性状见图2-23，土壤养分见图2-24。

3. 耕地地力评价层次分析结果　佳木斯市郊区地力评价层次分析结果见表2-14。

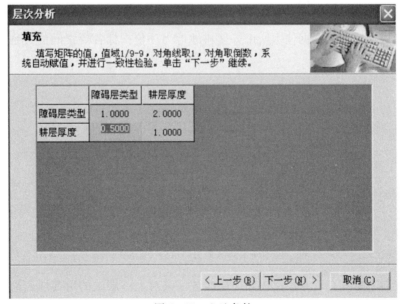

图2-22　立地条件

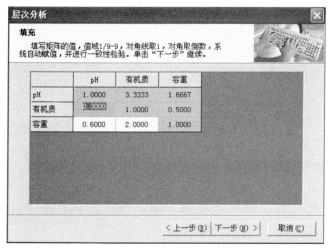

图 2 - 23　土壤理化性状

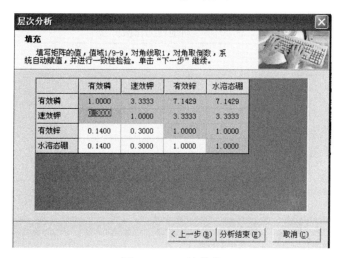

图 2 - 24　土壤养分

表 2 - 14　层次分析结果

层次 A	层次 C			
	立地条件 0.560 2	理化性状 0.238 4	土壤养分 0.201 4	组合权重 $\sum C_i A_i$
障碍层类型	0.666 7			0.373 5
耕层厚度	0.333 3			0.186 7
pH		0.526 3		0.125 5
有机质		0.157 9		0.037 6
容重		0.315 8		0.075 3
有效磷			0.613 4	0.123 5
速效钾			0.231 7	0.046 7
有效锌			0.077 4	0.015 6
水溶态硼			0.077 4	0.015 6

六、计算耕地地力生产性能综合指数（*IFI*）

耕地地力综合生产指数（*IFI*）计算公式：

$$IFI = \sum F_i \times C_i (i = 1, 2, 3 \cdots n)$$

式中：*IFI*——耕地地力综合指数（Integrated Fertility Index）；

F_i——第 i 个评价因子的隶属度；

C_i——第 i 个评价因子的组合权重。

七、确定耕地地力综合指数分级方案

采取累积曲线分级法划分耕地地力等级，用加法模型计算耕地生产性能综合指数（*IFI*），将佳木斯市郊区耕地地力划分为 5 级（表 2 - 15 和图 2 - 25）。

表 2 - 15　耕地地力指数分级

地力分级	地力综合指数分级（*IFI*）
一级	＞0.935 3
二级	0.905 1～0.935 3
三级	0.820 1～0.905 0
四级	0.755 1～0.820 0
五级	＜0.755 0

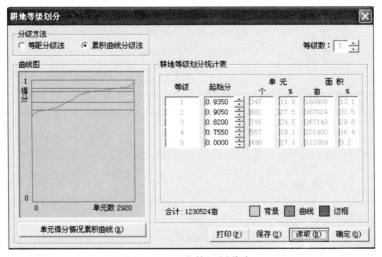

图 2 - 25　地力等级划分窗口

第三章 耕地土壤类型、立地条件与农田基础设施

第一节 耕地土壤类型

一、土壤分布规律

佳木斯市郊区土壤类型多,受地形地貌、水文、母质及人类活动的影响,土壤类型的分布呈有规律的地带分布特征。

1. 南部低山丘陵区 该区位于佳木斯市郊区南部,包括大来、敖其、群胜、西格木、四丰、长发6个乡(镇)的山区部分。全区地貌类型为低山丘陵及山前漫岗,海拔129~508.8米,地下水埋藏较深,地表排水良好,主要土壤类型为暗棕壤和白浆土。

2. 中部漫岗地区 该区位于佳木斯市郊区中部漫岗地带,东西狭长,包括大来、敖其、群胜、西格木、沿江、四丰和长发7个乡(镇)的漫岗部分。全区地貌类型为郊区的高平原区,海拔82~160米,主要土壤类型是黑土和草甸土。

3. 北部沿江平原地区 该区位于佳木斯市郊区老哈同公路两侧及沿江平原地带,包括大来、敖其、沿江、长青、望江、莲江口和平安7个乡(镇)的平原部分。全区地貌类型为郊区的低平原区,大部分是平川地,局部地带有些漫坡,海拔76.6~86米,主要土壤类型是黑土、草甸土和水稻土。

二、土壤分类系统

土壤是历史的自然体,也是劳动的产物,它和其他自然体一样,有其发生发展规律。土壤分类就是根据这一规律系统地认识土壤,将客观存在的不同土壤,按照一定的分类原则和系统,进行划分归类。

佳木斯市郊区土壤分类根据《全国第二次土壤普查工作分类暂行方案》和《黑龙江省土壤分类暂行方案》,结合佳木斯市郊区实际情况,综合考虑自然成土条件、成土过程及其属性,分为4个分类单元,即土类、亚类、土属、土种。

(一)土类
土类是土壤分类的高级单元,在一定的成土条件下,按主要成土过程、剖面特征,共分7个土类。

(二)亚类
亚类是土类范围内的发育分段,依据次要的成土过程及发育层次的差异划分。即在原有成土过程的基础上,增加了新的附加成土过程。其发育特征和土壤利用改良方向比土类更趋一致。第二次土壤普查,将佳木斯市郊区分为七大土类、18个亚类。本次评价分为

八大土类、14个亚类。

（三）土属

土属是位于亚类与土种之间承上启下的分类单元，既是亚类的续分又是土种的归纳，主要根据能影响成土过程的属性及地方指标来划分的。包括：母质类型、质地分选，如黏底、沙底、沙壤质等各类土壤。按地形如岗地、平地等土壤。特殊土属根据特殊条件组成划分，如：盐碱土按盐分的组成划分。在土壤亚类的基础上，第二次土壤普查，有22个土属，本次评价分为21个土属。土属性质具有相对的稳定性，直接影响土壤的生产性能。同时，土属能反映出土壤的主要不良性状和改良途径。

（四）土种

土种是土壤分类的基本单元，它是同一土属内，微域分布、诊断层次、理化性质和生产性能相一致的土壤类型。基本性状和构型比较稳定，在短期内一次农业生产性状难以改变。

通过本次耕地地力评价工作，统一了土壤分类系统。在第二次土壤普查的基础上，对郊区原土壤名称进行重新修订，统一名称，规范了地方性的土壤名称。根据该区土壤的实际情况，按照黑龙江省统一标准重新核对的土壤名称，由原来的七大土类、18个亚类、22个土属、46个土种合并为现在的八大土类（暗棕壤、白浆土、黑土、草甸土、沼泽土、泥炭土、新积土、水稻土）、14个亚类（暗棕壤、白浆化暗棕壤、黑土、草甸黑土、白浆化黑土、白浆土、草甸白浆土、草甸土、白浆化草甸土、潜育草甸土、泥炭沼泽土、低位泥炭土、冲积土、淹育水稻土）、21个土属、36个土种。见表3-1。

表3-1　佳木斯市郊区土壤分类系统

土纲	亚纲	土类		亚类		土属		新土种（地力评价时）		原土种（第二次普查时）	
		代码	名称	代码	名称	代码	名称	新代码	新名称	原代码	原名称
淋溶土	湿温淋溶土	3	暗棕壤	301	暗棕壤	30103	暗矿质暗棕壤	3010301	暗矿质暗棕壤	I₄	原始暗棕壤
						30105	沙砾质暗棕壤	3010501	沙砾质暗棕壤	I₁₋₁₀₁	薄层砾石底暗棕壤
						30106	沙砾质暗棕壤	3010601	沙砾质暗棕壤	I₁₋₁₀₂ I₁₋₁₀₃	中层砾石底暗棕壤 厚层砾石底暗棕壤
				303	白浆化暗棕壤	30304	黄土质白浆化暗棕壤	3030401	黄土质白浆化暗棕壤	I₃	草甸暗棕壤
		4	白浆土	401	白浆土	40102	黄土质白浆土	4010203	薄层黄土质白浆土	II₁₋₁₀₁	薄层岗地白浆土
								4010202	中层黄土质白浆土	II₁₋₁₀₂ II₂₋₁₀₂	中层岗地白浆土 中层平地白浆土
								4010201	厚层黄土质白浆土	II₁₋₁₀₃	厚层岗地白浆土
				402	草甸白浆土	40202	黏质草甸白浆土	4020201	厚层黏质草甸白浆土	II₂₋₁₀₃	厚层平地白浆土

（续）

土纲	亚纲	土类代码	土类名称	亚类代码	亚类名称	土属代码	土属名称	新土种（地力评价时）新代码	新土种（地力评价时）新名称	原土种（第二次普查时）原代码	原土种（第二次普查时）原名称
半淋溶土	半湿温半淋溶土	5	黑土	501	黑土	50101	砾底黑土	5010103	薄层砾底黑土	III_{1-101} III_{4-101}	薄层砾石底黑土 薄层砾石底棕壤型黑土
								5010102	中层砾底黑土	III_{1-102}	中层砾石底黑土
						50102	沙底黑土	5010203	薄层沙底黑土	III_{4-301}	薄层沙底暗棕壤型黑土
						50103	黄土质黑土	5010303	薄层黄土质黑土	III_{1-201} III_{4-201}	薄层黏底黑土 薄层黏底暗棕壤型黑土
								5010302	中层黄土质黑土	III_{1-202} III_{4-202}	中层黏底黑土 中层黏底棕壤型黑土
								5010301	厚层黄土质黑土	III_{1-203}	厚层黏底黑土
				502	草甸黑土	50202	沙底草甸黑土	5020203	薄层沙底草甸黑土	III_{3-301}	薄层沙底草甸黑土
								5020202	中层沙底草甸黑土	III_{3-302}	中层沙底草甸黑土
						50203	黄土质草甸黑土	5020303	薄层黄土质草甸黑土	III_{3-201}	薄层黏底草甸黑土
								5020302	中层黄土质草甸黑土	III_{3-202}	中层黏底草甸黑土
								5020301	厚层黄土质草甸黑土	III_{3-203}	厚层黏底草甸黑土
				503	白浆化黑土	50301	砾底白浆化黑土	5030103	薄层砾底白浆化黑土	III_{2-101}	薄层砾石底白浆化黑土
								5030102	中层砾底白浆化黑土	III_{2-102} III_{2-103}	中层砾石底白浆化黑土 厚层砾石底白浆土黑土
						50303	黄土质白浆化黑土	5030303	薄层黄土质白浆化黑土	III_{2-201}	薄层黏底白浆化黑土
半水成土	暗半水成土	8	草甸土	801	草甸土	80104	黏壤质草甸土	8010403	薄层黏壤质草甸土	IV_{1-101} IV_{1-201}	薄层沟谷草甸土 薄层平地草甸土
								8010402	中层黏壤质草甸土	IV_{1-102} IV_{1-202} IV_{4-202}	中层沟谷草甸土 中层平地草甸土 中层平地泛滥地草甸土
								8010401	厚层黏壤质草甸土	IV_{1-103} IV_{1-203}	厚层沟谷草甸土 厚层平地草甸土
				803	白浆化草甸土	80303	黏壤质白浆化草甸土	8030303	薄层黏壤质白浆化草甸土	IV_{2-101}	薄层沟谷白浆化草甸土
								8030302	中层黏壤质白浆化草甸土	IV_{2-102}	中层沟谷白浆化草甸土
				804	潜育草甸土	80402	黏壤质潜育草甸土	8040203	薄层黏壤质潜育草甸土	IV_{4-201}	薄层平地泛滥地草甸土
								8040202	中层黏壤质潜育草甸土	IV_{3-202}	中层平地沼泽化草甸土
								8040201	厚层黏壤质潜育草甸土	IV_{3-203}	厚层平地沼泽化草甸土
水成土	矿质水成土	9	沼泽土	902	泥炭沼泽土	90201	泥炭沼泽土	9020102	中层泥炭沼泽土	V_{1-102}	中层沟谷泥炭化沼泽土
	有机水成土	10	泥炭土	1003	低位泥炭土	100301	芦苇苔草低位泥炭土	10030103	薄层芦苇苔低位泥炭土	VI_{1-101}	薄层芦苇薹草类泥炭土
								10030102	中层芦苇苔低位泥炭土	VI_{1-102}	中层芦苇薹草类泥炭土

（续）

土纲	亚纲	土类		亚类		土属		新土种（地力评价时）		原土种（第二次普查时）	
		代码	名称	代码	名称	代码	名称	新代码	新名称	原代码	原名称
初育土	土质初育土	15	新积土	1501	冲积土	150104	层状冲积土	15010402	中层层状冲积土	IV$_{3-102}$	中层层状泛滥地草甸土
人为土	人为水成土	17	水稻土	1701	淹育水稻土	170106	黑土型淹育水稻土	17010603	薄层黑土型淹育水稻土	VII$_1$	黑土型水稻土
						170102	草甸土型淹育水稻土	17010202	中层草甸型淹育水稻	VII$_2$	草甸土型水稻土

三、土壤类型概述

按照佳木斯市郊区第二次土壤普查结果，现对佳木斯市郊区七大土类情况分别概述。

（一）暗棕壤

1. 分布　暗棕壤又称棕色森林土，俗称山地土、老林子土。广泛分布在佳木斯市郊区南部低山丘陵地带的中上部，多为东西走向，分布在全区低山丘陵、残丘、漫岗地陵坡上，佳木斯市郊区各乡（镇）均有分布。全区暗棕壤面积 7 877.68 公顷，占全郊区基本农田面积 65 352.84 公顷的 12.05%。佳木斯市郊区望江镇、西格木乡、大来镇分布面积较大，分别是 2 902.45 公顷、1 603.40 公顷、912.47 公顷。

2. 形成过程　佳木斯市郊区的暗棕壤土壤是在温带温湿大陆性气候及针阔混交林的作用下，经过暗棕壤化，即酸性腐殖质积累、轻度淋溶和黏化过程发育而成的地带性土壤。

3. 剖面特征　黑土层薄，呈粒状结构，有机质平均含量为 56.9 克/千克，腐殖质层较薄，15 厘米左右，有机质含量较高；由于弱酸淋溶使钙镁盐基和还原性铁下渗，呈棕色包于土壤表面；母质为岩石风化物。

4. 亚类　分为暗棕壤和白浆化暗棕壤 2 个亚类。

（1）暗棕壤：暗棕壤面积 7 272.13 公顷，占暗棕壤土类面积的 92.31%。主要分布在长发镇、大来镇、四丰乡。自然植被为次生柞树林及杂木林，母质为岩石风化残积物或堆积物。

①剖面主要特征。腐殖质层以上有 1～3 厘米的枯枝落叶层，腐殖层在 10 厘米左右，土壤呈棕灰色，有少量石块，木质根系较多，粒状结构，质地疏松。腐殖质层以下为淀积层，棕色或暗棕色，质地较黏，核块状结构，木质根系较多，有大量石块。母质层为岩石或岩石半风化物。

②理化性状。腐殖质层的有机质含量较高，平均为 62 克/千克，全量养分含量中的氮平均值为 2.5 克/千克，磷平均值为 1.15 克/千克，钾平均值为 12.3 克/千克，pH 为 6.5，呈酸性。腐殖质层容重为 0.86 克/立方厘米，总孔隙度为 65.57%，毛管孔隙度为 55.19%，通气孔隙度为 10.38%。表层土壤有机质平均值为 36.1 克/千克，全氮平均值为 2.5 克/千克，碱解氮 266.9 毫克/千克，有效磷为 15.5 毫克/千克，速效钾为 176 毫克/千克

（表3-2）。砾石底暗棕壤因受人为活动的影响不大，物理性质没有明显变坏。

表3-2　暗棕壤理化性状

剖面地点及剖面号	发生层次	采样深度（厘米）	有机质（克/千克）	pH	全量（克/千克）			速效养分（毫克/千克）			物理黏粒（%）	物理沙粒（%）	质地名称
					全氮	全磷	全钾	氮	磷	钾			
敖其镇境内航运局农场南山东70	A	0～10	36.1	6.3	2.50	1 150	12.31	266.9	15.5	176	49.5	50.5	重壤土
	B	30～40	6.64	6.9	1.09	910	19.28	68.9	7.1	146	51.9	48.1	重壤土

（2）白浆化暗棕壤：白浆化暗棕壤面积605.55公顷，占暗棕壤土类面积的7.6%。主要分布在大来镇、西格木乡、敖其镇。分布于低山残丘。自然植被为杨、桦树为主的杂木林。

①剖面特点。母质为岩石风化残积物。表层土壤暗灰色，平均厚度为13.5厘米，中壤至重壤，粒状结构，亚表层有20厘米左右不明显的白浆层，灰色。亚表层以下为母质。

②理化性状。表层容重为1.23克/立方厘米，亚表层容重为1.35克/立方厘米，比较紧实。总孔隙度表层较高，为53.36%，亚表层为49.73%。田间持水量，表层为29%，亚表层为25%；毛管孔隙度，表层为50.11%，亚表层为48.18%；通气孔隙度，表层为3.25%，亚表层为1.55%。表层土壤有机质平均值为60.8克/千克，全氮平均值为3.31克/千克，碱解氮248.6毫克/千克，有效磷为13.5毫克/千克，速效钾为289.3毫克/千克（表3-3）。通气和渗水能力较强，土壤表层养分含水量较高，但总贮量低，表层以下养分含量急剧下降。白浆化暗棕壤机械组成分析见表3-4。

表3-3　白浆化暗棕壤农化样分析结果

项　　目	平均值	标准差	最高值	最低值	极差
有机质（克/千克）	60.8	18.31	87.26	23.0	64.26
全氮（克/千克）	3.31	1.07	4.58	1.5	3.08
碱解氮（毫克/千克）	248.6	77.6	368.0	75.0	293
有效磷（毫克/千克）	13.5	16.0	55.2	4.4	50.8
速效钾（毫克/千克）	289.3	163.3	848.0	147	701

表3-4　白浆化暗棕壤机械组成分析结果

土层	采样深度（厘米）	土壤各粒级含量（%）						质地名称
		0.25～0.05毫米	0.05～0.01毫米	0.01～0.005毫米	0.005～0.001毫米	<0.001毫米	物理黏粒	
A	0～15	21.6	30.9	13.4	17.5	20.5	51.4	重壤土
AW	15～35	26.1	22.6	12.3	18.5	14.5	45.3	重壤土

5. 利用和改良　暗棕壤地区是佳木斯市郊区林业生产基地，具有丰富的森林资源和山地产品资源。因地势高、矿化度强，表层养分含量较高，质地较轻，通气良好，部分已

开垦为农田。但由于黑土层薄，养分总储量低，开垦后肥力下降快、单产低。在管理上应加强水土保持，保护自然植被，防止水土流失。

（二）白浆土

1. 分布 白浆土类又称生草灰化土或森林灰白土。佳木斯市郊区面积 3 487.35 公顷，占全郊区基本农田面积 65 352.84 公顷的 5.34%。

佳木斯市郊区长发镇、四丰乡、大来镇、西格木乡分布面积较大，分别为 1 420.69 公顷、720.20 公顷、746.09 公顷和 452.23 公顷。

2. 形成过程 佳木斯市郊区白浆土是在温暖湿润、生长大量喜湿性植物和土壤微生物、长年处于嫌气状态的条件下，经过腐殖化和白浆化过程发育而成的半水成土壤。白浆土的形成具有潴育、淋溶、草甸 3 个过程，土壤表层暂时性滞水湿润，母质黏重和透水不良而形成白浆土。

3. 剖面特征 黑土层 20～30 厘米，有机质平均含量 58 克/千克，质地黏重，通透性差，上层滞水明显，根系集中表层向水平方向发展；由于表层滞水和侧向水流作用，铁锰淋失和淀积，导致亚表层脱色，形成一个白色或淡黄色的白浆层；淀积层为棱块状结构，称"蒜瓣土"，表面有大量暗褐色铁锰胶膜；母质多为河湖黏土沉积物。

4. 亚类 分为白浆土和草甸白浆土 2 个亚类。

（1）白浆土：白浆土亚类面积 2 607.66 公顷，占本土类面积的 74.77%。主要分布在大来镇、望江镇和苏木河农场。

白浆土根据黑土层的厚度分为中层岗地白浆土、厚层岗地白浆土。中层和厚层岗地白浆土所占比例分别为 96.3% 和 3.7%。岗地白浆土在开垦前生长有阔叶杂木林，分布在山前漫岗，黄土状母质。中层岗地白浆土剖面特征是，在较薄的黑土层下面有平均 20 厘米以上的片状白浆层。颜色有浅灰、黄灰和白灰之别。白浆层下面有较厚的核块状淀积层，颜色为褐棕色或棕褐色，深浅不一，结核体一般较大，各层均有数量不等的铁锰结核。

厚层岗地白浆土剖面 0～15 厘米为耕作层，灰色，粒状结构，较松，植物根系较多，向下过渡明显。

岗地白浆土呈微酸性，通层变化不大，有机质集中在表层，含量在 30～40 克/千克，向下明显降低；全磷含量普遍低，仅在 0.4～1.7 克/千克；全钾含量较为丰富，均在 20.5 克/千克以上。从中层到厚层岗地白浆土的全量养分含量来说，呈递减趋势。

速效养分含量除速效钾以外，从中层至厚层呈递增趋势。表层土壤有机质平均值为 42.65～38.31 克/千克，全氮平均值为 2.25～2.29 克/千克，碱解氮为 169.9～187.4 毫克/千克，有效磷为 13.0～13.8 毫克/千克，速效钾为 200.5～180.8 毫克/千克。总孔隙度为 52.04%～52.37%，容重 1.27～1.26 克/立方厘米（表 3-5）。

表 3-5　岗地白浆土物理性质统计

项　　目	土壤容重（克/立方厘米）			总孔隙度（%）		
	A	AW	B	A	AW	B
中层岗地白浆土	1.27	1.48	1.46	52.04	45.11	45.77
厚层岗地白浆土	1.26	1.65	1.58	52.37	39.51	41.82

（续）

项　目	毛管孔隙度（%）			通气孔隙度（%）			田间持水量（%）		
	A	AW	B	A	AW	B	A	AB	B
中层岗地白浆土	44.56	41.82	42.39	7.84	3.29	3.38	26	22	22
厚层岗地白浆土	44.15	37.71	39.50	8.22	1.80	2.32	26	19	20

　　分析剖面情况，表层和亚表层均属于中壤和重壤土，亚表层以下为轻黏土（表3-6）。土壤容重以白浆层为最高，总孔隙度、毛管孔隙度、通气孔隙度均较小，因此通气性不好，属于障碍层次。

表3-6　岗地白浆土机械组成分析结果

名　称	剖面地点及剖面号	发生层次	采样深度（厘米）	土壤各粒级含量（%）					物理黏粒（%）	质地名称
				0.25～0.05毫米	0.05～0.01毫米	0.01～0.005毫米	0.005～0.001毫米	<0.001毫米		
中层岗地白浆土	东格木南1 000米处396	A	0～20	14.9	30.1	15.6	20.7	18.7	5.0	重壤土
		AW	24～50	10.7	33.4	15.1	21.5	19.4	56.0	重壤土
		B	66～70	7.2	24.8	16.5	26.8	24.7	68.0	轻黏土
厚层岗地白浆土	苏木河农场西714	A	5～15	13.2	24.7	29.9	19.6	16.5	66.0	轻黏土
		AW	30～40	12.6	33.3	14.6	27.1	12.5	54.2	重壤土
		B	70～80	24.0	21.7	11.9	9.8	54.2	75.9	中粒土

　　（2）草甸白浆土：草甸白浆土面积879.69公顷，占白浆土土类面积的25.23%。主要分布在群胜乡和望江镇。

　　草甸白浆土又称为平地白浆土。该亚类只有厚层平地草甸土1个土种。

　　草甸白浆土的自然植被为丛桦、小叶樟杂草群落，发育在平地，黄土状母质或江河沉积物，有锈斑。剖面具有白浆土的一般特征。黑土层为黑色或灰黑色，白浆层浅灰色或灰白色，淀积层色较深，暗棕色或棕灰色，核块状结构。

　　根据剖面分析，草甸白浆土呈微酸性，下层接近母质时近中性。表层土壤有机质40.9克/千克，自表土向下急剧下降，白浆层有机质7.8克/千克，淀积层有机质5.1克/千克。表层土壤有机质平均值33.35克/千克，全氮平均值2.14克/千克（表3-7）；碱解氮平均值为143.7毫克/千克，有效磷平均值为21.5毫克/千克，速效钾平均值为214.6毫克/千克，容重平均值为1.39克/立方厘米，总孔隙度平均值为48.08%（表3-8）。速效钾含量极高，有机质、全氮、碱解氮、有效磷含量均居上等水平。

　　草甸白浆土各层均属于重壤土（表3-9），各层容重都比较高，通气孔隙较大，毛管孔隙小，特别是白浆层的毛管孔隙比其他各层都小，田间持水量也较低。主要分布在丘陵地带中部，海拔在150～200米，黑土层17厘米左右。

表3-7　草甸白浆土农化样分析结果

项　目	有机质（克/千克）					全氮（克/千克）				
	平均值	标准差	最大值	最小值	极差	平均值	标准差	最大值	最小值	极差
厚层平地白浆土	33.35	10	41.47	21.82	19.65	2.14	0.58	2.85	1.13	1.72

表3-8 草甸白浆土物理性质统计

剖面地点及剖面号	发生层次	采样深度（厘米）	容重（克/立方厘米）	总孔隙度（%）	毛管孔隙度（%）	通气孔隙度（%）	田间持水量（%）
沿江乡民兴村境内郊区大田良种场公路南315	A	5~15	1.39	48.08	39.16	8.92	22
	AW	35~45	1.48	45.11	36.10	9.01	19
	B	60~70	1.41	47.42	44.50	3.22	24

表3-9 草甸白浆土机械组成分析结果

| 剖面地点及剖面号 | 发生层次 | 采样深度（厘米） | 土壤各粒级含量（%） | | | | | 物理黏粒（%） | 质地名称 |
			0.25~0.05毫米	0.05~0.01毫米	0.01~0.005毫米	0.005~0.001毫米	<0.001毫米		
沿江乡民兴村境内郊区大田良种场公路南315	A	5~15	25.6	24.8	12.4	18.6	18.6	49.6	重壤土
	AW	35~45	27.3	18.7	10.4	18.7	24.9	54.0	重壤土
	B	60~70	17.8	25.3	4.2	21.1	31.6	56.9	重壤土

5. 利用和改良 白浆土的白浆层是一个障碍层次，对该土壤理化性状影响极大。白浆层养分含量急剧下降，质地黏重，板结冷浆，怕旱怕涝，是佳木斯市郊区低产土壤。在管理上应深松治土，增施有机肥和磷肥。目前白浆土种水稻在佳木斯市郊区取得良好的效果。

（三）黑土

1. 分布 黑土是佳木斯市郊区面积最大、分布最广的主要农业土壤，多分布在沿江地带和丘陵地带的中下部，东西走向，海拔一般为80~150米。全区面积25 006.19公顷，占全郊区基本农田面积65 352.84公顷的38.26%。各乡（镇）均有分布。佳木斯市郊区大来镇、群胜乡、西格木乡、望江镇、敖其镇分布面积较大，分别是4 145.06公顷、3 937.31公顷、2 806.53公顷、2 771.59公顷、2 750.60公顷。

2. 形成过程 发育在起伏漫川漫岗上和沿江的高漫滩上，经过腐殖质积累、物质淋溶和演积过程发育而成的地带性土壤。母质为黄土状沉淀物，在切割比较大的部位母质为砾石，沿江高漫滩上母质为沙或砾石。自然植被在岗坡部位为榛、柞、山杨、桦、刺梅等；平地为金针菜、报春花、小叶樟、小叶蒿和落豆秧，称为"五花草塘"。

3. 剖面特征 自然土壤团粒结构明显，水、肥、气、热条件较好，肥力很高，黑土层厚在25厘米左右，有机质含量中等。由于受到下沉水流的作用，土体内的可溶性盐类和碳酸盐受到淋溶，故土体中有无碳酸盐反应，土壤呈中性或微酸性。二氧化硅呈白色粉末状分散在下部淀积层结构体表面上。土体中常有铁锰结核，下层比较黏重且有铁锰胶膜。

4. 亚类 黑土类由于附加不同的成土过程、成土条件、形态特征及肥力状况，又续分为黑土、白浆化黑土、草甸黑土和棕壤型黑土4个亚类，10个土属，17个土种。佳木斯市郊区17个黑土土种基本情况如下。

（1）薄层砾石底黑土：薄层砾石底黑土面积292.57公顷，占黑土土类面积的1.17%。主要分布在大来镇、敖其镇和猴石山果苗良种场。

薄层砾石底黑土是黑土亚类、砾石底黑土土属中黑土层最薄的1个土种。剖面主要特征是，黑土层薄，一般在10～25厘米，有黑灰色的过渡层，过渡层和淀积层以下有大小不等的石块其农业生产特点是肥力一般，抗旱能力不强。0～25厘米：黑灰色，团粒结构，重壤土，植物根系较多，层次过渡不明显。

25～80厘米：灰黑色，粒状结构，轻黏土，植物根系较少，有胶膜和铁锰结核，层次过渡不明显。

表层土壤有机质平均值为32.83克/千克，全氮平均值为1.79克/千克，碱解氮平均值为171.5毫克/千克，有效磷平均值为8.37毫克/千克，速效钾平均值为186.8毫克/千克，容重平均值为1.32克/立方厘米，总孔隙度平均值为50.39％。

（2）中层砾石底黑土：中层砾石底黑土面积为297.51公顷，占黑土土类面积的1.19％。主要分布在群胜乡和沿江乡。

中层砾石底黑土发育在薄层砾石底黑土下部，有机质积累较多，因此黑土层较厚，但面积不大。剖面主要特征：黑土层较厚，一般在40厘米左右，过渡层为灰黑色。过渡层和淀积层有铁锰结核和大小不等的石块。农业生产特点是有机质积累多，肥力较高，抗旱能力弱。

0～35厘米：黑灰色，粒状结构，重壤土，较疏松，层次过渡不明显。

35～45厘米：棕黑色，粒状结构，重壤土，较疏松，层次过渡不明显，有少量的铁锰结核和大小不等的石块。

65～105厘米：浅棕色，团块状结构，紧实，质地黏重，有铁锰结核和大小不等的石块。

表层土壤有机质平均值为75.2克/千克，全氮平均值为4.2克/千克，碱解氮平均值为171.5毫克/千克，有效磷平均值为8.37毫克/千克，速效钾平均值为186.8毫克/千克，容重平均值为1.29克/立方厘米，总孔隙度平均值为51.39％。

砾石底黑土理化性状结果见表3-10，机械组成见表3-11。

表3-10　砾石底黑土理化性状分析结果

土种名称	采样地点及剖面号	发生层次	采样深度（厘米）	容重（克/立方厘米）	总孔隙度（%）	毛管孔隙度（%）	通气孔隙度（%）	田间持水量（%）	有机质（克/千克）	全量（克/千克）			速效（毫克/千克）			pH
										全氮	全磷	全钾	碱解氮	速效磷	速效钾	
薄层砾石底黑土	裕兴东山底部 206	A	0～25	1.32	50.39	41.64	8.75	24	66.7	3.4	1 500	23.4	321	16	153	6.6
		AB	34～45	1.36	49.07	40.48	8.59	22	21.3	1.1	1 200	24.3	102	17	195	6.5
中层砾石底黑土	巨发屯东北 236	A	5～15	1.29	51.39	45.10	6.28	25	55.5	3.3	1 400	24.5	251	72	279	—
		AB	45～55	1.30	51.05	46.10	4.95	21	22.4	1.2	2 000	22.9	22	44	208	—

（3）薄层黏底黑土：薄层黏底黑土面积为4 886.37公顷，占黑土土类面积的19.54％。主要分布在大来镇、群胜乡、西格木乡、敖其镇和长发镇。该土种分布的地形为漫川漫岗。剖面特征为黑土层较薄，平均23厘米，灰黑色，粒状结构，有黑色过渡层；淀积层比较明显，浅棕色，核块状结构。虽然有机质的含量平均较高，但是由于土层较

薄，有机质总量少，因此肥力低。该土种发育在坡岗地，水土流失较重，容易干旱。表层土壤有机质平均值为 32.1 克/千克，全氮平均值为 1.9 克/千克，碱解氮平均值为 172 毫克/千克，有效磷平均值为 9 毫克/千克，速效钾平均值为 183 毫克/千克，容重平均值为 1.34 克/立方厘米，总孔隙度平均值为 49.73%。

表 3-11　砾石底黑土机械组成分析结果

土种名称	采样地点及剖面号	发生层次	采样深度（厘米）	土壤各粒级（%）					物理黏粒（%）	质地名称
				0.25~0.05毫米	0.05~0.01毫米	0.01~0.005毫米	0.005~0.001毫米	<0.001毫米		
薄层砾石底黑土	裕兴东山底部 206	A	0~25	13.8	27.3	12.6	25.2	21.0	58.8	重壤土
		AB	34~45	9.9	21.6	8.6	12.9	47.4	68.9	轻黏土
中层砾石底黑土	巨发屯东北 236	A	5~15	5.5	39.9	12.6	17.8	24.1	54.5	重壤土
		AB	45~55	16.7	23.5	8.5	12.8	38.5	59.8	重壤土

（4）中层黏底黑土：中层黏底黑土面积 1 093.22 公顷，占黑土土类面积的 4.37%。主要分布在四丰乡、长发镇和西格木乡。表层土壤有机质平均值 28.1 克/千克，全氮平均值为 1.8 克/千克，碱解氮平均值为 165 毫克/千克，有效磷平均值为 7 毫克/千克，速效钾平均值为 154 毫克/千克，容重平均值为 1.30 克/立方厘米，总孔隙度平均值为 51.05%。

黏底黑土理化性状分析见表 3-12，机械组成分析见表 3-13。

表 3-12　黏底黑土理化性状分析结果

土种名称	采样地点及剖面号	发生层次	采样深度（厘米）	容重（克/立方厘米）	总孔隙度（%）	毛管孔隙度（%）	通气孔隙度（%）	田间持水量（%）	有机质（克/千克）	全量养分（克/千克）			速效养分（毫克/千克）		
										全氮	全磷	全钾	碱解氮	有效磷	速效钾
薄底层黑黏土	西格木乡西南 300 米处 370	A	10~20	1.34	47.73	40.99	8.74	22	32.1	1.9	1 400	24.2	172	9	183
		AB	90~100	1.41	47.42	39.78	7.64	22	12.9	0.7	1 900	24.4	63	25	226
中底层黑黏土	敖其镇庙岭东 212	A	0~10	1.30	51.05	48.20	2.85	27	28.1	1.8	6 690	25.6	165	7	154
		AB	50~60	1.34	49.73	44.50	5.23	25	10.8	0.9	1 000	25.8	39	15	192

表 3-13　黏底黑土机械组成分析结果

土种名称	采样地点及剖面号	发生层次	采样深度（厘米）	土壤各粒级（%）					物理黏粒（%）	质地名称
				0.25~0.05毫米	0.05~0.01毫米	0.01~0.005毫米	0.005~0.001毫米	<0.001毫米		
薄层黏底黑土	西格木乡西格木村西南 370	A	10~20	3.4	31.5	18.9	12.6	33.6	65.1	轻黏土
		AB	90~100	2.7	23.8	17.3	32.4	23.8	73.5	轻黏土
中层黏底黑土	敖其镇庙岭东 212	A	0~10	8.6	35.3	12.5	17.7	25.9	56.1	重壤土
		AB	50~60	12.6	25.6	8.5	11.7	41.6	61.8	轻黏土

（5）薄层砾石底白浆化黑土：薄层砾石底白浆化黑土面积 4 925.33 公顷，占黑土土类面积的 19.70％。主要分布在群胜乡、西格木乡、苏木河农场和四丰乡。

该土种是黑土向白浆土过渡的类型。发育在起伏的岗坡地上。剖面主要特征是黑土层较薄，一般为 10～29 厘米；亚表层为不明显的白浆层，且有铁锰结核；淀积层有大小不等的石块。其农业生产特点是虽然全量和速效养分较高，但由于黑土层薄，总量低，因此土壤肥力低，有轻度的水土流失，怕旱。表层土壤有机质平均值 29.13 克/千克，全氮平均值为 2.19 克/千克，碱解氮为 155 毫克/千克，有效磷为 18.2 毫克/千克，速效钾为 140 毫克/千克，容重为 1.25 克/立方厘米，总孔隙度为 52.70％。

（6）中层砾石底白浆化黑土：中层砾石底白浆化黑土面积 479.51 公顷，占黑土土类面积的 1.92％。主要分布在群胜乡、大来镇、沿江乡和新村农场。

该土种是黑土向白浆土过渡的类型。发育在起伏的岗坡地上。剖面主要特征是黑土层较厚，一般为 30～50 厘米，亚表层为不明显的白浆层，且有铁锰结核。淀积层有大小不等的石块。其农业生产特点是土壤肥力较高，质地较黏重，水土流失较重。表层土壤有机质平均值 37.4 克/千克，全氮平均值 2.3 克/千克，碱解氮平均值为 212 毫克/千克，有效磷平均值为 13 毫克/千克，速效钾平均值为 112 毫克/千克，容重平均值为 1.12 克/立方厘米，总孔隙度平均值为 57.32％。

砾石底白浆化黑土理化性状分析结果见表 3 - 14，机械组成分析结果见表 3 - 15。

表 3 - 14 砾石底白浆化黑土理化性状分析结果

土种名称	采样地点及剖面号	发生层次	采样深度（厘米）	容重（克/立方厘米）	总孔隙度（％）	毛管孔隙度（％）	通气孔隙度（％）	田间持水量（％）	有机质（克/千克）	全量养分（克/千克）			速效养分（毫克/千克）			pH
										全氮	全磷	全钾	碱解氮	速效磷	速效钾	
荡层砾石底白浆化黑土	敖其镇群胜村公路西877	A	0～20	1.25	52.70	50.12	2.58	28	29.13	2.19	1 600	20.64	155.0	18.2	140.0	6.6
		AW	30～40	1.56	42.80	41.00	1.80	20	14.09	0.96	1 290	21.15	60.3	13.4	120.0	6.4
		B	50～60	—	—	—	—	20	6.66	0.98	770	21.64	51.7	11.7	144.0	6.6
中层砾石底白浆化黑土	沿江乡民兴村南345	A	0～30	1.12	57.32	43.40	13.92	28	37.40	2.30	1 300	24.10	212.0	13.0	112.0	6.5
		AW	70～80	1.45	46.10	42.00	4.1	22	15.80	0.90	900	23.90	94.0	9.0	229.0	6.7
		B	100～110	1.60	41.16	38.50	2.66	20	9.50	0.70	0.90	24.90	71.0	16.0	208.0	6.6

表 3 - 15 砾石底白浆化黑土机械组成分析结果

土种名称	采样地点及剖面号	发生层次	采样深度（厘米）	土壤各粒级（％）					物理黏粒（％）	质地名称
				0.25～0.05毫米	0.05～0.01毫米	0.01～0.005毫米	0.005～0.001毫米	<0.001毫米		
薄层砾石底白浆化黑土	敖其镇群胜村公路西877	A	0～20	9.51	35.0	16.5	18.5	16.5	51.5	重黏土
		AW	30～40	4.16	37.10	14.4	18.5	14.4	47.4	重黏土
		B	50～60	20.96	16.6	8.3	16.6	27.0	51.9	重黏土
中层砾石底白浆化黑土	沿江乡民兴村南345	A	0～30	10.5	37.5	12.5	18.7	20.8	52.0	重黏土
		AW	70～80	7.6	20.7	6.5	10.9	54.4	71.8	轻黏土
		B	100～110	14.2	23.6	6.4	10.7	45.1	62.2	轻黏土

（7）薄层黏底白浆化黑土：薄层黏底白浆化黑土面积 290.07 公顷，占黑土土类面积的 1.16%。主要分布在西格木乡和沿江乡。

该土种发育在缓坡和起伏的岗地上。剖面主要特征是黑土层较薄，一般为 17～25 厘米，亚表层为不明显的白浆层，且有铁锰结核。淀积层有大小不等的石块。其农业生产特点是肥力低，质地较黏重，是黑土类中较差的土壤。表层土壤有机质平均值为 20.6 克/千克，全氮平均值为 1.4 克/千克，碱解氮平均值为 141 毫克/千克，有效磷平均值为 7 毫克/千克，速效钾平均值为 144 毫克/千克，容重平均值为 1.32 克/立方厘米，总孔隙度平均值为 50.39%。见表 3-16。

表 3-16　薄层黏底白浆化黑土理化性质分析结果

名称	采样地点及剖面号	发生层次	采样深度（厘米）	容重（克/立方厘米）	总孔隙度（%）	毛管孔隙度（%）	通气孔隙度（%）	田间持水量（%）	有机质（克/千克）	全量养分（克/千克）			速效养分（毫克/千克）			pH
										全氮	全磷	全钾	碱解氮	速效磷	速效钾	
薄层黏底白浆化黑土	西格木乡迎山屯西 371	A	5～15	1.32	50.39	44.0	6.39	25	20.6	1.4	900	24.1	141	7	144	6.4
		AW	45～55	1.50	44.46	37.4	7.06	20	9.0	0.7	1 100	56.7	78	32	202	6.5

（8）薄层砾石底草甸黑土：薄层砾石底草甸黑土面积为 207.55 公顷，占黑土土类面积的 0.83%。主要分布在四丰乡、长发镇。

该土种是草甸土向黑土过渡的土壤类型。其农业生产特点是黑土层薄，一般在 15～29 厘米，质地黏重，耕性不好，土壤肥力低。表层土壤有机质平均值为 43.46 克/千克，全氮平均值为 2.32 克/千克，碱解氮平均值为 155.9 毫克/千克，有效磷平均值为 4 毫克/千克，速效钾平均值为 352.7 毫克/千克，容重平均值为 1.36 克/立方厘米，总孔隙度平均值为 49.07%。

（9）中层砾石底草甸黑土：中层砾石底草甸黑土面积为 4.72 公顷，占黑土土类面积 0.02%。主要分布在四丰乡。农业生产特点是保水保肥，易耕，肥劲较长。表层土壤有机质平均值为 39.95 克/千克，全氮平均值为 2.24 克/千克，碱解氮平均值为 184.5 毫克/千克，有效磷平均值为 20.5 毫克/千克，速效钾平均值为 171.3 毫克/千克，容重平均值为 1.23 克/立方厘米，总孔隙度平均值为 53.36%。

砾石底草甸黑土理化性状分析结果见表 3-17，机械组成分析结果见表 3-18。

表 3-17　砾石底草甸黑土理化性状分析结果

土种名称	采样地点及剖面号	发生层次	采样深度（厘米）	容重（克/立方厘米）	总孔隙度（%）	毛管孔隙度（%）	通气孔隙度（%）	田间持水量（%）	有机质（克/千克）	全量养分（克/千克）			速效养分（毫克/千克）			pH
										全氮	全磷	全钾	碱解氮	速效磷	速效钾	
薄层草甸砾石底黑土	沿江乡黑通村北 309	A	0～20	1.36	49.07	40.90	8.17	24	25.9	1.7	900	29.0	149	42	125	6.8
		B	35～45	1.41	47.72	39.78	7.94	22	12.0	0.9	1 100	27.9	78	10	120	6.7
中层草甸砾石底黑土	敖其镇巨发村北 218	A	5～15	1.23	53.36	50.29	3.07	29	38.0	2.3	1 400	26.7	196	9	159	6.5
		B	35～45	1.48	45.11	40.95	4.16	21	6.6	0.6	1 800	26.1	55	34	147	6.2

表 3-18 砾石底草甸黑土机械组成分析结果

土种名称	采样地点及剖面号	发生层次	采样深度（厘米）	土壤各粒级（%）					物理黏粒（%）	质地名称
				0.25~0.05毫米	0.05~0.01毫米	0.01~0.005毫米	0.005~0.001毫米	<0.001毫米		
薄层砾石底草甸黑土	沿江乡黑通村北309	A	0~20	25.6	36.2	5.2	10.3	22.7	38.2	中壤土
		B	35~45	25.2	35.3	6.2	8.3	24.9	39.4	中壤土
中层砾石底草甸黑土	敖其乡巨发屯北218	A	5~15	16.2	34.7	8.2	15.3	25.6	49.1	重壤土
		B	35~45	43.4	14.7	8.4	19.9	13.6	11.9	中壤土

（10）薄层黏底草甸黑土：薄层黏底草甸黑土面积 530.44 公顷，占黑土土类面积的 2.12%。主要分布在西格木乡、四丰乡和群胜乡。

该土种剖面主要特征是黑土层较薄，一般为 17~29 厘米，通体有铁锰结核。农业生产特点：表层土壤有机质含量虽然较高，但由于黑土层较薄，总贮量少，肥力低，质地黏重，耕性不好。表层土壤有机质平均值为 26.7 克/千克，全氮平均值为 1.5 克/千克，碱解氮平均值为 86 毫克/千克，有效磷平均值为 15 毫克/千克，速效钾平均值为 215 毫克/千克，容重平均值为 1.36 克/立方厘米，总孔隙度平均值为 49.07%。

（11）中层黏底草甸黑土：中层黏底草甸黑土面积 2 705.89 公顷，占黑土土类面积的 10.82%。主要分布在敖其镇、群胜乡、大来镇和沿江乡。

该土种剖面主要特征是黑土层较厚，一般在 30~50 厘米。通体有铁锰结核。农业生产特点：黑土层较厚，土壤肥力较高，质地黏重，但耕性不好。表层土壤有机质平均值为 37.6 克/千克，全氮平均值为 2.3 克/千克，碱解氮平均值为 204 毫克/千克，有效磷平均值为 16 毫克/千克，速效钾平均值为 301 毫克/千克，容重平均值为 1.03 克/立方厘米，总孔隙度平均值为 59.86%。

（12）厚层黏底草甸黑土：厚层黏底草甸黑土面积为 263.82 公顷，占黑土土类面积的 1.06%。主要分布在群胜乡和敖其镇。

剖面主要特征是黑土层较厚，一般在 75~95 厘米，通体有铁锰结核。农业生产特点：土壤肥力较高，质地黏重，但耕性不好。

表层土壤有机质平均值为 12.0 克/千克，全氮平均值为 1.8 克/千克，碱解氮平均值为 165 毫克/千克，有效磷平均值为 7 毫克/千克，速效钾平均值为 154 毫克/千克，容重平均值为 1.28 克/立方厘米，总孔隙度平均值为 51.71%，pH 平均值为 6.6。

黏底草甸黑土理化性状分析结果见表 3-19，机械组成分析结果见表 3-20。

（13）薄层沙底草甸黑土：薄层沙底草甸黑土面积 4 144.86 公顷，占黑土类面积的 16.58%。主要分布在大来镇、沿江乡和长青乡。

该土种发育在沿松花江右岸的高漫坡上。剖面主要特征是黑土层较薄，一般在 14~30 厘米。农业生产特点：通气透水性强，土壤增温快，耕性良好，但保水保肥力差，有前劲、没后劲。表层土壤有机质平均值为 12.0 克/千克，全氮平均值为 1.3 克/千克，碱解氮平均值为 125 毫克/千克，有效磷平均值为 6 毫克/千克，速效钾平均值为 115 毫克/

千克，pH 平均值为 6.6，容重平均值为 1.28 克/立方厘米，总孔隙度平均值为 51.71%。

表 3-19　黏底草甸黑土理化性状分析结果

土种名称	采样地点及剖面号	发生层次	采样深度（厘米）	容重（克/立方厘米）	总孔隙度（%）	毛管孔隙度（%）	通气孔隙度（%）	田间持水量（%）	有机质（克/千克）	全量养分（克/千克）			速效养分（毫克/千克）			pH
										全氮	全磷	全钾	碱解氮	速效磷	速效钾	
薄层黏底草甸黑土	四丰乡新发屯西南 629	A	0～25	1.36	49.07	36.12	12.95	24	26.7	1.5	1 200	26.0	86	15	215	6.5
		AB	25～85	1.48	45.11	40.68	4.43	21	13.3	1.5	1 200	23.0	47	23	195	6.7
		B	85～110	—	—	—	—	—	7.1	0.5	1 400	25.3	39	75	208	6.7
中层黏底草甸黑土	西格木乡东格木村东北 392	A	5～15	1.03	59.86	44.25	15.71	30	37.6	2.3	1 400	24.8	204	16	301	6.5
		AB	70～80	1.50	44.46	30.69	13.77	17	7.1	0.6	1 200	25.8	78	32	224	6.8
厚层黏底草甸黑土	敖其镇裕太村 017	A	0～83	1.28	51.71	47.39	4.32	27	12.0	0.95	940	20.77	43.1	54.3	221	7.0
		AB	83～100	1.42	47.09	40.04	7.05	22	31.19	1.86	1 320	21.72	137.8	13.1	236	6.9

表 3-20　黏底草甸黑土机械组成分析结果

土种名称	采样地点及剖面号	发生层次	采样深度（厘米）	土壤各粒级（%）					物理黏粒（%）	质地名称
				0.25～0.05毫米	0.05～0.01毫米	0.01～0.005毫米	0.005～0.001毫米	<0.001毫米		
薄层黏底草甸黑土	四丰乡新发屯西南 629	A	0～25	2.7	23.8	8.6	15.1	49.7	73.4	轻黏土
		AB	25～85	11.0	25.8	8.6	17.2	47.3	75.1	轻黏土
		B	85～110	0	31.9	8.5	19.2	40.5	68.2	轻黏土
中层黏底草甸黑土	西格木乡东格木村东北 392	A	5～15	4.6	31.8	10.6	16.9	36.1	63.6	轻黏土
		AB	70～80	27.2	8.5	8.5	15.0	40.7	64.2	轻黏土
厚层黏底草甸黑土	敖其镇裕太村 017	B	0～83	30.7	6.4	4.3	10.7	47.1	62.0	轻黏土
		AB	83～100	22.1	12.7	8.5	14.9	40.3	63.7	轻黏土

（14）中层沙底草甸黑土：中层沙底草甸黑土面积 679.36 公顷，占黑土土类面积的 2.72%。主要分布在敖其镇、大来镇、长青乡和沿江乡。

该土种发育在沿松花江右岸的高漫坡上。剖面主要特征是黑土层较厚，一般在 30～50 厘米，母质为粉沙。农业生产特点是土壤肥力较高，耕性良好，但保水保肥能力差。表层土壤有机质平均值为 16.56 克/千克，全氮平均值为 1.5 克/千克，碱解氮平均值为 111.9 毫克/千克，有效磷平均值为 16.7 毫克/千克，速效钾平均值为 157 毫克/千克，pH 平均值为 7.1，容重平均值为 1.2 克/立方厘米，总孔隙度平均值为 54.35%。

沙底草甸黑土理化性状分析结果见表 3-21，机械组成分析结果见表 3-22。

（15）薄层砾石底棕壤型黑土：薄层砾石底棕壤型黑土面积 666.76 公顷，占黑土土类面积的 2.67%。主要分布在大来镇、沿江乡、敖其镇和长发镇。

表3-21 沙底草甸黑土理化性状分析结果

土种名称	采样地点及剖面号	发生层次	采样深度（厘米）	容重（克/立方厘米）	总孔隙度（%）	毛管孔隙度（%）	通气孔隙度（%）	田间持水量（%）	有机质（克/千克）	全量养分（克/千克）			速效养分（毫克/千克）			pH
										全氮	全磷	全钾	碱解氮	速效磷	速效钾	
薄草层甸沙黑底土	沿江乡沿江村东313	A	0～20	1.20	54.35	50.94	3.41	31	18.8	1.3	0.5	900	30.3	125	6	115	6.6
		AB	50～60	1.37	48.74	38.01	10.64	21	6.4	0.5	0.5	600	29.4	71	11	78	6.6
		C	100～110	—					1.8	0.1	500	32.6	55	25	51	6.6
中草层甸沙黑底土	松江乡新民鱼池北905	A	5～15	1.29	51.38	43.03	8.35	25	16.56	1.50	860	21.10	111.9	16.7	157	7.1
		B	40～50	1.52	43.80	35.30	8.50	19	42.4	0.89	820	20.71	43.1	26.8	157	7.6
		C	70～80	—					4.07	0.52	920	21.95	25.8	25.5	135	7.3

表3-22 沙底草甸黑土机械组成分析结果

土种名称	采样地点及剖面号	发生层次	采样深度（厘米）	土壤各粒级（%）					物理黏粒（%）	质地名称
				0.25～0.05毫米	0.05～0.01毫米	0.01～0.005毫米	0.005～0.001毫米	<0.001毫米		
薄层沙底草甸黑土	沿江乡沿江村313	A	0～20	40.4	22.6	8.2	8.2	20.5	36.9	中壤土
		AB	50～60	42.1	25.7	6.4	4.3	21.5	32.2	中壤土
		C	100～110	71.6	16.2	2.0	2.0	8.1	12.1	沙壤土
中层沙底草甸黑土	松江乡新民鱼池北905	A	5～15	30.3	26.8	8.2	8.2	18.5	35.0	中壤土
		B	40～50	4.1	47.7	6.2	6.2	31.1	43.5	中壤土
		C	70～80	29.7	35.3	4.1	6.2	22.8	33.2	中壤土

该土种发育在漫岗或山脚的下部。剖面主要特征是黑土层较薄，一般在0～25厘米，母质为粉沙。农业生产特点是土壤热潮，有前劲、没后劲，作物生长后期表现脱肥。表层土壤有机质平均值26.7克/千克，全氮平均值为1.43克/千克，碱解氮平均值为107.8毫克/千克，有效磷平均值为50.1毫克/千克，速效钾平均值为331.1毫克/千克，pH平均值为6.5，容重平均值为1.1克/立方厘米，总孔隙度平均值为57.65%。

薄层砾石底棕壤型黑土理化性状见表3-23，机械组成见表3-24。

表3-23 薄层砾石底棕壤型黑土理化性状分析结果

采样地点及剖面号	发生层次	采样深度（厘米）	容重（克/立方厘米）	总孔隙度（%）	毛管孔隙度（%）	通气孔隙度（%）	田间持水量（%）	有机质（克/千克）	全量养分（克/千克）			速效养分（毫克/千克）			pH
									全氮	全磷	全钾	碱解氮	速效磷	速效钾	
四丰园艺场西668	A	0～20	1.10	57.65	50.63	7.02	28	29.7	1.70	1500	26.3	180	74	349	6.5
	B	40～50	1.29	51.38	49.7	1.68	24	9.9	0.6	700	25.4	71	7	236	7.0

（16）薄层黏底棕壤型黑土：薄层黏底棕壤型黑土面积3 478.13公顷，占黑土土类面积的13.91%。主要分布在望江镇、长发镇、四丰乡、四丰园艺场和大来镇。

该土种发育在比较缓平的漫岗及平地上。剖面主要特征是黑土层较薄，一般在0～25厘米。农业生产特点是黑土层较薄，肥力低，耕性良好。表层土壤有机质平均值为28.0克/

表 3-24　薄层砾石底棕壤型黑土机械组成分析结果

采样地点及剖面号	发生层次	采样深度（厘米）	土壤各粒级（%）					物理黏粒（%）	质地名称
			0.25～0.05毫米	0.05～0.01毫米	0.01～0.005毫米	0.005～0.001毫米	<0.001毫米		
四丰园艺场西668	A	0～20	10.3	31.3	12.5	14.6	31.3	27.1	重壤土
	B	40～50	9.0	27.5	8.5	12.7	42.3	63.5	重壤土

千克，全氮平均值为 1.43 克/千克，碱解氮平均值为 180.07 毫克/千克，有效磷平均值为 74.03 毫克/千克，速效钾平均值为 349 毫克/千克，pH 平均值为 6.5，容重平均值为 1.2 克/立方厘米，总孔隙度平均值为 51.71%。

薄层黏底棕壤型黑土理化性状分析结果见表 3-25，机械组成分析结果见表 3-26。

表 3-25　薄层黏底棕壤型黑土理化性状分析结果

采样地点及剖面号	发生层次	采样深度（厘米）	容重（克/立方厘米）	总孔隙度（%）	毛管孔隙度（%）	通气孔隙度（%）	田间持水量（%）	有机质（克/千克）	全量养分（克/千克）			速效养分（毫克/千克）			pH
									全氮	全磷	全钾	碱解氮	速效磷	速效钾	
四丰乡范家屯西600	A	0～28	1.28	51.71	50.63	7.02	28	28.0	1.7	5 500	25.4	180.0	74.0	349.0	—
	B₁	35～45	1.30	51.05	48.7	2.68	24	10.4	0.7	1 500	23.6	165.0	99.0	290.0	—
	B₂	120～130	—	—	—	—	—	9.9	0.7	700	25.8	78.0	15.0	258.0	—

表 3-26　薄层黏底棕壤型黑土机械组成分析结果

采样地点及剖面号	发生层次	采样深度（厘米）	土壤各粒级（%）					物理黏粒（%）	质地名称
			0.25～0.05毫米	0.05～0.01毫米	0.01～0.005毫米	0.005～0.001毫米	<0.001毫米		
四丰乡范家屯西600	A	0～28	10.1	23.6	9.6	11.8	44.9	66.3	轻黏土
	B₁	35～45	1.4	28.9	11.8	10.7	17.2	69.7	轻黏土
	B₂	120～130	7.5	31.5	10.5	28.2	22.1	60.8	轻黏土

（17）薄层沙底棕壤型黑土：薄层沙底棕壤型黑土面积 60.33 公顷，占黑土土类面积的 0.24%。主要分布在大来镇。该土种发育在沿松花江右岸的高漫滩的较高处。剖面主要特征是黑土层较薄，一般在 17～21 厘米，心土层为棕色，母质为沙质。表层土壤有机质平均值为 26.1 克/千克，全氮平均值为 1.6 克/千克，碱解氮平均值为 141 毫克/千克，有效磷平均值为 46 毫克/千克，速效钾平均值为 187 毫克/千克，pH 平均值为 6.5，容重平均值为 1.26 克/立方厘米，总孔隙度平均值为 52.7%。农业生产特点是黑土层较薄，通气透水性强，肥力低，有前劲，后劲不好，后期脱肥。

薄层沙底棕壤型黑土理化性状分析结果见表 3-27，机械组成分析结果见表 3-28。

表 3-27　薄层沙底棕壤型黑土理化性状分析结果

采样地点及剖面号	发生层次	采样深度（厘米）	容重（克/立方厘米）	总孔隙度（%）	毛管孔隙度（%）	通气孔隙度（%）	田间持水量（%）	有机质（克/千克）	全量养分（克/千克）			速效养分（毫克/千克）			pH
									全氮	全磷	全钾	碱解氮	速效磷	速效钾	
大来镇山音桥东南沟3	A	0～15	1.26	52.70	43.18	9.52	25	26.1	1.6	1 200	29.9	141	46	187	6.9
	B	50～60	1.28	51.45	40.36	11.09	20	6.1	0.2	700	30.8	55	12	163	6.8

表 3-28 薄层沙底棕壤型黑土机械组成分析结果

采样地点及剖面号	发生层次	采样深度（厘米）	土壤各粒级（%）					物理黏粒（%）	质地名称
			0.25~0.05毫米	0.05~0.01毫米	0.01~0.005毫米	0.005~0.001毫米	<0.001毫米		
大来镇山音桥东南沟3	A	0~15	26.0	34.9	6.2	9.3	23.6	39.1	中壤土
	B	50~60	24.7	30.3	7.3	4.2	33.5	45.0	中壤土

5. 利用和改良 黑土土类肥力一般，抗旱能力不强。质地黏重，耕性不好。在管理上应增施有机肥，培肥地力。

(四) 草甸土

1. 分布 草甸土分布在佳木斯市郊区低平地和山间沟谷地带。全区面积 23 811.84 公顷，占全郊区基本农田面积 65 352.84 公顷的 36.43%。佳木斯市郊区的平安乡、望江镇、大来镇、莲江口镇、长发镇和四丰乡分布面积较大，分别是 6 652.45 公顷、3 517.74 公顷、2 305.92 公顷、1 986.35 公顷、1 885.19 公顷和 1 715.43 公顷。

草甸土黑土层的有机质含量较高，结构良好，土质肥沃，是郊区主要的农业土壤之一。主要分布在丘陵地带的 U 形谷地和小溪河流沿岸，大部呈南北走向，海拔为 80~100 米。

2. 形成过程 草甸土土类地处低平处，是受地下水影响较深的半水成土壤。草甸土土类的土壤类型较多，属于非地带性土壤，零星分布在各种地带性土壤之中。由于地下水位较高，经常受地下水浸润，氧化还原过程交替进行，铁锰化合物也随着溶解和淀积，形成铁锰结核和锈斑，同时地表植物为草甸植被，主要是小叶樟、三棱草等喜湿性植物。由于水分充足，通气性不好，呈嫌气性分解，容易形成和积累有机质，土壤表层腐殖质多，结构好。

草甸土土类是直接受地下水侵润、在草甸植被下发育形成的非地带性半水成土壤，主要有两个过程。

(1) 潜育过程：在地下水或潜水（1~3 米）的影响下，水分通过土壤毛细管作用，浸润土层上部。土壤中的氧化还原过程也随水分的季节变化和干湿交替而交错进行，在土壤剖面上形成锈色斑纹和铁锰结核。由于气候及母质和地下水的组成不同，在土壤剖面上有的出现白色二氧化硅粉末；有的则有盐化现象，或有石灰反应和石灰结核。在接近地下水和潜水的地方，还可见到潜育层。

(2) 腐殖质累积过程：由于草本植物生长茂盛和土壤水分较多，土壤的腐殖质积累过程较为明显，形成不同厚度的暗色腐殖质层。

3. 剖面构型 草甸土土类表层颜色比较暗，呈灰黑色和暗棕灰色，粒状或团粒状结构，植物根系密集，厚度因地而异；潜育层是判断草甸土的主要层次，颜色比较浅，为棕色或黄棕色。有多量的锈斑、锈纹和铁锰结核，个别地方可见铁盘；潜育层水分经常处于饱和状态，还原强烈，常呈浅灰色或黄色，不显结构，再往下可见到稳定的地下水位。

4. 亚类 草甸土土类根据不同的成土过程、成土条件、形态特征和肥力状况可分为草甸土、白浆化草甸土、沼泽化草甸土和泛滥地草甸土 4 个亚类，7 个土属，13 个土种。

草甸土土类发育在沿江的高漫滩较低处及山间谷地。在草甸植被下有机质在剖面下大量积累。由于土壤干湿交替，土层中潜育化明显，剖面中可见大量的铁锰结核，锈斑及蓝灰色的潜育斑是这类土壤的共性，但由于所处的地形部位不同，则发育成不同的亚类。

（1）草甸土亚类：草甸土亚类是草甸土土类的典型亚类，面积分布最广，根据草甸土亚类发育的地形部位的不同，又分为沟谷草甸土和平地草甸土2个土属，根据土层的厚薄分为薄、中、厚等不同的土种。各土种的理化性状如下：

①薄层沟谷草甸土。薄层沟谷草甸土面积5 888.39公顷，占草甸土土类面积的25.14%。主要分布在望江镇、平安乡、西格木乡和群胜乡。

发育在沟谷和低平地上。农业生产特点，有机质含量高，但贮量少，肥力一般，耕性较差。剖面主要特征，土层分为两层，黑土层薄，一般在10～25厘米。黑土层下面有锈斑层。表层土壤有机质平均值为75.1克/千克，全氮平均值为4.2克/千克，碱解氮平均值为361毫克/千克，有效磷平均值为17毫克/千克，速效钾平均值为197毫克/千克，pH平均值为7.3，容重平均值为1.27克/立方厘米，总孔隙度平均值为52.04%。

②中层沟谷草甸土。中层沟谷草甸土面积7 985.93公顷，占草甸土土类面积的34.09%。主要分布在平安乡、望江镇、四丰乡、西格木乡和大来镇。

发育在沟谷和低平地上。剖面主要特征为黑土层较厚，一般在25～40厘米。表层土壤有机质平均值为48.4克/千克，全氮平均值为2.8克/千克，碱解氮平均值为235毫克/千克，有效磷平均值为23毫克/千克，速效钾平均值为145毫克/千克，pH平均值为6.8，容重平均值为0.64克/立方厘米，总孔隙度平均值为75.80%。

农业生产特点，肥力较高，保水保肥能力强。在春季气温低的年份，由于土温低，容易出现坏种毁种现象，耕性差。

③厚层沟谷草甸土。厚层沟谷草甸土面积5 781.17公顷，占草甸土土类面积的24.68%。主要分布在群胜乡、大来镇、四丰乡、西格木乡和敖其镇。

表层土壤有机质平均值为43.4克/千克，全氮平均值为2.2克/千克，碱解氮平均值为86.1毫克/千克，有效磷平均值为31.9毫克/千克，速效钾平均值为197毫克/千克，pH平均值为7.1，容重平均值为1.08克/立方厘米，总孔隙度平均值为58.31%。

农业生产特点：黑土层厚，有机质含量高，结构好，潜在肥力高，保水保肥；春季土温不容易上升，透水性差，湿时黏，干时硬，耕性差。

沟谷草甸土理化性状分析结果见表3-29，机械组成分析结果见表3-30。

表3-29　沟谷草甸土理化性状分析结果

土种名称	采样地点及剖面号	发生层次	采样深度（厘米）	容重（克/立方厘米）	总孔隙度（%）	毛管孔隙度（%）	通气孔隙度（%）	田间持水量（%）	有机质（克/千克）	全量养分（克/千克）			速效养分（毫克/千克）			pH
										全氮	全磷	全钾	碱解氮	速效磷	速效钾	
薄草层甸沟土谷	建工局农场北463	A	0～10	1.27	52.04	44.60	7.44	30	75.1	4.2	2 300	20.9	361	17	197	7.3
		CW	30～40	1.33	50.06	42.00	8.06	24	21.0	1.1	2 500	23.8	102	62	129	6.9
		C	70～80	—	—	—	—	—	40.0	1.9	3 300	22.5	235	132	158	7.0

（续）

土种名称	采样地点及剖面号	发生层次	采样深度（厘米）	容重（克/立方厘米）	总孔隙度（%）	毛管孔隙度（%）	通气孔隙度（%）	田间持水量（%）	有机质（克/千克）	全氮	全磷	全钾	碱解氮	速效磷	速效钾	pH
										全量养分（克/千克）			速效养分（毫克/千克）			
中草层甸沟土谷	草帽村西405	A	0～25	0.64	75.80	67.01	8.70	51	48.4	2.8	1 000	24.1	235	23	145	6.8
		CW	60～70	1.28	51.38	44.81	6.57	28	39.4	2.2	2 000	24.8	180	91	190	6.7
厚草层甸沟土谷	裕太村南222	A	0～25	1.08	58.31	48.67	9.64	31	43.4	2.2	1 580	18.4	86.1	31.9	208	7.1
		CW	60～70	1.36	49.07	42.82	6.25	24	13.1	0.6	1 300	23.0	34.4	34.9	166	7.3

表 3-30　沟谷草甸土机械组成分析结果

土种名称	采样地点及剖面号	发生层次	采样深度（厘米）	0.25～0.05毫米	0.05～0.01毫米	0.01～0.005毫米	0.005～0.001毫米	<0.001毫米	物理黏粒（%）	质地名称
				土壤各粒级（%）						
薄层沟谷草甸土	建工局农场北463	A	0～10	13.1	31.8	12.7	15.9	26.5	55.1	重壤土
		CW	30～40	11.9	44.0	12.6	6.3	25.2	44.1	中壤土
		C	70～80	—	—	—	—	—	—	—
中层沟谷草甸土	西格木乡草帽村西405	A	0～25	10.8	41.8	14.5	14.5	18.7	47.7	重壤土
		CW	60～70	12.1	35.5	12.5	14.6	25.1	52.2	重壤土
厚层沟谷草甸土	裕太村南222	A	0～30	11.3	21.4	10.7	15.0	40.7	66.3	中黏土
		CW	105～115	17.8	17.1	10.7	17.1	36.4	64.2	轻黏土

④薄层平地草甸土。薄层平地草甸土是平地草甸土土属中黑土层最薄的一个土种，面积97.04公顷，占草甸土土类面积的0.41%。主要分布在长青乡和大来镇。

该土种发育在沿江右岸的高漫滩较低的部位上。表层土壤有机质平均值为54克/千克，全氮平均值为3.1克/千克，碱解氮平均值为243.9毫克/千克，有效磷平均值为3毫克/千克，速效钾平均值为443.3毫克/千克，pH平均值为7.1，容重平均值为1.22克/立方厘米，总孔隙度平均值为53.96%。

农业生产特点，肥力低，保水保肥差；耕性好，发小苗，作物生长后期表现脱肥。

⑤中层平地草甸土。中层平地草甸土面积1 282.24公顷，占草甸土土类面积的5.47%。主要分布在大来镇、敖其镇、西格木乡和沿江乡。

该土种发育在沿江平原一带、高漫滩较低的地方。表层土壤有机质平均值为25.3克/千克，全氮平均值为4.7克/千克，碱解氮平均值为321毫克/千克，有效磷平均值为32毫克/千克，速效钾平均值为148毫克/千克，pH平均值为6.7，容重平均值为1.3克/立方厘米，总孔隙度平均值为50.94%。

农业生产特点：肥力较高，保水保肥较好；耕性好，发小苗，发老苗。

⑥厚层平地草甸土。厚层平地草甸土面积1 528.70公顷，占草甸土土类面积的

6.53%。主要分布在长发镇、沿江乡和四丰乡。

表层土壤有机质平均值为32.3克/千克，全氮平均值为5.9克/千克，碱解氮平均值为337毫克/千克，有效磷平均值为19毫克/千克，速效钾平均值为231毫克/千克，pH平均值为6.3，容重平均值为1.23克/立方厘米，总孔隙度平均值为53.36%。

平地草甸土理化性状分析结果见表3-31，机械组成分析结果见表3-32。

表3-31 平地草甸土理化性状分析结果

土种名称	采样地点及剖面号	发生层次	采样深度（厘米）	容重（克/立方厘米）	总孔隙度（%）	毛管孔隙度（%）	通气孔隙度（%）	田间持水量（%）	有机质（克/千克）
薄层平地草甸土	长青乡江南村畜牧场836	A	0～23	1.22	53.96	49.88	4.08	29	27.3
		CW	70～80	1.32	53.84	50.94	2.9	29	8.8
中层平地草甸土	沿江乡三连鱼池南358	A	0～33	1.30	50.94	44.13	6.81	25	25.3
		B	33～45	1.44	46.43	38.22	8.21	21	13.9
		CW	80～90	—	—	—	—	—	5.6
厚层平地草甸土	松江乡宏卫村南591	A₁	0～30	1.23	53.36	43.26	10.1	26	32.3
		A₂	50～60	1.34	49.73	37.82	11.91	22	10.0
		CW	120～130	—	—	—	—	—	6.1

表3-32 平地草甸土机械组成分析结果

土种名称	采样地点及剖面号	发生层次	采样深度（厘米）	土壤各粒级（%）					物理黏粒（%）	质地名称
				0.25～0.05毫米	0.05～0.01毫米	0.01～0.005毫米	0.005～0.001毫米	<0.001毫米		
薄层平地草甸土	长青乡江南村畜牧场836	A	0～23	12.5	37.5	12.5	14.6	22.9	50.0	重壤土
		CW	70～80	20.9	35.4	10.4	8.3	24.9	43.6	中壤土
中层平地草甸土	沿江乡三连渔池南358	A	0～33	6.8	8.8	28.2	17.3	17.3	30.3	轻壤土
		B	33～45	22.4	10.8	29.3	8.3	8.4	31.5	重壤土
		CW	80～90	22.6	32.7	33.5	8.4	6.3	29.3	中壤土
厚层平地草甸土	松江乡宏卫村南591	A₁	0～30	10.2	8.8	13.1	24.1	43.8	81.0	中壤土
		A₂	50～60	19.9	10.8	8.7	10.8	49.8	69.3	轻黏土
		CW	120～130	14.6	32.7	12.6	14.8	25.3	52.7	重壤土

农业生产特点：黑土层厚，有机质含量高，潜在肥力高，保水保肥；耕性不好，出苗困难，影响产量。

（2）白浆化草甸土亚类：白浆化草甸土除了具有草甸土的共性外，在剖面中还有不明显的白浆层，母质为黏土沉积物。根据地形部位和黑土层的厚度又分为沟谷白浆化草甸土、平地白浆化草甸土2个土属，根据土层的厚薄又分为2个土种。各土种理化性状如下。

①薄层沟谷白浆化草甸土。薄层沟谷白浆化草甸土面积281.58公顷，占草甸土土类

面积的 1.20%。主要分布在大来镇。

农业生产特点：黑土层薄，虽然表土层有机质和各种养分含量高，但总贮量少，肥力低，冷浆。剖面主要特征，黑土层薄，一般小于 25 厘米。黑土层下面为不明显的白浆层，有铁锰结核和锈斑。表层土壤有机质平均值为 91.1 克/千克，全氮平均值为 4.8 克/千克，碱解氮平均值为 439 毫克/千克，有效磷平均值为 38 毫克/千克，速效钾平均值为 231 毫克/千克，pH 平均值为 6.5，容重平均值为 1.19 克/立方厘米，总孔隙度平均值为 54.68%。

②中层沟谷白浆化草甸土。中层沟谷白浆化草甸土面积 181.77 公顷，占草甸土土类面积的 0.78%。主要分布在西格木乡和新村农场。

农业生产特点：表土层有机质和养分含量较高，潜在肥力居中等，但排水不畅，冷浆。剖面主要特征，黑土层薄，一般小于 25 厘米。黑土层下面为不明显的白浆层，有铁锰结核和锈斑。表层土壤有机质平均值为 91.1 克/千克，全氮平均值为 4.8 克/千克，碱解氮平均值为 439 毫克/千克，有效磷平均值为 38 毫克/千克，速效钾平均值为 231 毫克/千克，pH 平均值为 6.5，容重平均值为 1.19 克/立方厘米，总孔隙度平均值为 54.68%。

沟谷白浆化草甸土理化性状分析结果见表 3-33，机械组成分析结果见表 3-34。

表 3-33　沟谷白浆化草甸土理化性状分析结果

土种名称	采样地点及剖面号	发生层次	采样深度（厘米）	容重（克/立方厘米）	总孔隙度（%）	毛管孔隙度（%）	通气孔隙度（%）	田间持水量（%）	有机质（克/千克）	全量养分（克/千克）			速效养分（毫克/千克）			pH
										全氮	全磷	全钾	碱解氮	速效磷	速效钾	
薄层沟谷白浆化草甸土	大来林场与新村村中间 55	A	5～15	1.19	54.68	39.50	15.18	25	91.1	4.8	2 700	20.5	439.0	38.0	232	6.5
		AW	50～60	1.26	—	—	—	22	88.1	0.8	1 600	20.5	86.0	35.0	141	6.7
		CW	75～85	—	—	—	—		7.1	0.5	2 500	19.1	63.0	52.0	139	6.5
中层沟谷白浆化草甸土	西郊畜牧场分场西南 891	A	5～15	1.32	50.39	41.00	9.39	24	96.5	5.4	2 700	20.1	439.0	20.0	288	6.5
		AW	30～40	1.48	45.11	40.28	4.83	23	36.4	2.0	1 800	27.6	172.0	10.0	243	6.3

表 3-34　沟谷白浆化草甸土机械组成分析结果

土种名称	采样地点及剖面号	发生层次	采样深度（厘米）	土壤各粒级（%）					物理黏粒（%）	质地名称
				0.25～0.05 毫米	0.05～0.01 毫米	0.01～0.005 毫米	0.005～0.001 毫米	<0.001 毫米		
薄层沟谷白浆化草甸土	大来林场与新村村中间 55	A	5～15	9.3	33.1	14.9	21.3	21.3	57.5	重壤土
		AW	50～60	11.8	33.6	9.5	13.7	31.5	54.7	重壤土
		CW	75～85	14.4	29.9	8.6	12.8	34.2	55.6	重壤土
中层沟谷白浆化草甸土	西郊畜牧场分场西南 891	A	5～15	18.6	21.4	13.9	18.2	27.8	59.9	重壤土
		AW	30～40	18.2	23.1	12.6	16.8	29.4	58.8	重壤土

（3）沼泽化草甸土亚类：沼泽化草甸土亚类是沼泽土向草甸土过渡的土壤类型。佳木

斯市郊区共含 3 个土种。

①中层沟谷沼泽化草甸土。中层沟谷沼泽化草甸土面积为 387.69 公顷，占草甸土土类面积的 1.66%。主要分布在望江镇。

表层土壤有机质平均值为 86.08 克/千克，全氮平均值为 4.16 克/千克，碱解氮平均值为 327.2 毫克/千克，有效磷平均值为 24.4 毫克/千克，速效钾平均值为 122 毫克/千克，pH 平均值为 6.6，容重平均值为 1.14 克/立方厘米，总孔隙度平均值为 56.98%。

中层沟谷沼泽化草甸土理化性状分析结果见表 3-35，机械组成分析结果见表 3-36。

表 3-35 中层沟谷沼泽化草甸土理化性状分析结果

采样地点及剖面号	发生层次	采样深度（厘米）	容重（克/立方厘米）	总孔隙度（%）	毛孔隙度（%）	通气孔隙度（%）
西格木乡草帽村西沟 403	AG	25～35	1.14	56.98	51.15	5.83
	CW	105～115	1.48	44.15	37.00	7.15

采样地点剖面号	田间持水量（%）	有机质（克/千克）	全量养分（克/千克）			速效养分（毫克/千克）			pH
			全氮	全磷	全钾	碱解氮	有效磷	速效钾	
西格木乡草帽村西沟 403	31	86.08	4.61	2.40	17.69	327.2	24.4	122.0	6.6
	20	5.86	0.49	0.91	21.02	25.8	21.4	164.0	7.4

表 3-36 中层沟谷沼泽化草甸土机械组成分析结果

采样地点及剖面号	发生层次	采样深度（厘米）	土壤各粒级（%）					物理黏粒（%）	质地名称
			0.25～0.05毫米	0.05～0.01毫米	0.01～0.005毫米	0.005～0.001毫米	<0.001毫米		
西格木乡草帽村西沟 403	AG	25～35	15.8	23.3	10.6	16.9	16.9	55.5	中壤土
	CW	105～115	9.7	29.3	4.2	12.6	27.3	56.0	中壤土

②中层平地沼泽化草甸土。中层平地沼泽化草甸土面积为 7.05 公顷，占草甸土土类面积的 0.03%。主要分布在长发镇。

农业生产特点：质地较黏，保水保肥，但耕性不好。表层土壤有机质平均值为 30.87 克/千克，全氮平均值为 2.13 克/千克，碱解氮平均值为 137.8 毫克/千克，有效磷平均值为 30 毫克/千克，速效钾平均值为 166 毫克/千克，pH 平均值为 7.5，容重平均值为 1.23 克/立方厘米，总孔隙度平均值为 53.58%。

③厚层平地沼泽化草甸土。厚层平地沼泽化草甸土面积为 141.2 公顷，占草甸土土类面积的 0.60%。主要分布在西格木乡和沿江乡。

农业生产特点：黑土层厚，表土层土壤养分含量较高，保水保肥；土壤上层容易积水，耕性不好。表层土壤有机质平均值为 30.87 克/千克，全氮平均值为 2.13 克/千克，碱解氮平均值为 137.8 毫克/千克，有效磷平均值为 30 毫克/千克，速效钾平均值为 166 毫克/千克，pH 平均值为 7.5，容重平均值为 1.23 克/立方厘米，总孔隙度平均值为 53.58%。

平地沼泽化草甸土理化性状分析结果见表 3-37，机械组成分析结果见表 3-38。

表 3-37　平地沼泽化草甸土理化性状分析结果

土种名称	采样地点及剖面号	发生层次	采样深度（厘米）	容重（克/立方厘米）	总孔隙度（%）	毛管孔隙度（%）	通气孔隙度（%）	田间持水量（%）	有机质（克/千克）	全量养分（克/千克）			速效养分（毫克/千克）			pH
										全氮	全磷	全钾	碱解氮	速效磷	速效钾	
中层平地沼泽化草甸土	松江乡农家鸡场南 574	A	0～35	1.23	53.58	44.45	9.13	26	30.87	2.13	1 030	23.87	137.8	30.0	166.0	7.5
		Ag	35～55	1.49	43.77	39.50	4.27	20	9.29	0.37	770	22.64	34.4	13.4	150.0	7.8
厚层平地沼泽化草甸土	西格木乡鱼池东 382	As	0～15	1.24	53.03	39.77	13.26	26	65.54	3.51	2 950	19.04	223.9	36.0	236.0	6.2
		Ag	35～45	1.25	52.70	41.80	10.9	23	33.04	4.37	2 000	15.26	146.4	145.2	288.0	6.6
		CWg	90～105	1.50	44.46	40.80	3.66	19	22.42	1.32	1 090	19.29	77.5	29.2	251.0	6.9

表 3-38　平地沼泽化草甸土机械组成分析结果

土种名称	采样地点及剖面号	发生层次	采样深度（厘米）	土壤各粒级（%）					物理黏粒（%）	质地名称
				0.25～0.05毫米	0.05～0.01毫米	0.01～0.005毫米	0.005～0.001毫米	<0.001毫米		
中层平地沼泽化草甸土	松江乡农家鸡场南 574	A	0～35	23.4	22.8	6.2	10.3	20.7	37.2	中壤土
		Ag	35～55	10.0	16.8	6.3	12.6	35.7	54.6	重壤土
厚层平地沼泽化草甸土	西格木乡鱼池东 382	As	0～15	0.9	17.2	10.8	25.9	45.3	81.9	中黏土
		Ag	35～45	10.8	13.0	15.2	30.4	30.4	76.0	中黏土
		CWg	90～105	7.6	27.6	8.5	17.0	38.2	63.7	轻黏土

（4）泛滥地草甸土亚类　泛滥地草甸土亚类共分 2 个土种。

①薄层平地泛滥地草甸土。薄层平地泛滥地草甸土面积 54.93 公顷，占草甸土土类面积的 0.23%。主要分布在长青乡和沿江乡。表层土壤有机质平均值为 26.8 克/千克，全氮平均值为 1.8 克/千克，碱解氮平均值为 149 毫克/千克，有效磷平均值为 23 毫克/千克，速效钾平均值为 378 毫克/千克，pH 平均值为 6.4，容重平均值为 1.28 克/立方厘米，总孔隙度平均值为 57.17%。

农业生产特点：黑土层小于 25 厘米，保水保肥性不好；肥力低，耕性好，但宜深翻，否则沙层会翻到耕层上面，产生沙化。

②中层平地泛滥地草甸土。中层平地泛滥地草甸土面积 194.15 公顷，占草甸土土类面积的 0.83%。主要分布沿江乡、长青乡和敖其镇。表层土壤有机质平均值为 10.8 克/千克，全氮平均值为 0.7 克/千克，碱解氮平均值为 102 毫克/千克，有效磷平均值为 25 毫克/千克，速效钾平均值为 69 毫克/千克，pH 平均值为 6.5，容重平均值为 0.76 克/立方厘米，总孔隙度平均值为 71.32%。

农业生产特点：黑土层较厚，质地轻，排水性好，耕性好，肥力一般。

平地泛滥地草甸土农化样分析结果见表 3-39，机械组成分析结果见表 3-40。

表 3 - 39 平地泛滥地草甸土农化样分析结果

土种名称	有机质（克/千克）						全氮（克/千克）						碱解氮（毫克/千克）	
	平均值	标准差	最大值	最小值	极差	样品数	平均值	标准差	最大值	最小值	极差	样品数	平均值	标准差
薄层平地泛滥地草甸土	23.33	9.72	33.79	11.90	21.89	9	1.46	0.87	2.19	0.85	1.33	9	114.0	41.7
中层平地泛滥地草甸土	29.96	19.56	51.6	15.12	36.48	5	1.75	0.84	2.90	0.82	2.08	5	170.3	89.4

表 3 - 40 平地泛滥地草甸土机械组成分析结果

土种名称	采样地点及剖面号	发生层次	采样深度（厘米）	土壤各粒级（%）					物理黏粒（%）	质地名称
				0.25~0.05毫米	0.05~0.01毫米	0.01~0.005毫米	0.005~0.001毫米	<0.001毫米		
薄层平地泛滥地草甸土	沿江乡泡子沿村范家通333	A	0~22	11.5	42.1	12.6	13.7	20.0	46.3	重壤土
		CW	40~50	2.9	37.9	14.8	17.9	26.4	59.1	重壤土
		C	70~80	79.8	9.1	1.0	2.0	8.1	11.1	沙壤土
中层平地泛滥地草甸土	敖其镇敖其村江岛181	A₁	0~35	66.5	16.2	5.1	3.0	10.01	18.2	沙壤土
		CW	45~57	85.9	4.0	2.0	2.0	6.1	10.1	沙壤土
		A₂	90~151	23.3	31.1	11.4	13.5	20.7	45.6	重壤土

5. 利用和改良 草甸土土类有机质含量较高，腐殖质层也厚，土壤团粒结构较好，土壤水分较充分，因所在地区地势低平并有充足的地下水或潜水的供应，土壤含水量较高、有时过多，植物营养元素含量较高。草甸土土类肥力水平较高，生产潜力较大，已广为利用。但在土壤水分过多时，易出现湿害或受洪水威胁；有些地区还受盐碱影响，故防洪、排涝和治盐是利用和改良的关键，在管理上应加强农田水利工程建设，根除内涝，深耕松土，促进土壤熟化。

（五）沼泽土

1. 分布 是一种非地带性的水成性土壤，俗称塔头土、草垡子土。所处地形是沟谷和容易汇集地面径流存水的低洼地。是受地表水和地下水浸润的非地带性土壤。全区有沼泽土1 230.93公顷，占全区基本农田土壤面积的1.88%。主要分布在望江镇、平安乡、大来镇、猴石山果苗良种场、莲江口镇和长发镇，面积分别为601.29公顷、401.07公顷、84.52公顷、63.07公顷、39.53公顷、25.8公顷，其他乡（镇）零星分布。

2. 形成过程 自然植被为薹草、三棱草、小叶樟、芦苇等喜湿性植物。母质为冲积或沉积物，成土过程是沼泽化过程，它包括了潜育化过程、腐殖化过程或泥炭化过程。

（1）潜育化过程：由于地下水位高，甚至地面积水，使土壤长期渍水，土壤结构破坏、土粒分散，同时，由于积水，土壤缺乏氧气，生物化学作用引起强烈的还原作用，土壤中的高价铁锰被还原成亚铁和亚锰。

（2）泥炭化或腐殖化过程：沼泽土或泥炭土由于水分多，湿生植物生长旺盛，秋冬死亡后，有机残体残留在土壤中，翌年春季或夏季，由于低洼积水，土壤处于嫌气状态。有机质主要呈嫌气分解,形成腐殖质或半分解的有机质,有的甚至不分解,这样年复一年的积累,形成腐殖质及细的半分解有机质,与水分散的淤泥一起形成腐泥。

3. 剖面特征 沼泽土是在地下水和地表水浸润、生长大量沼泽性植物的条件下,经过沼泽化过程发育而成的水成土壤。它的剖面特征是:由于地表间歇性常年积水,有机质不能充分分解,以粗有机质和半腐有机质的形式积于地表,即泥炭层;在积水缺氧的条件下,氧化铁还原为氧化亚铁而淋失,又与二氧化硅、氧化铝反应,生成亚铁的次生铁铝硅酸盐,呈浅绿或淡青色的潜育层;土壤分散无结构,土壤质地不一,常为粉沙质壤土,有的偏黏,剖面结构如下。

0~4 厘米:泥炭层,棕黑色,无结构,疏松,重壤土,层次过渡明显。

40~90 厘米:灰黑色,粒状结构,轻黏土,层次过渡明显。

90~115 厘米:灰黄色,团块状结构,有锈斑块和潜育斑,轻黏土。

表层土壤有机质平均值为 226.09 克/千克,全氮平均值为 3.33 克/千克,碱解氮平均值为 488 毫克/千克,有效磷平均值为 36.1 毫克/千克,速效钾平均值为 211.9 毫克/千克,pH 平均值为 6.5,容重平均值为 1.01 克/立方厘米,总孔隙度平均值为 60.62%。

4. 亚类 沼泽土类在佳木斯市郊区只有泥炭沼泽土 1 个亚类和沟谷泥炭化沼泽土 1 个土属,中层泥炭化沼泽土 1 个土种。

5. 利用和改良 其农业生产特点是土壤有机质含量高,但因地下水位高、土质黏重、冷浆。可利用的养分释放慢,不发小苗,容易坏种。疏干排水是利用沼泽土的先决条件。小面积的治涝田间工程,如大垄栽培等,以局部抬高地势,增加田块土壤的排水性,可以取得一定的效果。因地势低洼,排水不畅,土壤黏重、冷浆,产量不高,遇涝减产或绝产。在管理上应加强农田水利工程建设,根除内涝、熟化土壤,发展牧业和水稻生产。

(六) 泥炭土

1. 分布 泥炭土又称草炭土或草垡子土,泥炭土和沼泽土同属于非地带性水成土壤。佳木斯市郊区面积 42.68 公顷,占全郊区基本农田面积 65 352.84 公顷的 0.07%。

佳木斯市郊区群胜乡、燎原农场、大来镇、沿江乡的分布面积分别是 14.69 公顷、10.05 公顷、9.43 公顷、8.51 公顷。

该土类在佳木斯市郊区主要发育在南部低山丘陵的 U 形谷地和低洼易于积水地带。

2. 形成过程 自然植被为芦苇、乌拉薹草、毛果薹草等喜湿性植物,母质为冲积物。佳木斯市郊区泥炭土是在长期潮湿积水和生长大量沼泽植物的条件下,经过泥炭化过程发育而成的水成土壤。

3. 剖面特征 泥炭层深厚,均在 50 厘米以上,有的深达 200 厘米。实质上主层是没有完全分解的有机残体堆积物;潜育层为青灰色,结构不明显,有锈斑;母质多为河湖黏土或河湖亚黏土沉积物。表层土壤有机质平均值为 140.91 克/千克,全氮平均值为 3.1 克/千克,碱解氮平均值为 291.6 毫克/千克,有效磷平均值为 22.7 毫克/千克,速效钾平均值为 287.4 毫克/千克。

4. 亚类 泥炭土类在佳木斯市郊区只有草类泥炭土 1 个亚类和芦苇薹草类泥炭土 1 个土属。根据泥炭层的厚薄分为薄层芦苇薹草类泥炭土和中层芦苇薹草类泥炭土 2 个土种。

5. 利用和改良 泥炭土类各种养分丰富，是改土、培肥地力的好原料；是造肥的好肥源；泥炭土是一种疏松、多孔、体轻、有弹性的矿物机体，可使土壤改变通气性和透水性，保肥保水、容易耕作；具有很强的吸附能力，可以吸附水中的重金属离子，减少水污染；可以制作纤维板，可做花卉的营养土。

（七）水稻土

1. 分布 水稻土是在人为活动参与下形成的一种特殊土壤，水稻土类的 2 个亚类均分布在佳木斯市郊区沿江一带的高漫滩上，全区面积 3 896.17 公顷，占全郊区基本农田面积 65 352.84 公顷的 5.96%。

佳木斯市郊区平安乡、沿江乡、长青乡、大来镇、敖其镇、莲江口镇和望江镇分布面积分别是 1 427.45 公顷、483.22 公顷、463.14 公顷、398.40 公顷、346.51 公顷、291.10 公顷和 260.99 公顷，其他乡（镇）零星分布。

2. 形成过程 水稻土土类是在人为活动参与下形成的一种特殊土壤，是自然土壤或旱改水土壤在人为淹水种植水稻的前提下形成的。是农业活动的产物。

3. 剖面特征 水稻土土类由于栽培水稻的年限较短，除表层外，土体仍保持原土壤的层次结构。郊区种植水稻年限最长的是四丰乡的新鲜村，也不超过 40 年的历史，而且只种一季稻，淹水时间在 4 个月左右。因此，剖面分化不明显，具有自然土壤或旱作土壤原来的特征。水稻土类的 3 个亚类均分布在沿江一带的高漫滩上，地势平坦，水源充足，养分含量居于中等水平。由于水稻土受灌水、撤水的干湿交替影响及水稻连作，水旱轮作等人为因素的影响，逐渐改变原来的成土方向、循环关系、形态特征及肥力状况。

表层土壤有机质平均值为 27.37 克/千克，全氮平均值为 1.65 克/千克，碱解氮平均值为 138.3 毫克/千克，有效磷平均值为 20 毫克/千克，速效钾平均值为 174.2 毫克/千克，容重平均值为 1.37 克/立方厘米，总孔隙度平均值为 48.74%。

4. 亚类 佳木斯市郊区水稻土分为黑土型水稻土和草甸土型水稻土 2 个亚类。

5. 利用和改良 佳木斯市郊区 2 个亚类水稻土理化性状均较差。无论是有机质、全量养分、速效养分均较低，尤其是耕层土壤的磷素更显得缺乏。容重较高，总孔隙度较低，田间持水量还达不到 30%。质地较黏。今后水稻土除必须搞好平整土地，实现单排单灌外，应在改土培肥地力方面下工夫。以农家肥为主，采取深施肥的办法，改变土壤的理化性状，保证高产稳产。

第二节 耕地立地条件

耕地的立地条件是指与耕地地力直接相关的地形、地貌及成土母质等的特征。它是构成耕地基础地力的主要因素，是耕地自然地力的重要指标。

佳木斯市郊区位于完达山系老爷岭山脉的北麓，地形比较复杂，区域性差异较大。地势自西南向东北逐渐倾斜，明显地分为两部分，即南部低山丘陵区和北部沿江平原区。南部低山丘陵分布较广，属于完达山脉向北延伸的部分，海拔在 250～350 米，个别山峰海拔在 400 米以上；北部沿江平原属于三江平原的一部分。海拔在 75～80 米，起伏很小，地势平坦。

在农业种植结构上，南部低山丘陵区以旱田的粮豆作物为主，北部平原则为蔬菜、水稻生产基地。

一、地　貌

地貌在形成土壤过程中的作用表现在母质及常量（微量）元素，在地表的再分配和接受光热条件、接受降水的重新分配的不同。地貌因素中的地表高程、地表起伏度、地面坡度和坡向等，对土壤的发育与分布产生强烈影响。佳木斯市郊区地貌按成因分为如下类型。

1. 剥蚀低山丘陵　分布于佳木斯市郊区的西南及东南部，山势低缓，海拔在 200～450 米，相对高差 100～300 米。由元古代混合花岗岩及白垩系火山岩、陆相沉积碎屑岩组成，剥蚀作用较强，山顶呈馒头状，坡缓，沟谷及冲沟发育，水土流失较重。

2. 剥蚀堆积类型——岗阜状缓坡　分布于郊区南部，东西走向，呈带状，分布于丘陵的前缘。海拔在 120～140 米，相对高差 40～60 米，表面倾斜较大，剥蚀残丘零星分布其上。边缘冲沟发育，呈树枝状分布。由亚黏土夹碎石、残丘由沙砾岩及中性火山岩碎屑构成。

3. 侵蚀堆积——一级阶地　分布于松花江右岸。阶地陡坎明显，界线清晰，高出河漫滩 10～25 米。前缘有基岩断续出露，阶地保持不完整，其上有残丘分布，微向北倾斜，西部冲沟较发育。阶地的组成物为第四系中上更新统冰水沉积物，其下岩石为中生界的沙石、砾岩及中酸性火山岩。

4. 堆积类型　分布于松花江右岸及其沟谷中。由于第四纪以来，该区大面积沉降，形成了厚大的松散堆积物。由于后期新构造运动的作用，形成了高低漫滩及山间沟谷洼地。

（1）高漫滩：分布于松花江右岸，高出江水位 2.5～5 米。地形平坦，宽 4～6 千米，长度 40 千米，海拔 80～83 米，微地貌发育，沙垄土岗、自然堤均有分布。其后缘分布有淤泥质亚黏土及亚沙土，下部为沙砾及沙卵石。

（2）低漫滩：零星分布在松花江右岸，呈带状及岛状，为一般洪水可淹没的地区。海拔 77～79 米，其上广泛分布旧河边、牛轭湖、沙滩。其余多被沼泽化湿地占据。沉积物有沙、沙砾石，表层覆盖有薄层亚沙土或亚黏土。

二、成土母质

岩石矿物经各种风化作用形成松散的粗细不等矿物颗粒，是土壤形成的基础。不同的地貌地形特征不仅影响形成土壤物质元素的转移和变迁，而且影响着土壤的热量、光能和水分的再分配，从而形成不同的土壤母质类型。佳木斯市郊区山地土壤的成土母质为残积物和坡积物。母岩的性质顽固的保留在土壤之中，酸性岩石主要有流纹岩、安山岩、玄武岩等。这类岩石风化物的残积物和坡积物，pH 为 5.5～5.9。机械组成，表土为沙壤或轻壤。

佳木斯市郊区山前漫地漫岗土壤母质为黄土状母质，属于第四纪沉积物，常有二氧化硅呈不定形白色粉末析出，但无碳酸钙的淀积，这种母质上多发育为草甸暗棕壤、黑土和白浆土。

山间沟谷和北部平原土壤母质为洪积物，北部平原为高低漫滩，属于冲积母质，多具二元结构，在此种母质上多发育成草甸黑土、草甸土及部分沼泽土。

三、自然植被

绿色植物在形成土壤诸因素中占主导因素。植被在土壤形成过程中起着重要的作用。不同的植被，形成不同的土壤。自然植被能保护土壤，防止水土流失，减少大风、干旱、洪水等不利气候条件对土壤的侵蚀，能调节土壤的质地结构，一些植物的残体更是土壤中有机质的重要来源。

佳木斯市郊区有着悠久的农业发展历史，土地大部分被开垦利用，其植被以栽培作物和林木为主。栽培作物有玉米、大豆、水稻等；蔬菜类有白菜、萝卜和春夏菜；林木植被有柞、杨、桦等阔叶林；杂草主要有稗草、大叶樟、小叶樟；水生杂草有水蓼、三棱草、芦苇等。动植物残体是土壤氮素的唯一来源，使土壤中有机质富集。通过植物的选择性吸收，使养分物质在地表大量积累。在不同植物的影响下形成的土壤具有不同的属性，也就形成了不同的土壤类型。土壤和植物之间出现了明显的规律性。

佳木斯市郊区山地植被以多代萌生次柞树为主，少量分布有山杨、黑桦、白桦、椴树。人工林有落叶松、赤松、樟子松、水曲柳等，土壤为不同类型的暗棕壤。一般来说，杨、桦树分布在坡度较缓的地方，土质黏重、冷浆。而柞树耐旱萌蘖强、土质热潮。

山间沟谷自然植被为大叶樟、小叶樟，芦苇，三棱草，沼柳，大马莲蒿等喜湿性植物，在这种植被下发育草甸土类。

平原区植被多生五花草、小叶樟，混生落豆秧、空心柳、柳蒿。耕地中有水稗草、蓼吊子、灰菜、苋菜等杂草。此种植被下多发育为黑土类。

四、成土过程

土壤是在成土因素综合作用下，通过一定的成土过程形成的。这些成土因素包括母质、气候、生物、地形、时间和人为因素。因此，它的发展与自然条件密切相关，同时人类的生产活动对它又产生广泛而深刻的影响。佳木斯市郊区的土壤开垦年限相对较短，人类生产活动对土壤的影响没有达到改变原来面貌的程度。因此，佳木斯市郊区各种土壤类型的发育和发展，主要受自然条件的影响。由于自然条件的千差万别，因而形成了佳木斯市郊区的各种不同类型的土壤。

佳木斯市郊区地形、母质、水文和水文地质情况都很复杂，因此，土壤的成土过程不一。主要有以下几个成土过程。

（一）腐殖化过程

土壤在形成过程中，在各种自然植被条件下，土层上部积聚大量有机质，由于气候、母质等因素的作用，大量累积的有机质得不到彻底分解，进行着以嫌气过程为主的转化作用。未彻底分解的有机质及中间产物，在微生物的作用下，进行着强烈的腐殖化过程，形成大量的腐殖质，在土壤表层累积为腐殖质层。这种成土过程，是佳木斯市郊区土壤普遍存在的成土过程，也是黑土的主要成土过程。

（二）暗棕壤化过程

暗棕壤化过程发生在低山丘陵、坡度大、排水良好的地方，此过程主要是土壤生物富集与轻度黏化、弱酸淋溶两种过程。土壤生物富集过程是大量的森林植被凋落物的积累，是土壤有机质积累的重要来源；大量氮素及灰分的吸收与聚积为土壤肥力的发展创造了条件。

佳木斯市郊区属于寒温带大陆性季风气候，夏季温暖多雨，降水比较集中。由于地形和母质条件的限制，水分不能在土壤中长期停留，在生物富集的同时，发生轻度黏化与弱酸淋溶，土壤黏粒下移，铁锰等氧化物在心土层中发生积累。在腐殖质含量较高的黑土层下，形成明显的棕色或红棕色土层的过程，是暗棕壤的主要成土过程。

（三）白浆化过程

白浆化过程是佳木斯市郊区白浆土的主要成土过程。白浆化过程的主要特征，是在土壤腐殖质层之下出现的一个白色土层。白浆土剖面上有一个白色或灰白色的层次，紧实致密，通透性差，养分缺乏。白浆层是影响土壤肥力的障碍层。

在疏林、灌丛、草甸植被下，由于生物排水作用减弱，加之土壤质地黏重，通透性不良，土壤亚表层经常处于周期性的滞水状态；又由于周期性的干湿交替及氧化还原过程多次往复，土壤进行腐殖化过程和潜育漂洗与机械淋溶过程，很多铁离子由高价转低价而沿斜坡逐渐流失；在湿润季节，土壤剖面出现上层滞水，产生季节性还原条件，这时土壤表层的铁锰被还原成可溶性强的低价铁、锰，与黏粒随水侧向或向下移动，在腐殖质层下形成粉沙含量高、铁锰贫乏的白色淋溶层，在剖面中、下部形成铁锰和黏粒富集的淀积层。

（四）草甸化过程

草甸化过程是佳木斯市郊区草甸土的主要成土过程。发生在低平地或沟谷中，土壤水分大，在干湿交替的情况下，有草甸植被的影响，并受地下水或大气降水汇集的浸润，使土壤呈现明显的潜育化和有机质积累两个过程。在有机质的参与下，湿润时，土壤中的三价氧化物被还原成二价氧化物；干旱时，地下水位下降，土体下部又呈好气状态。二价氧化物又被氧化为三价氧化物。在这种干湿交替情况下，土壤中铁、锰氧化物发生移动和局部沉积，使土层中出现铁锈斑和铁锰结核，从而形成了佳木斯市郊区的草甸土。夏季草甸土植被生长繁茂、根系密集，有大量的腐殖质积累，形成良好的团粒状结构，这是草甸化过程的又一过程。

（五）沼泽化过程

沼泽化过程是佳木斯市郊区沼泽土和泥炭土的成土过程。包括泥炭化和潜育化两个过程。在沼泽土壤的形成过程中，由于过度潮湿的水文地质条件，在沼泽植被生长繁茂的情况下，土壤表层累积大量的有机物，在水分过多而缺氧的环境中得不到充分分解，在土壤上部积累厚度不等的泥炭，这一过程称为泥炭化过程。潜育化过程是由于土壤终年积水，土层与空气隔绝，使氧化铁还原成氧化亚铁，呈蓝灰色，部分氧化亚铁沿毛管上升，在上层被氧化成锈斑。

（六）生草过程

是幼年土壤的形成过程。在新淤积的母质上，开始生长植物，形成很薄的生草层，层次分化不明显。

（七）人为活动的影响

土壤是农业生产最基本的生产资料。人们为了生存和生活不断地对自然土壤实行改造，人为活动与自然成土因素相比较，人为因素对土壤形成、演变的影响是十分强烈的。人为活动可以通过改造自然条件给一个具体的自然土壤深刻的影响，使其演变速度远远超过自然演变过程。

人为活动对土壤的影响在郊区表现为两个方面，既有积极向有利的方向发展，也有消极的使土壤受到破坏的趋势。随着农业的发展，农田基本建设也有很大的发展。修筑了大量的水利工程，部分沼泽化土壤由于地下水位降低，改变了原来的成土方向，朝有利于农业生产的方向发展，因修筑了灌溉工程，在灌水的条件下有很多土壤也改变了原来的成土方向，增加了新的内容。水稻土就是一例。

第三节　农田基础设施

农田基础设施是人们为了改变耕地立地条件等所采取的人为措施活动。它是耕地的非自然地力因素，与当地的社会、经济状况等有关，主要包括农田的排水条件和水土保持工程等。佳木斯市郊区有多种地貌类型，耕地中有易于水土流失的坡耕地，也有易受洪涝威胁的低洼地。为了保证农业生产的发展，农田基本建设受到佳木斯市郊区区委、区政府的高度重视。在农田建设方面主要采取了生物措施和工程措施相结合的治理方法，这些农田基础设施建设对于提高全区耕地的综合生产能力，起到了积极的作用，促进了粮食产量的提高和农业生产的发展。针对农田存在的主要问题，采取了相应的治理措施。

一、营造农田防护林

生态安全与粮食安全成为与人类生存质量密切相关的问题。作为生态建设的重要措施，农田防护林是农田生态系统的屏障。农田防护林建设首要任务是改善农田小气候，减免自然灾害的危害。当然农田防护林也有一定的负影响，例如与作物争夺水分、养分等，但这些可以通过采取很多措施加以减免，使其真正发挥出最大的防护作用。

造林绿化建设是生态环境建设的需要，郊区积极进行生态林建设，为农业增产、增收提供保障。连年干旱、洪水的威胁和水土流失是佳木斯市郊区农业生产发展的主要障碍，佳木斯市郊区积极进行农业生态环境建设。

使区域内所有河流两岸及其汇水区范围内的农田不会受到洪水的危害，水土流失将得到有效地控制，跑水跑肥现象得到根本的改善，粮食产量得到大幅度的提高，为郊区实施绿色食品开发提供良好的条件。

佳木斯市郊区春季气候干旱少雨，风多风大。岗地土壤抗风蚀能力差，风蚀严重，每年都有不同程度的风灾。春播阶段，大风一刮起沙滚，造成部分耕地表土流失、种子裸露，严重危害了农业生产，破坏地力，影响人民生活。植树造林是防风固沙、保护水土、改良土壤、促进增产的重要措施。20世纪50年代，全区人民大力营造了农田防护林，这对改善农业生产条件起了很大作用。近几年来，根据国家"三北"防护林建设的规划和要求以及国家退耕还林政策，大量营造了新的防护林和用材林，并有计划改造了部分旧的防护林。

目前，佳木斯市郊区11个乡（镇）和5个区属国有林场，在林业用地中，有林地面积2.44万公顷。其中天然林面积0.93万公顷，人工林面积1.51万公顷；未成林造林地面积0.23万公顷，宜林地面积0.56万公顷，苗圃面积0.02万公顷。生态效益得到进一步发挥，起到涵养水源、保持水土的作用，生态环境得到了有效的改善，呈现出"有山皆绿、有水皆清"的良好环境。

二、兴修水利工程

佳木斯市郊区十年九春旱，夏旱、伏旱和秋旱也时常发生。春季种地难，抓苗难，产量很不稳定。为改变这种状况，在沿江搞修渠建站，积极发展灌溉。使土壤水分有了改善，生产潜力得到了发挥。佳木斯市郊区部分土壤地势低洼平坦，地下水位高，排水不畅，易受涝害。为了解除佳木斯市郊区的洪涝威胁，对一些瘠薄地采取了客土改良、深耕和施肥相结合的配套措施，使这些瘠薄耕地在一定程度内也得到了治理。

针对郊区水利设施建设相对滞后的实际情况，坚持改造提升与开发新建相结合，加快水利工程建设步伐。从规划入手，从区域内水利设施建设的整体需要着眼，对既有灌区的改造配套和新灌区的建设进行系统的设计，坚持"引、提、蓄、节"相结合，使水利工程设施更合理，更科学地发挥效能。通过搞好中小河流治理和灌区续建配套与节水改造工程，充分发挥调蓄工程和引水工程的作用。

1. 进行堤防建设　佳木斯市郊区堤防长度111千米，穿堤构造物10处。堤防防洪标准均为二十年一遇，堤防等级为Ⅳ级。穿堤建筑物防洪标准分为两类：一是位于沿江段松花江上的福胜、四合，防洪标准为百年一遇；二是其余各堤防段的穿堤建筑物均为五十年一遇。堤防段舍5处。输电线路及电器设备5台套，郊区现有强排站7处，其中有4处为1998年以后新改造。

2. 进行水保建设　截至2009年，佳木斯市郊区水土流失治理以小农水计划和国债两种形式进行。现有水土流失面积68 006公顷。从20世纪90年代初开始治理，治理总面积33 810公顷。主要是进行山、水、田、林、路综合治理。治理主要是以面上治理为主，取得显著效果，治理区域内群众生活水平普遍提高，社会效益显著，每年增加拦蓄量40万立方米以上，拦蓄径流70万立方米以上。减少了自然灾害的频繁发生，有效地保护了人民的生命财产，生态环境明显改善。

3. 进行灌区建设　佳木斯市郊区现有4个国有灌区，其中有3个提水灌区、1个自流灌区。总装机容量1 880千瓦，总流量14.42立方米/秒，灌溉总面积0.7万公顷。

4. 进行菜田基本建设　佳木斯市郊区蔬菜面积相对较大，积极进行菜田水利设施建设。蔬菜含水量大，对水要求严格，既需勤灌、又怕涝渍，因此菜田排灌设计标准比大田要求高；要求日降水 300 毫米能及时排出，百日无雨能灌溉，地下水位在 1～1.5 米。郊区菜田的地表水资源相对不足，而地下水资源丰富，因此菜田灌溉都采用井灌方式。菜田灌溉面积达 100%。灌溉的干渠由砖和水泥混砌成永久性的渠道，支渠根据蔬菜作物的不同栽培方式，利用垄沟临时修建而成。平田整地，实现田园化。园田化是菜田建设的主要方向，用以适应机械化作业的要求。菜田建设基本上达到了园田化标准。实行土地家庭联产承包责任制后，土地成为农民手中长久使用的生产资料，因此农民开始重视菜田的基础建设，原来大小田块不一、高低不平，这种状况结合水利建设、道路建设、四周绿化，通过培肥地力、平田整地，使土地平整，逐步过渡到集中连片的园田化模式。这些农田基础设施建设对于提高耕地的综合生产能力，起到了积极的作用，促进了产量的提高和农业生产的发展。

佳木斯市郊区在农田基础设施建设上虽然取得了一定的成绩，但同农业生产发展相比，农田基础设施还较薄弱，抵御各种自然灾害的能力还不强。特别是近些年来，农田基础建设相对滞后，旱田基本上没有灌溉条件，仍然处于靠天降水的状态。春旱发生年份，仅有少部分地块可以做到催芽坐水种，大多数旱田要常受旱灾的为害，影响了农作物产量的继续提高。水田和菜田虽能解决排灌问题，但灌溉方式较为落后，水田基本上仍采用土渠的输水方式，采用管道输水基本上没有，防渗渠道极少，所以在输水过程中，渗漏严重，水分利用率不高；菜田基本上是靠机井灌溉，方式多数是沟灌，滴灌、微灌设备和技术刚刚引进。水田、菜田发展节水灌溉，引进先进设施，推广先进节水技术，旱田实行水浇。特别是逐步引进大型的农田机械，推行深松节水技术，是今后佳木斯市郊区农业生产中必须解决的重大问题。

5. 积极进行农机装备　2009 年，佳木斯郊市区农机总动力达到 27.7 万千瓦，大中小型拖拉机保有量为 8 771 台，配套农具 2 713 台（套）；联合收割机 161 台；水稻插秧机 272 台。全区大中型拖拉机达到 8 640 台，农业综合机械化程度达到 85%。

第四章 耕地土壤属性

本次耕地地力评价工作，共采集土壤样品（采样深度为 0～20 厘米）1 012 个，其中旱田地 852 个、水田地 160 个。分析了有机质、全氮、有效磷、速效钾、pH、碱解氮、全钾、全磷、有效锌、有效硼、有效铁、有效锰、有效铜、容重 14 项土壤理化属性项目。佳木斯市郊区自 1984 年土壤普查以来，经过 20 多年耕作制度的改革和各种自然因素的影响，土壤的基础肥力状况已经发生了明显的变化。

总的变化趋势是：土壤有机质、土壤速效钾呈下降趋势；土壤有效磷总体呈上升趋势，土壤酸性增强。

第一节 土壤有机质

土壤有机质是土壤肥力的重要组成部分，是耕地地力的重要指标之一。它既是土壤固体组成部分之一，又是土壤养分高低的重要标志。有机质在土壤中的数量虽少，但它是最活跃的成分，是肥料以外土壤中氮素的唯一来源，也是磷、硫等养分的重要来源，对土壤肥力因素和水、肥、气、热影响很大，是土壤肥力的重要物质基础。因此，土壤有机质对提高土壤肥力方面起重要的作用。

一、土壤有机质含量和分级情况

本次地力评价土壤化验分析发现，有机质最大值 96.1 克/千克，最小值 12.8 克/千克，平均值 46.88 克/千克。比第二次土壤普查 50.8 克/千克降低了 3.92 克/千克，下降了 7.7 个百分点。降幅最大的是燎原农场，降低 17.58 克/千克；新村农场降低 12.13 克/千克；敖其镇降低 8.48 克/千克；大来镇降低 7.33 克/千克；猴石山果苗良种场降低 7.12 克/千克；群胜乡降低 7.87 克/千克。

四丰乡、沿江乡、长青乡、莲江口镇、望江镇、平安乡、长发镇、苏木河农场和四丰园艺场，有机质略有提升。近年来佳木斯市郊区根据近郊菜地面积大的实际，积极实施"沃土"工程，建立了养地贮备金制度，每年春夏菜每公顷施农家肥 45 立方米，粮豆和瓜类每公顷施农家肥 45 立方米。扭转了农民重用轻养的倾向。全区农家肥积造和施用数量，年均在 100 万～120 万立方米，使有机质含量呈上升趋势。

佳木斯市郊区各乡（镇）土壤有机质含量较高的有苏木河农场、四丰乡和长发镇，平均值分别是 62.08 克/千克、58.99 克/千克和 52.42 克/千克。有机质含量较低有莲江口镇、敖其镇和望江镇，平均值分别是 36.64 克/千克、38.82 克/千克和 38.89 克/千克。

佳木斯市郊区土壤有机质含量大于 60 克/千克为一级，面积为 7 952.31 公顷，占基本农田面积的 12.17%；含量在 40～60 克/千克为二级，面积为 35 385.61 公顷，占基本农田面积的 54.15％；含量在 30～40 克/千克为三级，面积为 14 992.78 公顷，占基本农田面积的 22.94％；含量在 20～30 克/千克为四级，面积为 6 180.60 公顷，占基本农田面积的 9.46％；含量在 10～20 克/千克为五级，面积为 841.54 公顷，占基本农田面积的 1.29％。

第二次土壤普查时耕地土壤有机质主要集中在 40～60 克/千克的二级，占 28.3％，本次地力评价表明，有机质也主要集中在 40～60 克/千克的二级，面积占基本农田面积的 54.15％，增加了 25.85 个百分点（图 4-1）。

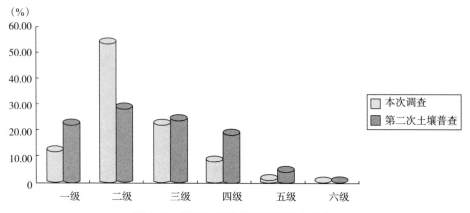

图 4-1　耕层土壤有机质频率分布比较

有机质含量在一级面积最多的是四丰乡和平安乡，面积分别是 2 575.06 公顷和 1 886.88公顷；二级面积最多的是长发镇和平安乡，面积分别是 5 940.16 公顷和5 317.83公顷；三级面积最多的是望江镇和大来镇，面积分别是 3 975.45 公顷和3 124.52公顷；四级面积最多的是大来镇和望江镇，面积分别是 1 607.52 公顷和 1 589.78 公顷；五级面积最多的是望江镇和群胜乡，面积分别是 267.47 公顷和 228.30 公顷。各乡（镇）耕层有机质分级统计见表 4-1。

表 4-1　各乡（镇）耕层有机质分级统计

乡（镇）	平均值	变化值	面积分级统计（％）					
			一级	二级	三级	四级	五级	六级
大来镇	46.47	16.4～89.8	8.87	33.80	37.50	19.29	0.54	0
长发镇	52.42	37.2～81.7	8.20	91.78	0.02	0	0	0
敖其镇	38.82	14.4～70.8	1.61	37.62	48.88	10.79	1.10	0
莲江口镇	36.64	19.8～58.7	0	18.90	41.75	38.09	1.26	0
望江镇	38.89	15.8～89	4.49	30.41	44.37	17.74	2.99	0
长青乡	46.55	17～63.9	1.30	66.17	16.31	2.86	13.36	0
沿江乡	50.49	12.8～76.8	15.72	75.26	5.13	3.54	0.35	0
四丰乡	58.99	22.3～96.1	48.00	42.63	7.23	2.14	0	0

（续）

乡（镇）	平均值	变化值	面积分级统计（%）					
			一级	二级	三级	四级	五级	六级
西格木乡	49.57	22.3～91.4	5.06	86.00	8.63	0.31	0	0
群胜乡	39.33	16.6～69.2	2.28	50.12	33.14	10.67	3.78	0
平安乡	49.22	20.7～91.7	22.02	62.05	11.02	4.91	0	0
燎原农场	42.42	26.2～59	0	80.64	6.26	13.10	0	0
苏木河农场	62.08	32.5～87.3	39.58	57.84	2.57	0	0	0
猴石山果苗良种场	40.08	24.6～51.4	0	30.80	68.85	0.35	0	0
新村农场	47.87	23.4～83.1	27.55	4.20	7.88	60.37	0	0
四丰园艺场	50.15	48.4～52	0	100.00	0	0	0	0
全区	46.88	12.8～96.1	12.17	54.15	22.94	9.46	1.29	0

二、土壤类型的有机质情况

从土壤类型来看，佳木斯市郊区暗棕壤土类、白浆土土类、黑土土类、草甸土土类、沼泽土土类、泥炭土土类、新积土土类、水稻土土类土壤有机质平均含量分别为50.33克/千克、42.98 克/千克、45.60 克/千克、46.58 克/千克、48.67 克/千克、46.82克/千克、40.69克/千克、43.83克/千克，详见表4-2。

表4-2　各土壤类型耕层有机质统计

单位：克/千克

项目	暗棕壤	白浆土	黑土	草甸土	沼泽土	泥炭土	新积土	水稻土
平均值	50.33	42.98	45.60	46.58	48.67	46.82	40.69	43.83
最大值	96.10	84.60	96.10	94.80	71.30	53.60	45.10	68.70
最小值	16.40	18.80	12.80	16.40	18.70	38.10	28.40	15.80

从各土类有机质平均含量可以看出，暗棕壤土类最高，为50.33克/千克；新积土土类最低，为40.69克/千克。

佳木斯市郊区各土类本次地力评价有机质平均含量与第二次土壤普查相比呈下降趋势，沼泽土土类下降 177.42 克/千克，泥炭土土类下降 50.96 克/千克，草甸土土类下降3.56 克/千克，新积土土类增加 1.19 克/千克，白浆土土类增加 10.19 克/千克，暗棕壤土类增加5.27 克/千克，黑土土类增加 10.29 克/千克，水稻土土类增加 7.82 克/千克。

按照黑龙江省耕地有机质养分分级标准，各土类情况分别论述。

（1）暗棕壤土类：有机质在一级的面积为 1 372.30 公顷，占基本农田面积的2.10%；有机质在二级的面积为 5 138.94 公顷，占基本农田面积的 7.86%；有机质在三级的面积为 1 210.63 公顷，占基本农田面积的 1.85%；有机质在四级的面积为 144.35 公顷，占基本农田面积的0.22%；有机质在五级的面积为 11.46 公顷，占基本农田面积的 0.02%。

（2）白浆土土类：有机质在一级的面积为 244.11 公顷，占基本农田面积的 0.37%；有机质在二级的面积为 1 807.25 公顷，占基本农田面积的 2.77%；有机质在三级的面积为 987.12 公顷，占基本农田面积的 1.51%；有机质在四级的面积为 310.53 公顷，占基本农田面积的 0.48%；有机质在五级的面积为 138.34 公顷，占基本农田面积的 0.21%。

（3）黑土土类：有机质在一级的面积为 1 919.85 公顷，占基本农田面积的 2.94%；有机质在二级的面积为 13 660.1 公顷，占基本农田面积的 20.90%；有机质在三级的面积为 6 306.12 公顷，占基本农田面积的 9.65%；有机质在四级的面积为 2 628.29 公顷，占基本农田面积的 4.02%；有机质在五级的面积为 490.03 公顷，占基本农田面积的 0.75%。

（4）草甸土土类：有机质在一级的面积为 4 007.94 公顷，占基本农田面积的 6.13%；有机质在二级的面积为 11 603.79 公顷，占基本农田面积的 17.76%；有机质在三级的面积为 5 180.36 公顷，占基本农田面积的 7.93%；有机质在四级的面积为 2 569.35 公顷，占基本农田面积的 3.93%；有机质在五级的面积为 62.71 公顷，占基本农田面积的 0.09%。

（5）沼泽土土类：有机质在一级的面积为 135.65 公顷，占基本农田面积的 0.21%；有机质在二级的面积为 654.97 公顷，占基本农田面积的 1.00%；有机质在三级的面积为 337.1 公顷，占基本农田面积的 0.52%；有机质在四级的面积为 40.37 公顷，占基本农田面积的 0.06%；有机质在五级的面积为 62.84 公顷，占基本农田面积的 0.09%。

（6）泥炭土土类：有机质在一级的没有；有机质在二级的面积为 33.25 公顷，占基本农田面积的 0.05%；有机质在三级的面积为 9.43 公顷，占基本农田面积的 0.01%；有机质在四级、五级的全区无分布。

（7）新积土土类：有机质在一级的没有；有机质在二级的面积为 199.74 公顷，占基本农田面积的 0.31%；有机质在三级的面积为 174.24 公顷，占基本农田面积的 0.27%；有机质在四级的面积为 13.71 公顷，占基本农田面积的 0.02%；有机质在五级的没有。

（8）水稻土土类：有机质在一级的面积为 272.46 公顷，占基本农田面积的 0.42%；有机质在二级的面积为 2 287.57 公顷，占基本农田面积的 3.50%；有机质在三级的面积为 786.58 公顷，占基本农田面积的 1.20%；有机质在四级的面积为 474 公顷，占基本农田面积的 0.73%；有机质在五级的面积为 75.56 公顷，占基本农田面积的 0.12%。

第二节　土壤全氮

土壤全氮是土壤供氮能力的重要指标，在生产实际中有着重要的意义。土壤全氮包括有机氮和无机氮，是土壤肥力的一项重要指标。土壤中的氮素是作物生长需要最多的元素，氮素是构成植物组织中的蛋白质、叶绿素及其他有机化合物不可缺少的元素。土壤中的氮素含量受植被、土壤和气候等各种自然因素的影响很大。

一、土壤全氮含量和分级情况

本次地力评价土壤化验分析发现，全氮最大值 2.76 克/千克，最小值 0.10 克/千克，平均值 1.41 克/千克。比第二次土壤普查 2.7 克/千克降低了 1.29 克/千克，下降了 47.7%。

佳木斯市郊区土壤全氮降低较大的是莲江口镇，降低 2.00 克/千克；平安乡降低 1.88 克/千克；望江镇降低 1.86 克/千克，西格木乡降低 1.43 克/千克。

佳木斯市郊区各乡（镇）土壤全氮含量较高的有四丰园艺场、苏木河农场、四丰乡，平均值分别是 1.75 克/千克、1.64 克/千克、1.64 克/千克。含量较低有莲江口镇、望江镇、沿江乡，平均值分别是 1.11 克/千克、1.23 克/千克、1.24 克/千克。

佳木斯市郊区土壤全氮含量大于 2.5 克/千克为一级，面积为 159.45 公顷，占基本农田面积的 0.24%；含量在 2.0~2.5 克/千克为二级，面积为 2 363.93 公顷，占基本农田面积的 3.62%；含量在 1.50~2.0 克/千克为三级，面积为 19 344.82 公顷，占基本农田面积的 29.60%；含量在 1.0~1.5 克/千克为四级，面积为 39 565.59 公顷，占基本农田面积的 60.54%；含量小于 1.0 克/千克为五级，面积为 3 919.05 公顷，占基本农田面积的 6.0%。

土壤全氮的分布发生了相应的变化，第二次土壤普查时耕地土壤全氮主要集中在 2.0~4.0 克/千克的二级，面积占 57.9%，而本次耕地地力评价表明，土壤全氮主要集中在 1.0~1.5 克/千克的四级，面积占基本农田面积的 60.54%（图 4-2）。

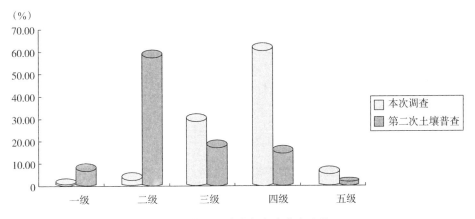

图 4-2　耕层土壤全氮频率分布比较

一级面积最多的是长发镇和敖其镇，面积分别是 70.35 公顷和 58.88 公顷；二级面积最多的是四丰乡和长发镇，面积分别是 1 329.10 公顷和 444.21 公顷；三级面积最多的是长发镇和西格木乡，面积分别是 4 038.75 公顷和 3 813.61 公顷；四级面积最多的是平安乡和望江镇，面积分别是 7 257.08 公顷和 7 035.09 公顷；五级面积最多的是望江镇和大来镇，面积分别是 1 056.15 公顷和 539.89 公顷。详见表 4-3。

表4-3 耕层土壤全氮分析统计

乡（镇）	平均值（克/千克）	变化值（克/千克）	面积分级统计（%）				
			一级	二级	三级	四级	五级
大来镇	1.41	0.81~2.50	0.14	0.26	32.14	60.98	6.48
长发镇	1.62	0.86~2.50	1.09	6.86	62.40	26.91	2.74
敖其镇	1.50	1.03~2.69	1.32	4.88	36.56	57.23	0
莲江口镇	1.11	0.75~1.64	0	0	3.70	76.59	19.71
望江镇	1.23	0.10~1.92	0	0	9.70	78.52	11.79
长青乡	1.32	1.02~1.87	0	0	11.11	88.89	0
沿江乡	1.24	0.86~1.78	0	0	12.90	80.16	6.94
四丰乡	1.64	0.78~2.50	0	24.77	34.06	34.48	6.69
西格木乡	1.57	0.87~2.76	0.31	0.13	62.66	35.59	1.30
群胜乡	1.29	0.39~2.37	0	2.73	21.19	69.95	6.12
平安乡	1.27	0.76~1.70	0	0	10.63	84.68	4.68
燎原农场	1.25	0.99~1.62	0	0	21.45	57.31	21.24
苏木河农场	1.64	1.06~2.16	0	11.25	50.38	38.37	0
猴石山果苗良种场	1.59	1.03~1.92	0	0	66.62	33.38	0
新村农场	1.38	1.05~1.59	0	0	56.14	43.86	0
四丰园艺场	1.75	1.66~1.95	0	0	100.00	0	0
全区	1.41	0.10~2.76	0.24	3.62	29.60	60.54	6.00

二、各土壤类型全氮情况

从土壤类型上看，佳木斯市郊区暗棕壤土类、白浆土土类、黑土土类、草甸土土类、沼泽土土类、泥炭土土类、新积土土类、水稻土土类等土壤全氮平均值分别为1.48克/千克、1.34克/千克、1.43克/千克、1.38克/千克、1.33克/千克、1.23克/千克、1.38克/千克、1.28克/千克。

各土类全氮平均值可以看出，暗棕壤土类最高，为1.48克/千克；泥炭土土类最低，为1.23克/千克，详见表4-4。

表4-4 各类土壤耕层全氮统计

单位：克/千克

项目	暗棕壤	白浆土	黑土	草甸土	沼泽土	泥炭土	新积土	水稻土
平均值	1.48	1.34	1.43	1.38	1.33	1.23	1.38	1.28
最大值	2.76	2.03	2.50	2.69	1.92	1.54	1.57	2.05
最小值	0.39	0.61	0.78	0.14	0.10	1.12	1.22	0.81

佳木斯市郊区各土类本次地力评价全氮平均含量与第二次土壤普查相比呈下降趋势，暗棕壤土类下降 1.5 克/千克，白浆土土类下降 0.83 克/千克，黑土土类下降 0.69 克/千克，草甸土土类下降 1.5 克/千克，沼泽土土类下降 2.0 克/千克，泥炭土土类下降 1.69 克/千克，新积土土类下降 0.37 克/千克，水稻土土类下降 0.96 克/千克。耕层土壤全氮频率分布比较见图 4-2。

按照黑龙江省耕地全氮养分分级标准，各种土类情况分别论述。

（1）暗棕壤土类：全氮养分为一级的面积 18.95 公顷，占基本农田面积为 0.02%；二级面积 532.0 公顷，占基本农田面积的 0.81%；三级面积 3 704.42 公顷，占基本农田面积的 5.66%；四级面积 3 372.78 公顷，占基本农田面积的 5.16%；五级面积 249.53 公顷，占基本农田面积的 0.38%。

（2）白浆土土类：全氮养分在一级的全区无分布；二级面积 8.19 公顷，占基本农田面积的 0.01%；三级面积 1 205.96 公顷，占基本农田面积的 1.84%；四级面积 2 106.5 公顷，占基本农田面积的 3.22%；五级面积 166.7 公顷，占基本农田面积的 0.26%。

（3）黑土土类：全氮养分在一级的没有；二级面积 870.15 公顷，占基本农田面积的 1.33%；三级面积 7 758.9 公顷，占基本农田面积的 11.87%；四级面积 15 117.39 公顷，占基本农田面积的 23.13%；五级面积 1 259.75 公顷，占基本农田面积的 1.92%。

（4）草甸土土类：全氮养分在一级的面积为 140.50 公顷，占基本农田面积的 0.21%；二级面积 952.87 公顷，占基本农田面积的 1.45%；三级面积 5 419.16 公顷，占基本农田面积的 8.29%；四级面积 15 465.19 公顷，占基本农田面积的 23.66%；五级面积 1 446.43 公顷，占基本农田面积的 2.21%。

（5）沼泽土土类：全氮养分为一级、二级的全区无分布；三级面积 144.83 公顷，占基本农田面积的 0.22%；四级面积 975.55 公顷，占基本农田面积的 1.49%；五级面积 110.55 公顷，占基本农田面积的 0.17%。

（6）泥炭土土类：全氮养分在一级、二级的全区无分布；三级面积 9.43 公顷，占基本农田面积的 0.01%；四级面积 33.25 公顷，占基本农田面积的 0.05%；五级无分布。

（7）新积土土类：全氮养分在一级、二级的没有；三级面积 81.67 公顷，占基本农田面积的 0.12%；四级面积 306.02 公顷，占基本农田面积的 0.46%；五级无分布。

（8）水稻土土类：全氮养分在一级、二级的全区无分布；三级面积 1 020.45 公顷，占基本农田面积的 1.56%；四级面积 2 188.91 公顷，占基本农田面积的 3.34%；五级面积 686.09 公顷，占基本农田面积的 1.04%。

第三节　土壤有效磷

磷是构成植物体的重要组成元素之一，有效磷是土壤供磷水平的重要指标。磷在植物体中的含量除碳、氢、氧以外仅次于氮和钾。磷是植物体内细胞核及核酸的重要组成物质，它不仅能够促进植物新陈代谢和营养物质的转化，还具有促进作物早熟和籽实饱满的作用。

一、土壤有效磷含量和分级情况

本次地力评价土壤化验分析发现，土壤有效磷最大值 196.80 毫克/千克，最小值 9.1 毫克/千克，平均值 63.90 毫克/千克。比第二次土壤普查 32.4 毫克/千克增加 31.50 毫克/千克，增加了 97.2%。除长发镇降低 29.47 毫克/千克外，其他乡（镇）（农场）均增加。增幅最大的是莲江口镇，增加 60.01 毫克/千克；西格木乡增加 51.36 毫克/千克，敖其镇增加 50.00 毫克/千克。

佳木斯市郊区各乡（镇）土壤有效磷含量较高的有长青乡、莲江口镇，平均值分别是 120.91 毫克/千克和 100.31 毫克/千克。含量较低有苏木河农场、平安乡，平均值分别是 35.91 毫克/千克、41.67 毫克/千克。

佳木斯市郊区土壤有效磷含量大于 60 毫克/千克为一级，面积为 27 555.25 公顷，占基本农田面积的 42.16%；含量在 40～60 毫克/千克为二级，面积为 22 529.77 公顷，占基本农田面积的 34.47%；含量在 20～40 毫克/千克为三级，面积为 13 809.58 公顷，占基本农田面积的 21.13%；含量在 10～20 毫克/千克为四级，面积为 1 434.65 公顷，占基本农田面积的 2.2%；含量在 5～10 毫克/千克为五级，面积为 23.59 公顷，占基本农田面积的 0.04%。

土壤有效磷的分布发生了相应的变化，第二次土壤普查时耕地土壤有效磷主要集中在 10～20 毫克/千克的四级，面积占 37.0%，而本次调查表明，土壤有效磷主要集中在含量大于 60 毫克/千克的一级，面积占基本农田面积的 42.16%（图 4 - 3）。

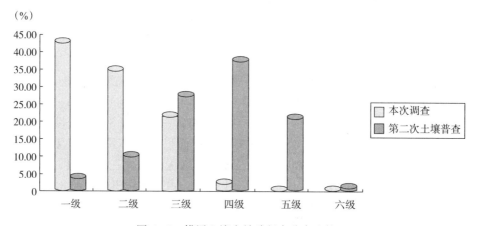

图 4 - 3　耕层土壤有效磷频率分布比较

一级面积最多的是望江镇和大来镇，面积分别是 5 346.23 公顷和 4 565.86 公顷；二级面积最多的是长发镇和群胜乡，面积分别是 3 371.16 公顷和 3 025.43 公顷；三级面积最多的是平安乡和四丰乡，面积分别是 3 240.86 公顷和 1 995.10 公顷；四级面积最多的是平安乡和四丰乡，面积分别是 654.65 公顷和 212.41 公顷；五级面积最多的是莲江口镇，面积为 23.59 公顷，见表 4 - 5。

表 4-5　耕层有效磷分析统计

乡（镇）	平均值 毫克/千克	变化值 毫克/千克	面积分级统计（%）					
			一级	二级	三级	四级	五级	六级
大来镇	71.89	11.00～181.00	54.80	31.11	13.54	0.55	0	0
长发镇	49.08	18.50～140.40	16.15	52.09	29.58	2.18	0	0
敖其镇	70.35	12.40～137.80	68.59	25.60	4.40	1.41	0	0
莲江口镇	100.31	9.10～196.80	92.47	3.94	2.57	0	1.02	0
望江镇	65.95	19.90～172.2	59.67	25.97	13.92	0.45	0	0
长青乡	120.91	24.10～170.40	93.51	2.93	3.56	0	0	0
沿江乡	93.17	12.10～158.30	91.82	2.80	1.43	3.95	0	0
四丰乡	48.67	13.20～155.30	20.16	38.69	37.19	3.96	0	0
西格木乡	71.66	16.40～168.30	50.55	41.22	7.80	0.43	0	0
群胜乡	48.90	17.10～100.60	20.77	50.16	27.72	1.35	0	0
平安乡	41.67	10.80～168.50	7.73	46.82	37.82	7.64	0	0
燎原农场	56.16	17.80～116.20	30.41	64.16	3.60	1.83	0	0
苏木河农场	35.91	20.40～50.60	0	8.59	91.41	0	0	0
猴石山果苗良种场	48.06	21.70～92.60	6.25	43.96	49.80	0	0	0
新村农场	45.72	33.30～58.60	0	70.40	29.60	0	0	0
四丰园艺场	52.75	45.00～59.70	0	100.00	0	0	0	0
全区	63.90	9.10～196.80	42.16	34.47	21.13	2.20	0.04	0

二、土壤类型有效磷情况

从土壤类型上看，佳木斯市郊区暗棕壤土类、白浆土土类、黑土土类、草甸土土类、沼泽土土类、泥炭土土类、新积土土类、水稻土土类等土壤有效磷平均值分别为 54.21 毫克/千克、63.39 毫克/千克、71.61 毫克/千克、65.35 毫克/千克、51.05 毫克/千克、87.78 毫克/千克、48.29 毫克/千克、65.11 毫克/千克。

从各土类有效磷平均值可以看出，泥炭土土类最高，为 87.78 毫克/千克，新积土土类最低，为 48.29 毫克/千克，见表 4-6。

表 4-6　各土壤类型耕层有效磷统计

单位：毫克/千克

项目	暗棕壤	白浆土	黑土	草甸土	沼泽土	泥炭土	新积土	水稻土
平均值	54.21	63.39	71.61	65.35	51.05	87.78	48.29	65.11
最大值	161.70	181.00	170.90	196.80	109.10	126.80	69.10	168.50
最小值	16.40	17.40	12.40	10.80	22.40	48.90	33.30	9.10

佳木斯市郊区这次地力评价各土类有效磷平均含量与第二次土壤普查比呈上升趋势，暗棕壤土类上升 38.02 毫克/千克，白浆土土类上升 45.17 毫克/千克，黑土土类上升 37.33 毫克/千克，草甸土土类上升 26.25 毫克/千克，沼泽土土类上升 14.95 毫克/千克，泥炭土土类上升 58.3 毫克/千克，新积土土类上升 23.29 毫克/千克，水稻土土类上升 47.06 毫克/千克。耕层土壤有效磷频率分布比较见图 4-3。

按照黑龙江省耕地有效磷养分分级标准，各种土类分别论述。

（1）暗棕壤土类：有效磷养分在一级的面积为 1 828.51 公顷，占基本农田面积的 2.79%；有效磷养分为二级的面积 3 551.71 公顷，占基本农田面积的 5.43%；有效磷养分在三级的面积 2 169.18 公顷，占基本农田面积的 3.30%；有效磷养分在四级的面积 328.28 公顷，占基本农田面积的 0.50%；有效磷养分在五级无分布。

（2）白浆土土类：有效磷养分在一级的面积 1 828.29 公顷，占基本农田面积的 2.79%；有效磷养分在二级的面积 667.98 公顷，占基本农田面积的 1.02%；有效磷养分在三级的面积 988.56 公顷，占基本农田面积的 1.51%；有效磷养分在四级的面积 2.52 公顷，占基本农田面积的 0.003%；有效磷养分在五级的无分布。

（3）黑土土类：有效磷养分在一级的面积 13 460.69 公顷，占基本农田面积的 20.59%；有效磷养分在二级的面积 7 081.6 公顷，占基本农田面积的 10.84%；有效磷养分在三级的面积 4 282.35 公顷，占基本农田面积的 6.55%；有效磷养分在四级的面积 181.55 公顷，占基本农田面积的 0.27%；有效磷养分在五级的无分布。

（4）草甸土土类：有效磷养分在一级的面积 8 476.46 公顷，占基本农田面积的 12.97%；有效磷养分在二级的面积 9 697.95 公顷，占基本农田面积的 14.83%；有效磷养分在三级的面积 4 518.16 公顷，占基本农田面积的 6.91%；有效磷养分在四级的面积 731.58 公顷，占基本农田面积的 1.11%；有效磷养分在五级的无分布。

（5）沼泽土土类：有效磷养分在一级的面积 261.73 公顷，占基本农田面积的 0.40%；有效磷养分在二级的面积 357.32 公顷，占基本农田面积的 0.54%；有效磷养分在三级的面积 611.88 公顷，占基本农田面积的 0.94%；有效磷养分在四级的无分布；有效磷养分在五级的无分布。

（6）泥炭土土类：有效磷养分在一级的面积 27.99 公顷，占基本农田面积的 0.04%；有效磷养分在二级的面积 14.69 公顷，占基本农田面积的 0.02%；有效磷养分在三级、四级、五级的无分布。

（7）新积土土类：有效磷养分在一级的面积 13.48 公顷，占基本农田面积的 0.02%；养分在二级的面积 192.55 公顷，占基本农田面积的 0.29%；有效磷养分在三级的面积 181.66 公顷，占基本农田面积的 0.27%；有效磷养分在四级、五级的无分布。

（8）水稻土土类：有效磷养分在一级的面积 1 658.10 公顷，占基本农田面积的 2.53%；有效磷养分在二级的面积 965.97 公顷，占基本农田面积的 1.47%；有效磷养分在三级的面积 1 057.79 公顷，占基本农田面积的 1.61%；有效磷养分在四级的面积 190.72 公顷，占基本农田面积的 0.30%；有效磷养分在五级的面积 23.59 公顷，占基本农田面积的 0.03%。

第四节　土壤速效钾

钾元素是植物生长的重要营养元素之一，是植物的主要营养元素，也是土壤中常因供应不足而影响作物产量的三要素之一。钾对作物的光合作用，提高植物对氮的吸收、利用，增强豆科作物的固氮作用，促进碳水化合物的代谢，增强作物的抗逆性等有重要作用。土壤速效钾是指水溶性钾和黏土矿物晶体外表面吸附的交换性钾，是植物可以直接吸收利用的，对植物生长及其品质起着重要作用。其含量水平的高低，反映了土壤的供钾能力，是土壤质量的主要指标。

一、土壤速效钾含量和分级情况

本次地力评价土壤化验分析发现，土壤速效钾最大值 663.00 毫克/千克，最小值 43.00 毫克/千克，平均值 167.47 毫克/千克。比第二次土壤普查 292.29 毫克/千克降低了 124.82 毫克/千克，下降了 42.7%。

降低较大的是四丰乡，降低 169.42 毫克/千克；西格木乡降低 168.41 毫克/千克，长发镇降低 119.9 毫克/千克，大来镇降低 111.08 毫克/千克。

土壤速效钾含量增加的有沿江乡，增加 127.22 毫克/千克；长青乡增加 105.89 毫克/千克。

佳木斯市郊区各乡（镇）土壤速效钾含量较高的有沿江乡、长青乡，平均值分别是 360.72 毫克/千克、314.29 毫克/千克。含量较低有平安乡、敖其镇，平均值分别是 107.62 毫克/千克、128.19 毫克/千克。

佳木斯市郊区土壤速效钾含量大于 200 毫克/千克为一级，面积为 16 301.56 公顷，占基本农田面积的 24.94%；含量在 150～200 毫克/千克为二级，面积为 18 756.43 公顷，占基本农田面积的 28.7%；含量在 100～150 毫克/千克为三级，面积为 21 267.85 公顷，占基本农田面积的 32.54%；含量在 50～100 毫克/千克为四级，面积为 8 710.44 公顷，占基本农田面积的 13.33%；含量在 30～50 毫克/千克为五级，面积为 316.56 公顷，占基本农田面积的 0.48%。

土壤速效钾的分布发生了相应的变化，第二次土壤普查时耕地土壤速效钾主要集中在含量大于 200 毫克/千克的一级，面积占 72.07%；而本次调查表明，速效钾主要集中在含量 100～150 毫克/千克的三级，占基本农田面积的 32.54%（图 4-4）。

一级面积最多的是沿江乡和大来镇，面积分别是 2 771.10 公顷和 2 179.36 公顷；二级面积最多的是大来镇和西格木乡，面积分别是 3 780.70 公顷和 3 540.34 公顷；三级面积最多的是望江镇和长发镇，面积分别是 4 887.99 公顷和 2 813.39 公顷；四级面积最多的是平安乡和敖其镇，面积分别是 5 098.58 公顷和 1 061.16 公顷；五级面积最多的是平安乡和长发镇，面积分别是 244.07 公顷和 72.49 公顷。见表 4-7。

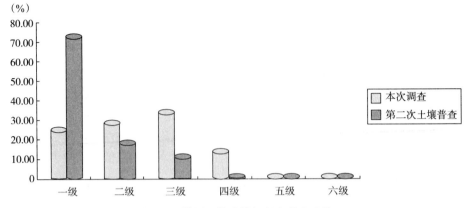

图 4-4 耕层土壤速效钾频率分布比较

表 4-7 耕层速效钾分析统计

乡（镇）	平均值（毫克/千克）	变化值（毫克/千克）	面积分级统计（％）					
			一级	二级	三级	四级	五级	六级
大来镇	143.58	68.00~410.00	26.16	45.38	23.80	4.67	0	0
长发镇	161.00	50.00~314.00	25.07	24.05	43.47	6.29	1.12	0
敖其镇	128.19	48.00~274.00	7.29	27.42	41.46	23.83	0	0
莲江口镇	189.08	64.00~345.00	68.17	13.67	12.47	5.68	0	0
望江镇	152.57	64.00~578.00	17.64	16.35	54.55	11.46	0	0
长青乡	314.29	118.00~646.00	84.88	12.18	2.94	0	0	0
沿江乡	360.72	66.00~663.00	72.13	19.05	2.03	6.80	0	0
四丰乡	187.00	113.00~387.00	24.81	57.02	18.17	0	0	0
西格木乡	165.11	106.00~476.00	18.92	58.17	22.91	0	0	0
群胜乡	161.40	84.00~271.00	29.61	26.41	39.95	4.03	0	0
平安乡	107.62	43.00~436.00	2.80	4.58	30.27	59.49	2.85	0
燎原农场	149.62	101.00~232.00	3.31	32.25	64.43	0	0	0
苏木河农场	143.36	91.00~191.00	6.30	11.29	76.59	5.82	0	0
猴石山果苗良种场	186.75	110.00~270.00	33.31	60.77	5.93	0	0	0
新村农场	151.62	106.00~186.00	0	67.45	32.55	0	0	0
四丰园艺场	251.73	180.00~332.00	99.48	0.52	0	0	0	0
全区	167.47	43.00~663.00	24.94	28.70	32.54	13.33	0.48	0

二、土壤类型速效钾情况

从土壤类型上看，佳木斯市郊区暗棕壤土类、白浆土土类、黑土土类、草甸土土类、沼泽土土类、泥炭土土类、新积土土类、水稻土土类等土壤速效钾平均值分别为 167.86 毫克/千克、169.48 毫克/千克、192.59 毫克/千克、157.27 毫克/千克、144.78 毫克/千克、267.40 毫克/千克、120.20 毫克/千克、176.30 毫克/千克。

从各土类速效钾平均值可以看出，泥炭土土类最高，为 267.40 毫克/千克；新积土土类最低，为 120.20 毫克/千克（表 4-8）。

表 4-8　各土壤类型耕层速效钾统计
单位：毫克/千克

项目	暗棕壤	白浆土	黑土	草甸土	沼泽土	泥炭土	新积土	水稻土
平均值	167.86	169.48	192.59	157.27	144.78	267.40	120.20	176.30
最大值	607.00	494.00	663.00	578.00	375.00	435.00	168.00	663.00
最小值	43.00	86.00	51.00	48.00	61.00	121.00	90.00	48.00

佳木斯市郊区这次地力评价各土类速效钾平均含量，与第二次土壤普查相比呈下降趋势，暗棕壤土类下降 135.14 毫克/千克，白浆土土类下降 30.21 毫克/千克，黑土土类下降 53.12 毫克/千克，草甸土土类下降 93.04 毫克/千克，沼泽土土类下降 67.12 毫克/千克，泥炭土土类下降 16.75 毫克/千克，新积土土类下降 59.80 毫克/千克，水稻土土类下降 36.00 毫克/千克。耕层土壤速效钾频率分布比较见图 4-4。

按照黑龙江省耕地速效钾养分分级标准，各种土类分别论述。

（1）暗棕壤土类：速效钾养分在一级的面积 1 530.39 公顷，占基本农田面积的 2.34%；速效钾养分在二级的面积 2 563.95 公顷，占基本农田面积的 3.92%；速效钾养分在三级的面积 3 402.87 公顷，占基本农田面积的 5.21%；速效钾养分在四级的面积 256.98 公顷，占基本农田面积的 0.39%；速效钾养分在五级的面积 123.49 公顷，占基本农田面积的 0.19%。

（2）白浆土土类：速效钾养分在一级的面积 913.82 公顷，占基本农田面积的 1.40%；速效钾养分在二级的面积 773.33 公顷，占基本农田面积的 1.18%；速效钾养分在三级的面积 1 589.13 公顷，占基本农田面积的 2.43%；速效钾养分在四级的面积 211.07 公顷，占基本农田面积的 0.32%；速效钾养分在五级的无分布。

（3）黑土土类：速效钾养分在一级的面积 7 112.42 公顷，占基本农田面积的 10.88%；速效钾养分在二级的面积 8 668.0 公顷，占基本农田面积的 13.26%；速效钾养分在三级的面积 8 112.48 公顷，占基本农田面积的 12.41%；速效钾养分在四级的面积 1 113.29 公顷，占基本农田面积的 1.7%；速效钾养分在五级的无分布。

（4）草甸土土类：速效钾养分在一级的面积 5 422.80 公顷，占基本农田面积的 8.30%；速效钾养分在二级的面积 5 910.96 公顷，占基本农田面积的 9.04%；速效钾养分在三级的面积 6 943.38 公顷，占基本农田面积的 10.62%；速效钾养分在四级的面积 5 093.28 公顷，占基本农田面积的 7.79%；速效钾养分在五级的面积 53.73 公顷，占基本农田面积的 0.08%。

（5）沼泽土土类：速效钾养分在一级的面积 272.29 公顷，占基本农田面积的 0.42%；速效钾养分在二级的面积 216.71 公顷，占基本农田面积的 0.33%；速效钾养分在三级的面积 360.0 公顷，占基本农田面积的 0.55%；速效钾养分在四级的面积 381.93 公顷，占基本农田面积的 0.58%；速效钾养分在五级的无分布。

（6）泥炭土土类：速效钾养分在一级的面积 8.51 公顷，占基本农田面积的 0.01%；速效钾养分在二级的面积 24.74 公顷，占基本农田面积的 0.04%；速效钾养分在三级的面积 9.43 公顷，占基本农田面积的 0.01%；四级、五级的全区无分布。

（7）新积土土类：速效钾养分在一级的没有；速效钾养分在二级的面积 2.67 公顷，占基本农田面积的 0.004%；速效钾养分在三级的面积 234.54 公顷，占基本农田面积的 0.36%；速效钾养分在四级的面积 150.48 公顷，占基本农田面积的 0.23%；五级无分布。

（8）水稻土土类：速效钾养分在一级的面积 1 041.33 公顷，占基本农田面积的 1.59%；速效钾养分在二级的面积 596.07 公顷，占基本农田面积的 0.91%；速效钾养分在三级的面积 616.02 公顷，占基本农田面积的 0.94%；速效钾养分在四级的面积 1 503.41 公顷，占基本农田面积的 2.30%；速效钾养分在五级的面积 139.34 公顷，占基本农田面积的 0.21%。

第五节　土　壤　pH

土壤酸碱度是土壤的一个重要属性标志，酸碱度是土壤的基本性质之一，也是影响土壤肥力的重要因素之一。土壤酸碱性是土壤重要的化学性质，它不仅直接影响作物的生长而且左右许多土壤中的化学和生物学变化，特别是与养分的转化和供应、微量元素的有效性及微生物的活动、土壤的物理性质有关。土壤酸碱性用 pH 表示，将土壤分为碱性、中性、酸性。

从本次地力评价土壤化验结果发现，全区土壤 pH 平均为 5.87，变幅在 4.80～8.00（表 4-9）。第二次土壤普查时全区土壤 pH 平均为 6.66，平均减少 0.79，下降 11.8%，土壤酸性增加（图 4-5）。

表 4-9　耕层 pH 分析统计

乡（镇）	平均值	变化值
大来镇	5.88	5.00～7.30
长发镇	6.28	5.30～7.10
敖其镇	5.87	5.40～6.30
莲江口镇	5.79	5.20～6.80
望江镇	5.68	4.80～6.90
长青乡	6.06	5.00～6.30
沿江乡	6.04	5.10～6.90
四丰乡	5.94	5.30～7.60
西格木乡	5.99	5.00～6.70
群胜乡	5.91	5.20～6.90

（续）

乡（镇）	平均值	变化值
平安乡	5.53	5.00～8.00
燎原农场	5.85	5.60～6.20
苏木河农场	5.52	5.20～5.70
猴石山果苗良种场	5.78	5.30～6.10
新村农场	5.71	5.50～5.90
四丰园艺场	6.37	6.30～6.60
全区	5.87	4.80～8.00

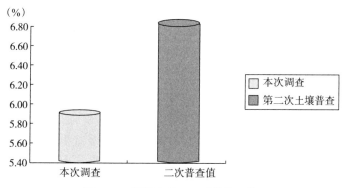

图 4 - 5　耕层土壤 pH 平均值比较

与第二次土壤普查时相比，佳木斯市郊区各乡（镇）土壤 pH 降幅从大到小依次是，平安乡降低 1.29，莲江口镇降低 1.01，四丰乡降低 0.99，敖其镇降低 0.89，群胜乡降低 0.86，望江镇降低 0.72，大来镇降低 0.62，长青乡降低 0.61，群胜乡降低 0.59，沿江乡降低 0.59，长发镇降低 0.22。

佳木斯市郊区各土壤类型 pH 见表 4 - 10，与第二次土壤普查时相比，降幅从大到小依次是，草甸土类降低 0.81，新积土土类降低 0.68，暗棕壤土类降低 0.6，黑土土类降低 0.66，草甸土土类降低 0.61，泥炭土土类降低 0.57，沼泽土土类降低 0.56，白浆土土类降低 0.55，水稻土土类降低 0.50。

表 4 - 10　各土壤类型耕层 pH 统计

项目	暗棕壤	白浆土	黑土	草甸土	沼泽土	泥炭土	新积土	水稻土
平均值	5.93	5.84	5.92	5.80	5.64	6.08	5.86	5.80
最大值	6.90	7.20	6.90	8.00	6.50	6.40	6.00	8.00
最小值	5.20	5.00	4.80	5.00	5.10	5.70	5.70	4.90

从化验结果来看，各乡（镇）pH 分布不均，这主要与多年来施用酸性肥料、种植方式和耕作制度有关。

第六节 土壤碱解氮

氮素对植物生长发育的影响是十分明显的。氮不仅能提高作物生物总量和经济产量，同时还可以改善农产品的营养价值，特别是能增加种子蛋白质含量，提高食品营养价值。反之，氮素过剩，光合作用产物碳水化合物大量用于合成蛋白质、叶绿素及其他含氮有机化合物，而构成细胞壁所需的纤维素、木质素、果胶酸等合成减少，以致细胞大而壁薄，组织柔软，抗病、抗倒伏能力减弱；植株贪青晚熟，籽粒不充实，导致减产和品质下降。因此，土壤中碱解氮的含量反映土壤的供氮能力，决定了作物的生长情况。

一、土壤碱解氮含量和分级情况

本次地力评价土壤化验分析发现，土壤碱解氮最大值 547.40 毫克/千克，最小值 40.30 毫克/千克，平均值 214.11 毫克/千克，比第二次土壤普查值 205.81 毫克/千克，增加了 8.30 毫克/千克，增加 4.03%。

土壤碱解氮含量增加较大的是四丰乡，增加 183.33 毫克/千克；平安乡增加 103.7 毫克/千克；四丰园艺场增加 105.12 毫克/千克；沿江乡增加 48.79 毫克/千克。

土壤碱解氮含量减少较大的是燎原农场，减少 70.15 毫克/千克；大来镇减少 21.13 毫克/千克；群胜乡减少 10.36 毫克/千克；西格木乡减少 9.59 毫克/千克。

佳木斯市郊区各乡（镇）土壤碱解氮含量较高的有四丰乡、平安乡，平均值分别是 327.36 毫克/千克、286.61 毫克/千克。含量较低有望江镇、长青乡，平均值分别是 177.63 毫克/千克、178.49 毫克/千克。

土壤碱解氮含量大于 250 毫克/千克为一级，面积为 14 119.62 公顷，占基本农田面积的 21.61%；含量在 180～250 毫克/千克为二级，面积为 25 064.81 公顷，占基本农田面积的 38.35%；含量在 150～180 毫克/千克为三级，面积为 16 688.09 公顷，占基本农田面积的 25.54%；含量在 120～150 毫克/千克为四级，面积为 7 281.41 公顷，占基本农田面积的 11.14%；含量在 80～120 毫克/千克为五级，面积为 1 994.66 公顷，占基本农田面积的 3.05%；小于 80 毫克/千克为六级，面积为 204.25 公顷，占基本农田面积的 0.31%（表 4 - 11）。

表 4 - 11 耕层碱解氮分析统计

乡（镇）	平均值（毫克/千克）	变化值（毫克/千克）	面积分级统计（%）					
			一级	二级	三级	四级	五级	六级
大来镇	183.56	40.30～378.40	0.74	34.58	39.79	17.74	6.83	0.32
长发镇	184.39	112.70～418.60	8.52	25.37	37.19	26.03	2.88	0
敖其镇	226.83	92.60～462.90	16.43	67.49	9.92	3.84	2.32	0
莲江口镇	182.16	104.70～401.30	7.45	13.73	62.26	14.30	2.25	0

（续）

乡（镇）	平均值 （毫克/千克）	变化值 （毫克/千克）	面积分级统计（%）					
			一级	二级	三级	四级	五级	六级
望江镇	177.63	104.70～265.60	1.05	53.75	30.51	11.00	3.69	0
长青乡	178.49	139.90～309.40	8.79	37.19	30.30	23.72	0	0
沿江乡	179.42	72.50～547.40	0.87	43.79	49.85	3.35	1.67	0.47
四丰乡	327.36	120.80～458.90	95.35	4.08	0.47	0.10	0	0
西格木乡	194.96	104.70～474.90	4.53	49.44	32.06	13.78	0.19	0
群胜乡	187.00	88.50～322.00	5.20	62.26	18.92	9.22	4.40	0
平安乡	286.61	64.40～547.40	71.69	12.45	3.37	8.36	2.28	1.86
燎原农场	178.97	80.50～356.80	1.83	58.00	17.24	1.39	21.54	0
苏木河农场	249.12	169.10～378.90	19.04	75.14	5.82	0	0	0
猴石山果苗良种场	216.73	152.90～289.80	10.64	51.06	38.31	0	0	0
新村农场	196.30	169.10～225.40	0	39.63	60.37	0	0	0
四丰园艺场	249.15	132.80～332.00	99.48	0.52	0	0	0	0
全区	214.11	40.30～547.40	21.61	38.35	25.54	11.14	3.05	0.31

土壤碱解氮的分布发生了相应的变化，第二次土壤普查时耕地土壤碱解氮主要集中在含量大于 250 毫克/千克的一级，面积占 40.2%；而这次调查表明，碱解氮主要集中在含量 180～250 毫克/千克的二级，占基本农田面积的 38.35%。见图 4-6。

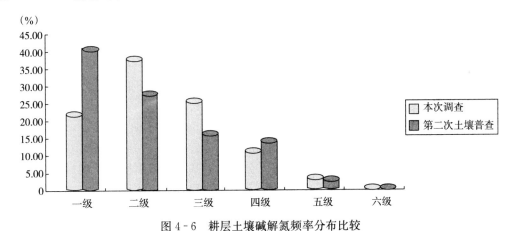

图 4-6　耕层土壤碱解氮频率分布比较

一级面积最多的是平安乡和四丰乡，面积分别是 6 143.31 公顷和 5 115.75 公顷；二级面积最多的是望江镇和群胜乡，面积分别是 4 816.22 公顷和 3 755.62 公顷；三级面积最多的是大来镇和望江镇，面积分别是 3 315.20 公顷和 2 733.79 公顷；四级面积最多的是长发镇和大来镇，面积分别是 1 684.84 公顷和 1 478.10 公顷；五级面积最多的是大来镇和望江镇，面积分别是 568.94 公顷和 330.19 公顷。六级最多的乡是平安乡，面积是159.56 公顷。

二、土壤类型碱解氮情况

从土壤类型上看，佳木斯市郊区暗棕壤土类、白浆土土类、黑土土类、草甸土土类、沼泽土土类、泥炭土土类、新积土土类、水稻土土类土壤速效钾平均含量分别为215.91毫克/千克、176.55毫克/千克、200.84毫克/千克、229.11毫克/千克、228.12毫克/千克、182.20毫克/千克、165.70毫克/千克、196.90毫克/千克。

从各土类碱解氮平均值可以看出，草甸土土类最高，为228.90毫克/千克；新积土土类最低，为165.70毫克/千克（表4-12）。

表4-12 各土壤类型耕层碱解氮统计

单位：毫克/千克

项目	暗棕壤	白浆土	黑土	草甸土	沼泽土	泥炭土	新积土	水稻土
平均值	215.91	176.55	200.84	229.11	228.12	182.20	165.70	196.90
最大值	483.00	296.50	474.90	547.40	474.90	202.90	209.30	412.60
最小值	80.50	49.30	68.50	40.30	124.60	169.90	144.90	64.40

佳木斯市郊区这次地力评价各土类碱解氮平均含量，与第二次土壤普查比呈下降趋势，暗棕壤土类增加3.11毫克/千克，白浆土土类增加7.85毫克/千克，黑土土类增加30.2毫克/千克，草甸土土类下降8.2毫克/千克，沼泽土土类下降219.88毫克/千克，泥炭土土类下降109.4毫克/千克，新积土土类下降124.3毫克/千克，水稻土土类增加46.13毫克/千克。详见附表4-15。

按照黑龙江省耕地碱解氮养分分级标准，各种土类分别论述。

（1）暗棕壤土类：碱解氮养分在一级的面积1 863.57公顷，占基本农田面积的2.85%；二级面积2 708.55公顷，占基本农田面积的4.14%；三级面积1 958.22公顷，占基本农田面积的2.99%；四级面积1 164.95公顷，占基本农田面积的1.78%；五级面积182.39公顷，占基本农田面积的0.28%；六级无分布。

（2）白浆土土类：碱解氮养分在一级的面积154.11公顷，占基本农田面积的0.24%；二级面积1 605.54公顷，占基本农田面积的2.46%；三级面积1 027.25公顷，占基本农田面积的1.57%；四级面积332.28公顷，占基本农田面积的0.51%；五级面积365.65公顷，占基本农田面积的0.56%；六级面积2.52公顷，占基本农田面积的0.003%。

（3）黑土土类：碱解氮养分在一级的面积3 087.62公顷，占基本农田面积的4.72%；二级面积11 898.7公顷，占基本农田面积的18.21%；三级面积6 638.34公顷，占基本农田面积的10.16%；四级面积2 604.13公顷，占基本农田面积的3.98%；五级面积768.87公顷，占基本农田面积的1.18%；六级面积8.53公顷，占基本农田面积的0.013%。

（4）草甸土土类：碱解氮养分在一级的面积7 927.22公顷，占基本农田面积的12.13%；二级面积6 898.17公顷，占基本农田面积的10.56%；三级面积5 728.81公顷，占基本农田面积的 8.77％；四级面积 2 428.94 公顷，占基本农田面积的 3.72％；五级面积 421.53 公顷，占基本农田面积的 0.65％；六级面积 19.48 公顷，占基本农田面积的 0.03％。

（5）沼泽土土类：碱解氮养分在一级的面积 413.58 公顷，占基本农田面积的 0.63％；二级面积 462.69 公顷，占基本农田面积的 0.71％；三级面积 261.91 公顷，占基本农田面积的 0.40％；四级面积 92.75 公顷，占基本农田面积的 0.14％；五级、六级全区无分布。

（6）泥炭土土类：碱解氮养分在一级的无分布；二级面积 34.17 公顷，占基本农田面积的 0.05％；三级面积 8.51 公顷，占基本农田面积的 0.01％；四级、五级、六级全区无分布。

（7）新积土土类：碱解氮养分在一级的无分布；二级面积 176.91 公顷，占基本农田面积的 0.27％；三级面积 86.56 公顷，占基本农田面积的 0.13％；四级面积 124.22 公顷，占基本农田面积的 0.19％；五级、六级全区无分布。

（8）水稻土土类：碱解氮养分在一级的面积 673.52 公顷，占基本农田面积的 1.03％；二级面积 1 280.08 公顷，占基本农田面积的 1.96％；三级面积 978.49 公顷，占基本农田面积的 1.50％；四级面积 534.14 公顷，占基本农田面积的 0.82％；五级面积 256.22 公顷，占基本农田面积的 0.39％；六级面积 173.72 公顷，占基本农田面积的 0.27％。

第七节　土壤有效硼

一、土壤有效硼含量和分级情况

这次地力评价土壤化验分析发现，土壤有效硼最大值 9.62 毫克/千克，最小值 0.01 毫克/千克，平均值 0.48 毫克/千克。

佳木斯市郊区各乡（镇）土壤有效硼含量较高的有四丰园艺场、四丰乡、群胜乡和平安乡，平均值分别是 2.40 毫克/千克、1.32 毫克/千克、0.79 毫克/千克、0.51 毫克/千克。含量较低有长发镇、莲江口镇、西格木乡，平均值分别是 0.16 毫克/千克、0.21 毫克/千克、0.27 毫克/千克。详见表 4-13。

表 4-13　耕层有效硼分析统计

乡（镇）	样本数（个）	平均值（毫克/千克）	变化值（毫克/千克）
大来镇	127	0.36	0.02～1.47
长发镇	107	0.16	0.02～2.64
敖其镇	84	0.35	0.03～0.98
莲江口镇	44	0.21	0.01～0.57
望江镇	106	0.36	0.10～1.30

（续）

乡（镇）	样本数（个）	平均值（毫克/千克）	变化值（毫克/千克）
长青乡	12	0.48	0.10～1.28
沿江乡	57	0.50	0.12～0.84
四丰乡	64	1.32	0.14～9.62
西格木乡	96	0.27	0.02～1.51
群胜乡	77	0.79	0.23～1.91
平安乡	181	0.51	0.06～1.87
燎原农场	17	0.35	0.20～0.60
苏木河农场	25	0.51	0.28～1.27
猴石山果苗良种场	10	0.46	0.33～0.84
新村农场	3	0.42	0.36～0.54
四丰园艺场	2	2.40	2.01～2.77
全区	1 012	0.48	0.01～9.62

郊区土壤有效硼含量大于 1 毫克/千克为一级，面积为 5 894.56 公顷，占基本农田面积的 9.02%；含量在 0.8～1.0 毫克/千克为二级，面积为 1 877.94 公顷，占基本农田面积的 2.87%；含量在 0.4～0.8 毫克/千克为三级，面积为 22 218.31 公顷，占基本农田面积的 34.00%；含量小于 0.4 毫克/千克为四级，面积为 35 362.03 公顷，占基本农田面积的 54.11%。

一级面积最多的是四丰乡和群胜乡，面积分别是 2 874.19 公顷和 2 305.81 公顷；二级面积最多的是望江镇和群胜乡，面积分别是 818.03 公顷和 486.41 公顷；三级面积最多的是平安乡、沿江乡、群胜乡和四丰乡，面积分别是 6 497.10 公顷、3 266.71 公顷、2 441.84 公顷、2 194.52 公顷；四级面积最多的是望江镇、大来镇、长发镇和西格木乡，面积分别是 6 953.09 公顷、6 433.81 公顷、6 376.09 公顷、5 708.25 公顷；五级、六级全区无分布。

二、土壤类型有效硼情况

从土壤类型上看，佳木斯市郊区暗棕壤土类、白浆土土类、黑土土类、草甸土土类、沼泽土土类、泥炭土土类、新积土土类、水稻土土类土壤有效硼平均含量分别为 0.52 毫克/千克、0.39 毫克/千克、0.55 毫克/千克、0.42 毫克/千克、0.38 毫克/千克、0.48 毫克/千克、0.29 毫克/千克、0.41 毫克/千克。

从各土类有效硼平均含量可以看出，黑土土类最高，为 0.55 毫克/千克；新积土土类最低，为 0.2 毫克/千克。

按照黑龙江省耕地有效硼养分分级标准，各种土类分别论述。

（1）暗棕壤土类：有效硼养分在一级的面积 662.64 公顷，占基本农田面积的

1.01%；二级面积 349.22 公顷，占基本农田面积的 0.53%；三级面积 2 179.12 公顷，占基本农田面积的 3.33%；四级面积 4 686.7 公顷，占基本农田面积的 7.17%。

（2）白浆土土类：有效硼养分在一级的面积 43.74 公顷，占基本农田面积的 0.07%；二级面积 2.45 公顷，占基本农田面积的 0.003%；三级面积 955.72 公顷，占基本农田面积的 1.46%；四级面积 2 485.44 公顷，占基本农田面积的 3.80%。

（3）黑土土类：有效硼养分在一级的面积 3 022.56 公顷，占基本农田面积的 4.62%；二级面积 1 195.08 公顷，占基本农田面积的 1.83%；三级面积 7 888.69 公顷，占基本农田面积的 12.07%；四级面积 12 899.86 公顷，占基本农田面积的 19.74%。

（4）草甸土土类：有效硼养分在一级的面积 2 035.48 公顷，占基本农田面积的 3.11%；二级面积 311.88 公顷，占基本农田面积的 0.48%；三级面积 8 838.60 公顷，占基本农田面积的 13.52%；四级面积 12 238.19 公顷，占基本农田面积的 18.73%。

（5）沼泽土土类：有效硼养分在一级的面积 2.64 公顷，占基本农田面积的 0.004%；二级全区无分布；三级面积 530.5 公顷，占基本农田面积的 0.81%；四级面积 697.79 公顷，占基本农田面积的 1.07%。

（6）泥炭土土类：有效硼养分在一级、二级的全区无分布；三级面积 32.63 公顷，占基本农田面积的 0.05%；四级面积 10.05 公顷，占基本农田面积的 0.02%。

（7）新积土土类：有效硼养分在一级、二级、三级的全区无分布；四级面积 387.69 公顷，占基本农田面积的 0.59%。

（8）水稻土土类：有效硼养分在一级的面积 127.5 公顷，占基本农田面积的 0.20%；二级面积 19.31 公顷，占基本农田面积的 0.03%；三级面积 1 793.05 公顷，占基本农田面积的 2.74%；四级面积 1 956.31 公顷，占基本农田面积的 2.99%。

第八节　土壤有效锌

一、土壤有效锌含量和分级情况

本次地力评价土壤化验分析发现，土壤有效锌最大值 10.94 毫克/千克，最小值 0.10 毫克/千克，平均值 2.13 毫克/千克。

佳木斯市郊区各乡（镇）土壤有效锌含量较高的有沿江乡、四丰园艺场、新村农场、苏木河农场，平均值分别是 3.00 毫克/千克、2.69 毫克/千克、2.60 毫克/千克、2.57 毫克/千克。含量较低有群胜乡、猴石山果苗良种场、莲江口镇，平均值分别是 1.29 毫克/千克、1.57 毫克/千克、1.66 毫克/千克。详见表 4-14。

佳木斯市郊区土壤有效锌含量大于 2.0 毫克/千克为一级，面积为 31 884.57 公顷，占基本农田面积的 48.79%；含量在 1.5~2.0 毫克/千克为二级，面积为 14 393.97 公顷，占基本农田面积的 22.03%；含量在 1.0~1.5 毫克/千克为三级，面积为 13 157.16 公顷，占基本农田面积的 20.13%；含量在 0.45~1.0 毫克/千克为四级，面积为 4 166.72 公顷，占基本农田面积的 6.38%；含量小于 0.5 毫克/千克为五级，面积为 1 750.42 公顷，占基本农田面积的 2.68%。

表 4 - 14　耕层有效锌分析统计

乡（镇）	样本数（个）	平均值（毫克/千克）	变化值（毫克/千克）
大来镇	127	2.35	0.22～6.17
长发镇	107	2.50	1.15～10.94
敖其镇	84	1.84	0.46～4.66
莲江口镇	44	1.66	0.57～4.00
望江镇	106	2.44	0.48～5.49
长青乡	12	2.40	1.04～3.57
沿江乡	57	3.00	1.09～5.65
四丰乡	64	2.36	1.02～3.57
西格木乡	96	1.79	1.04～3.27
群胜乡	77	1.29	0.29～5.32
平安乡	181	1.61	0.10～5.69
燎原农场	17	1.99	0.78～4.36
苏木河农场	25	2.57	1.04～4.66
猴石山果苗良种场	10	1.57	0.75～4.60
新村农场	3	2.60	0.73～5.32
四丰园艺场	2	2.69	2.47～3.00
全区	1 012	2.13	0.10～10.94

一级面积最多的是望江镇、长发镇、大来镇，面积分别是 5 059.24 公顷、5 206.93 公顷和 4 415.24 公顷；二级面积最多的是西格木乡、平安乡，面积分别是 3 613.81 公顷和 3 119.70 公顷；三级面积最多的是敖其镇、大来镇、望江镇，面积分别是 2 628.60 公顷、2 586.40 公顷、2 134.93 公顷；四级面积最多的是群胜乡、平安乡，面积分别是 1 850.58 公顷、1 330.03 公顷；五级面积最多的是群胜乡、平安乡，面积分别是 866.48 公顷和 633.67 公顷。

二、土壤类型有效锌情况

从土壤类型上看，佳木斯市郊区暗棕壤土类、白浆土土类、黑土土类、草甸土土类、沼泽土土类、泥炭土土类、新积土土类、水稻土土类土壤有效锌平均值分别为 2.13 毫克/千克、2.45 毫克/千克、2.26 毫克/千克、2.02 毫克/千克、1.92 毫克/千克、3.25 毫克/千克、2.62 毫克/千克、1.90 毫克/千克。

从各土类有效锌平均值可以看出，泥炭土土类最高，为 3.25 毫克/千克；水稻土土类最低，为 1.90 毫克/千克。

按照黑龙江省耕地地力有效锌养分分级标准，各种土类分别论述。

（1）暗棕壤土类：有效锌养分一级面积 4 865.16 公顷，占基本农田面积的 7.44%；二级面积 1 189.4 公顷，占基本农田面积的 1.82%；三级面积 1 464.07 公顷，占基本农田面积的 2.24%；四级面积 317.0 公顷，占基本农田面积的 0.49%；五级面积 42.04 公顷，占基本农田面积的 0.06%。

（2）白浆土土类：有效锌养分一级面积 2 629.76 公顷，占基本农田面积的 4.02%；二级面积 693.78 公顷，占基本农田面积的 1.06%；三级面积 84.49 公顷，占基本农田面积的 0.13%；四级面积 79.32 公顷，占基本农田面积的 0.12%；五级全区无分布。

（3）黑土土类：有效锌养分一级面积 12 061 公顷，占基本农田面积的 18.46%；二级面积 4 625.74 公顷，占基本农田面积的 7.08%；三级面积 6 063.31 公顷，占基本农田面积的 9.28%；四级面积 1 685.72 公顷，占基本农田面积的 2.58%；五级面积 570.42 公顷，占基本农田面积的 0.87%。

（4）草甸土土类：有效锌养分一级面积 10 012.93 公顷，占基本农田面积的 15.32%；二级面积 6 249.62 公顷，占基本农田面积的 9.56%；三级面积 4 604.75 公顷，占基本农田面积的 7.05%；四级面积 1 813.91 公顷，占基本农田面积的 2.78%；五级面积 742.94 公顷，占基本农田面积的 1.14%。

（5）沼泽土土类：有效锌养分一级面积 298.31 公顷，占基本农田面积的 0.46%；二级面积 452.48 公顷，占基本农田面积的 0.69%；三级面积 289.49 公顷，占基本农田面积的 0.44%；四级全区无分布；五级面积 190.65 公顷，占基本农田面积的 0.29%。

（6）泥炭土土类：有效锌养分一级面积 17.94 公顷，占基本农田面积的 0.03%；二级全区无分布；三级面积 10.05 公顷，占基本农田面积的 0.02%；四级面积 14.69 公顷，占基本农田面积的 0.02%；五级全区无分布。

（7）新积土土类：有效锌养分一级面积 258.87 公顷，占基本农田面积的 0.4%；二级面积 128.82 公顷，占基本农田面积的 0.20%；三级、四级、五级全区无分布。

（8）水稻土土类：有效锌养分一级面积 1 740.60 公顷，占基本农田面积的 2.66%；二级面积 1 054.13 公顷，占基本农田面积的 1.61%；三级面积 641.0 公顷，占基本农田面积的 0.98%；四级面积 256.07 公顷，占基本农田面积的 0.39%；五级面积 204.37 公顷，占基本农田面积的 0.31%。

第九节　土壤有效铁

铁参与植物体呼吸作用和代谢活动，又是合成叶绿体所必需的元素。因此，作物缺铁会导致叶片失绿，严重的甚至可以导致植物枯萎死亡。土壤有效铁一般含量较高，正常情况下土壤不缺铁。但石灰性土壤，pH 偏高，铁常以难溶性的氢氧化铁等状态存在，使土壤有效铁含量大大降低，易发生缺铁现象。土壤长期过湿，通气不良，大量铁会以亚铁离子状态存在于水溶液中，使植物产生中毒现象。

佳木斯市郊区土壤有效铁平均值 39.47 毫克/千克，变化范围在 23.10～68.40 毫克/千克，各乡（镇）均为一级养分水平。平安乡含量最高，为 57.34 毫克/千克；望江镇含量最低，为 28.10 毫克/千克，可以看出佳木斯市郊区耕地土壤含铁很丰富。详见表4-15。

表 4-15　耕层有效铁分析统计

乡（镇）	样本数（个）	平均值（毫克/千克）	变化值（毫克/千克）
大来镇	127	36.45	28.00～60.80
长发镇	107	50.34	27.70～58.70
敖其镇	84	43.17	26.00～65.50
莲江口镇	44	33.45	24.10～65.50
望江镇	106	28.10	23.10～32.60
长青乡	12	42.13	26.10～58.90
沿江乡	57	56.82	28.50～67.10
四丰乡	64	31.17	25.60～54.70
西格木乡	96	28.63	24.70～48.50
群胜乡	77	33.76	26.50～60.30
平安乡	181	57.34	24.60～68.40
燎原农场	17	37.27	33.10～38.70
苏木河农场	25	39.34	29.10～42.00
猴石山果苗良种场	10	44.82	31.30～56.40
新村农场	3	38.00	32.70～39.70
四丰园艺场	2	31.15	29.30～37.00
全区	1 012	39.47	23.10～68.40

土壤有效铁平均值水稻土土类最高，为 45.87 毫克/千克；新积土土类最低为 27.37 毫克/千克，各土类有效铁都属于一级养分水平。

佳木斯市郊区处于低洼的沼泽土和潜育草甸土等土壤，地下水位高，易内涝，土壤过湿，通气不良，要注意防止植物铁中毒现象的发生。

第十节　土壤有效锰

锰是植物生长和发育的必需营养元素之一。它在植物体内直接参与光合作用，锰也是植物许多酶的重要组成部分，影响植物组织中生长素的水平，参与硝酸还原成氨的作用等。

佳木斯市郊区土壤有效锰平均值 31.66 毫克/千克，变化范围在 15.00～77.50 毫克/千克，各乡（镇）均为一级养分水平。大来镇含量最高，为 58.19 毫克/千克；沿江乡含量最低，为 17.22 毫克/千克，可以看出佳木斯市郊区耕地土壤含锰很丰富。详见表4-16。

表 4 - 16　耕层有效锰分析统计

乡（镇）	样本数（个）	平均值（毫克/千克）	变化值（毫克/千克）
大来镇	127	58.19	17.00～77.50
长发镇	107	37.34	16.20～41.20
敖其镇	84	19.97	16.10～74.70
莲江口镇	44	39.16	17.20～50.20
望江镇	106	18.35	15.00～48.90
长青乡	12	23.84	15.60～45.20
沿江乡	57	17.22	15.20～36.30
四丰乡	64	19.41	15.60～41.20
西格木乡	96	36.56	18.10～49.40
群胜乡	77	22.17	17.00～54.00
平安乡	181	22.87	20.10～50.30
燎原农场	17	57.06	18.20～74.10
苏木河农场	25	45.91	16.40～51.00
猴石山果苗良种场	10	33.66	17.80～50.00
新村农场	3	43.72	19.40～56.50
四丰园艺场	2	19.02	16.90～24.90
全区	1 012	31.66	15.00～77.50

土壤有效锰平均值暗棕壤土类最高，为 37.18 毫克/千克；新积土土类含量最低，为 18.10 毫克/千克。各土类有效锰都属于一级养分水平，均高于有效锰含量的缺锰临界值，可见佳木斯市郊区土壤不缺有效锰，可满足作物生长发育需要。

第十一节　土壤有效铜

铜是植物体内抗坏血酸氧化酶、多酚氧化酶和质体蓝素等电子递体的组成成分，在代谢过程中起到重要的作用，同时亦是植物抗病的重要机制。

佳木斯市郊区土壤有效铜平均值 3.88 毫克/千克，变化范围在 0.79～16.31 毫克/千克，各乡（镇）均为一级养分水平。燎原农场含量最高，为 14.84 毫克/千克；莲江口镇含量最低，为 1.77 毫克/千克，可以看出佳木斯市郊区耕地土壤含铜很丰富。见表 4 - 17。

表 4 - 17　耕层有效铜分析统计

乡（镇）	样本数（个）	平均值（毫克/千克）	变化值（毫克/千克）
大来镇	127	7.49	0.79～16.02
长发镇	107	2.47	1.59～4.09

（续）

乡（镇）	样本数（个）	平均值（毫克/千克）	变化值（毫克/千克）
敖其镇	84	3.07	0.79～16.02
莲江口镇	44	1.77	0.97～2.34
望江镇	106	2.28	1.27～3.18
长青乡	12	2.49	1.69～3.17
沿江乡	57	2.42	1.29～4.66
四丰乡	64	2.43	1.14～3.50
西格木乡	96	2.31	1.14～15.84
群胜乡	77	3.59	1.55～15.92
平安乡	181	1.80	0.97～2.59
燎原农场	17	14.84	2.16～16.31
苏木河农场	25	14.34	2.46～16.02
猴石山果苗良种场	10	9.06	1.96～16.02
新村农场	3	12.21	2.39～16.02
四丰园艺场	2	2.67	2.14～3.14
全区	1 012	3.88	0.79～16.31

土壤有效铜平均值泥炭土土类最高，为 7.36 毫克/千克；沼泽土土类平均值最低，为 2.60 毫克/千克，各土类有效锰都属于一级养分水平。

第五章　耕地地力等级分述

佳木斯市郊区耕地总面积为 84 493.33 公顷。行政辖区内基本农田面积 65 352.84 公顷，其中旱田 46 765.84 公顷，水田 10 661.00 公顷，菜田 7 926 公顷。本次耕地地力评价耕地总面积 65 352.84 公顷（其中包括燎原农场、苏木河农场、猴石山果苗良种场、新村农场、四丰园艺场等单位耕地面积）。

本次耕地地力评价将佳木斯市郊区基本农田划分为 5 个等级。其中一级地、二级地属于高产农田，三级地属中产农田，四级、五级地属低产农田。

一级地 8 681.88 公顷，占基本农田面积的 13.29%；二级地 20 444.79 公顷，占基本农田面积 31.28%；三级地 17 891.54 公顷，占基本农田面积的 27.38%；四级地 11 876.61 公顷，占基本农田面积的 18.17%；五级地 6 458.02 公顷，占基本农田面积 9.88%。

一级、二级地属高产田土壤，面积共 29 126.67 公顷，占基本农田面积的 44.57%；三级地为中产田土壤，面积为 17 891.54 公顷，占基本农田面积的 27.38%；四级、五级为低产田土壤，面积为 18 334.63 公顷，占基本农田面积的 28.05%。以上数据说明，全区耕地还有较大的增产潜力。见图 5-1。

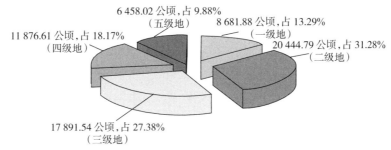

图 5-1　佳木斯市郊区地力评价耕地各级地力等级

根据样点产量数据，将郊区耕地数据归入国家耕地地力等级体系。农业部地力等级的划分是以平均公顷产量为依据，各等级间差异为 1 500 千克/公顷。根据佳木斯市郊区基本农田前 3 年粮食平均单产，可将郊区基本农田划分到农业部地力五级、六级、七等级体系。具体见表 5-1～表 5-3，图 5-2。

表 5-1　佳木斯市郊区耕地地力（国家级）分级统计

国家地力分级	产量（千克/公顷）	耕地面积（公顷）	所占比例（%）
五	7 500～9 000	29 126.67	44.57
六	6 000～7 500	17 891.54	27.38
七	4 500～6 000	18 334.63	28.05
合计	—	65 352.84	100.00

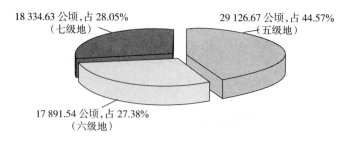

18 334.63 公顷,占 28.05%
（七级地）

29 126.67 公顷,占 44.57%
（五级地）

17 891.54 公顷,占 27.38%
（六级地）

图 5-2　佳木斯市郊区评价耕地划分为国家耕地地力分级

表 5-2　佳木斯市郊区评价耕地划分为国家耕地地力分级各乡（镇）分布

单位：公顷

乡（镇）	地力分级面积统计			面积合计
	五级地	六级地	七级地	
大来镇	3 420.66	1 707.75	3 203.48	8 331.89
长发镇	2 865.08	541.31	3 065.56	6 471.95
敖其镇	3 053.99	356.09	1 043.13	4 453.21
莲江口镇	2 227.51	65.88	23.59	2 316.98
望江镇	6 450.19	2 216.8	293	8 959.99
长青乡	692.91	22.39	849.68	1 564.98
沿江乡	932.36	361.49	2 548.21	3 842.06
四丰乡	1 825.79	1 731.54	1 807.68	5 365.01
西格木乡	2 922.01	2 340.52	823.38	6 085.91
群胜乡	2 063.32	1 440.71	2 528.01	6 032.04
平安乡	1 989.22	6 491.75	88.89	8 569.86
燎原农场	379.95	294.28	335.8	1 010.03
苏木河农场	0	192.29	1 394.67	1 586.96
猴石山果苗良种场	222.27	29	214.7	465.97
新村农场	4.57	65.84	106.59	177
四丰园艺场	76.84	33.9	8.26	119
合　计	29 126.67	17 891.54	18 334.63	65 352.84

表 5-3　佳木斯市郊区各乡（镇）各级地类面积及所占比例

地名	合计	一级地		二级地		三级地		四级地		五级地	
		面积（公顷）	占总面积（%）	面积（公顷）	占总面积（%）	面积（公顷）	占总面积（%）	面积（公顷）	占总面积（%）	面积（公顷）	占总面积（%）
大来镇	8 331.89	708.73	8.51	2 711.93	32.55	1 707.75	20.50	2 182.46	26.19	1 021.02	12.25
长发镇	6 471.95	1 133.76	17.52	1 731.32	26.75	541.31	8.36	869.55	13.44	2 196.01	33.93
敖其镇	4 453.21	660.03	14.82	2 393.96	53.76	356.09	8.00	597.30	13.41	445.83	10.01

（续）

地名	合计	一级地		二级地		三级地		四级地		五级地	
		面积（公顷）	占总面积（%）	面积（公顷）	占总面积（%）	面积（公顷）	占总面积（%）	面积（公顷）	占总面积（%）	面积（公顷）	占总面积（%）
莲江口镇	2 316.98	891.05	38.46	1 336.46	57.68	65.88	2.84	23.59	1.02	0	0
望江镇	8 959.99	1 933.85	21.58	4 516.34	50.41	2 216.80	24.74	293.00	3.27	0	0
长青乡	1 564.98	464.93	29.71	227.98	14.57	22.39	1.43	770.58	49.24	79.10	5.05
沿江乡	3 842.06	742.87	19.34	189.49	4.93	361.49	9.41	2 487.84	64.75	60.37	1.57
四丰乡	5 365.01	648.43	12.09	1 177.36	21.95	1 731.54	32.27	741.50	13.82	1 066.18	19.87
西格木乡	6 085.91	960.16	15.78	1 961.85	32.24	2 340.52	38.46	553.64	9.10	269.74	4.43
群胜乡	6 032.04	25.71	0.43	2 037.61	33.78	1 440.71	23.88	1 750.04	29.01	777.97	12.90
平安乡	8 569.86	506.08	5.91	1 483.14	17.31	6 491.75	75.75	37.89	0.44	51.00	0.60
燎原农场	1 010.03	0	0	379.95	37.62	294.28	29.14	196.21	19.43	139.59	13.82
苏木河农场	1 586.96	0	0	0	0	192.29	12.12	1 157.17	72.92	237.50	14.97
猴石山果苗良种场	465.97	0	0	222.27	47.70	29.00	6.22	111.22	23.87	103.48	22.21
新村农场	177.00	0	0	4.57	2.58	65.84	37.20	96.36	54.44	10.23	5.78
四丰园艺场	119.00	6.28	5.28	70.56	59.29	33.90	28.49	8.26	6.94	0	0
总计	65 352.84	8 681.88	13.28	20 444.79	31.28	17 891.54	27.38	11 876.61	18.17	6 458.02	9.88

这次耕地地力评价科学地选出了9个评价指标，并对这些指标进行了综合评价，确定了5个分级标准。在这里，重点将这次耕地地力评价中的5个耕地地力级别分别介绍。

第一节　一　级　地

佳木斯市郊区一级地面积8 681.88公顷，占全区基本农田面积的13.28%。除燎原农场、苏木河农场、新村农场、猴石山果苗良种场以外均有分布，望江镇、长发镇、西格木乡、莲江口镇分布面积较大。见表5-4。

表5-4　各乡（镇）一级地面积及占比

乡（镇）名称	实际面积（公顷）	各乡（镇）一级地面积及占比	
		面积（公顷）	百分比（%）
大来镇	8 331.89	708.73	8.16
长发镇	6 471.95	1 133.76	13.06
敖其镇	4 453.21	660.03	7.60
莲江口镇	2 316.98	891.05	10.26
望江镇	8 959.99	1 933.85	22.27
长青乡	1 564.98	464.93	5.36
沿江乡	3 842.06	742.87	8.56

（续）

乡（镇）名称	实际面积（公顷）	各乡（镇）一级地面积及占比	
		面积（公顷）	百分比（%）
四丰乡	5 365.01	648.43	7.47
西格木乡	6 085.91	960.16	11.06
群胜乡	6 032.04	25.71	0.30
平安乡	8 569.86	506.08	5.83
燎原农场	1 010.03	0	0
苏木河农场	1 586.96	0	0
猴石山果苗良种场	465.97	0	0
新村农场	177.00	0	0
四丰园艺场	119.00	6.28	0.07
总计	65 352.84	8 681.88	100.00

从土壤组成情况看，佳木斯市郊区一级地包括黑土、草甸土、沼泽土、泥炭土、水稻土5个土类；黑土、草甸黑土、白浆化黑土、草甸土、白浆化草甸土、潜育草甸土、泥炭沼泽土、低位泥炭土、淹育水稻土9个亚类，7个土属，14个土种。其中：水稻土面积897.89公顷，占一级地面积的10.34%；草甸土面积4 764.08公顷，占一级地面积的54.87%；泥炭土面积8.51公顷，占一级地面积的0.09%；黑土面积2 977.74公顷，占一级地面积的34.30%；沼泽土面积33.66公顷，占一级地面积的0.39%。见表5-5。

表5-5　一级地主要土壤类型及面积统计

土种名称	各土种面积（公顷）	一级地面积及占比	
		一级地面积（公顷）	百分比（%）
薄层黄土质黑土	8 364.5	1 757.75	21.01
中层黄土质黑土	1 097.94	160.47	14.62
厚层黄土质黑土	183.17	43.55	23.78
薄层黄土质草甸黑土	530.44	123.42	23.27
中层黄土质草甸黑土	2 705.89	892.55	32.99
薄层黏壤质草甸土	5 985.43	290.02	4.85
中层黏壤质草甸土	9 462.32	3 254.42	34.39
厚层黏壤质草甸土	7 309.87	1 164.79	15.93
薄层黏壤质潜育草甸土	54.93	36.21	65.92
厚层黏壤质潜育草甸土	141.2	18.64	13.20
中层泥炭沼泽土	1 230.93	33.66	2.73
中层芦苇薹低位泥炭土	23.2	8.51	36.68
薄层黑土型淹育水稻土	1 145.27	404.09	35.28
中层草甸型淹育水稻	2 750.9	493.8	17.95

根据土壤养分测定结果并参照当地综合材料分析，结合各评价指标和其他属性总结见表 5 - 6。

表 5 - 6 佳木斯市郊区一级耕地养分测定结果统计

项目	有机质（克/千克）	pH	全氮（克/千克）	碱解氮（毫克/千克）	有效磷（毫克/千克）	速效钾（毫克/千克）	有效硼（毫克/千克）	有效锌（毫克/千克）	容重（克/立方厘米）
平均值	46.05	6.10	1.34	183.78	92.79	230.81	0.44	2.47	1.21
最大值	79.50	7.40	2.50	418.60	196.80	663.00	3.80	6.17	1.50
最小值	17.00	5.10	0.46	72.50	26.50	68.00	0.01	0.93	0.98

1. 有机质 一级地土壤有机质平均值 46.05 克/千克，变幅在 17.00～79.50 克/千克。含量在 25 克/千克以下的频率为 2.88%；含量在 25～35 克/千克的频率为 16.14%；含量在 35～50 克/千克的频率为 43.23%；含量在 50～80 克/千克的频率为 37.75%。见表 5 - 7 和图 5 - 3。

表 5 - 7 2010 年一级地耕有机质频率分布

含量（克/千克）	<25	25～35	35～50	50～80
频率（%）	2.88	16.14	43.23	37.75

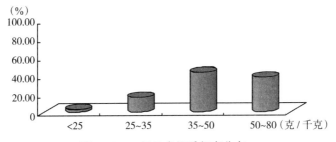

图 5 - 3 一级地有机质频率分布

2. 全氮 一级地土壤全氮平均值 1.34 克/千克，变幅为 0.46～2.5 克/千克。含量在 0.5～1.0 克/千克的频率为 11.24%；含量在 1.0～1.5 克/千克的频率为 60.52%；含量在 1.5～2.0 克/千克的频率为 26.22%；含量在 2.0 克/千克以上的频率为 2.02%。见表 5 - 8 和图 5 - 4。

表 5 - 8 2010 年一级耕地全氮频率分布

含量（克/千克）	0.5～1.0	1.0～1.5	1.5～2.0	>2.0
频率（%）	11.24	60.52	26.22	2.02

3. 碱解氮 一级地土壤碱解氮平均值 183.78 毫克/千克，变幅为 72.5～418.6 毫克/千克。含量在 100 毫克/千克以下的频率为 0.86%；含量在 100～150 毫克/千克的频率为 16.14%；含量在 150～200 毫克/千克的频率为 61.96%；含量在 200 毫克/千克以上的频率为 21.04%。见表 5 - 9 和图 5 - 5。

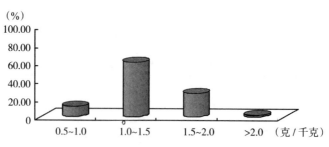

图 5-4 一级地全氮频率分布

表 5-9 2010 年一级耕地碱解氮频率分布

含量（毫克/千克）	<100	100~150	150~200	>200
频率（%）	0.86	16.14	61.96	21.04

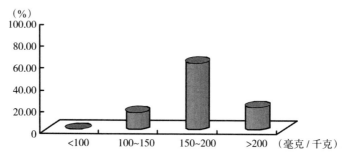

图 5-5 一级地碱解氮频率分布

4. 有效磷 一级地土壤有效磷含量平均值 92.79 毫克/千克，变幅在 26.50~196.80 毫克/千克。含量在 30 毫克/千克以下的频率为 0.29%；含量在 30~50 毫克/千克的频率为 5.19%；含量在 50~90 毫克/千克的频率为 43.52%；含量在 90 毫克/千克以上的频率为 51.01%。见表 5-10 和图 5-6。

表 5-10 2010 年一级耕地有效磷频率分布

含量（毫克/千克）	<30	30~50	50~90	>90
频率（%）	0.29	5.19	43.52	51.01

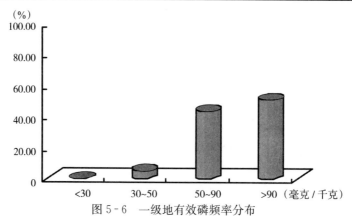

图 5-6 一级地有效磷频率分布

5. 速效钾 一级地土壤速效钾平均值 230.81 毫克/千克，变幅为 68～663 毫克/千克。含量小于 120 毫克/千克的频率为 6.63%；含量在 120～180 毫克/千克的频率为 29.68%；含量在 180～240 毫克/千克的频率为 30.55%；含量在 240～350 毫克/千克的频率为 17.29%；含量大于 350 毫克/千克的频率为 15.85%。见表 5-11 和图 5-7。

表 5-11 2010 年一级耕地速效钾频率分布

含量（毫克/千克）	<120	120～180	180～240	240～350	>350
频率（%）	6.63	29.68	30.55	17.29	15.85

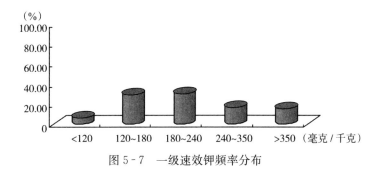

图 5-7 一级速效钾频率分布

6. pH 一级地土壤 pH 平均为 6.1，变幅在 5.1～7.4，在 5.1～5.6 的频率为 3.75%；在 5.6～6.2 的频率为 53.03%；在 6.2～6.8 的频率为 38.04%，在 6.8～7.4 的频率为 5.19%。见表 5-12 和图 5-8。

表 5-12 2010 年一级耕地 pH 频率分布

pH	5.1～5.6	5.6～6.2	6.2～6.8	6.8～7.4
频率（%）	3.75	53.03	38.04	5.19

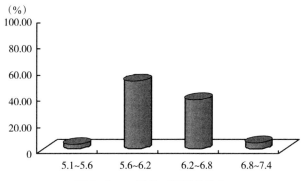

图 5-8 一级地 pH 频率分布

7. 土壤有效硼 一级地土壤有效硼平均值 0.44 毫克/千克，最低值 0.01 毫克/千克，最高值 3.80 毫克/千克。

8. 土壤有效锌 一级地土壤有效锌平均值 2.47 毫克/千克，最低值 0.93 毫克/千克，最高值 6.17 毫克/千克。

9. 土壤有效铜 一级地土壤有效铜平均值 3.17 毫克/千克，最低值 0.86 毫克/千克，最高值 14.40 毫克/千克。

10. 土壤有效铁 一级地土壤有效铁平均值 37.16 毫克/千克，最低值 24.10 毫克/千克，最高值 66.3 毫克/千克。

11. 土壤有效锰 一级地土壤有效锰平均值 28.65 毫克/千克，最低值 15.20 毫克/千克，最高含量为 70.90 毫克/千克。

12. 土壤容重 一级地土壤容重平均值为 1.21 克/立方厘米，最低值为 0.98 克/立方厘米，最高值 1.5 克/立方厘米。

13. 土壤成土母质 一级地土壤成土母质由黄土母质、淤积母质和冲积母质组成，其中黄土母质出现频率为 45.24%；冲积母质出现频率为 40.93%，淤积母质出现频率为 13.83%。

14. 土壤质地 一级地土壤质地由壤土和黏土组成，其中重壤土占 38.33%；中壤土占 8.65%；沙壤土占 1.15%，轻壤土占 0.58%，轻黏土占 51.29%。

15. 土壤侵蚀程度 一级地土壤侵蚀程度由轻微侵蚀和无明显侵蚀组成。轻微侵蚀占 65.13%，无明显侵蚀占 34.87%。

16. 土壤耕层厚度 一级地土壤耕层厚度为 15～25 厘米。

17. 障碍层类型 一级地土壤障碍层类型黏盘层出现频率为 100%。

第二节 二 级 地

佳木斯市郊区二级地面积 20 444.79 公顷，占全区基本农田面积的 31.28%。除苏木河农场外，均有分布，但分布不均匀。望江镇、大来镇、敖其镇、群胜乡分布面积较大，见表 5-13。

表 5-13 各乡（镇）二级地面积及占比

乡（镇）名称	实际面积（公顷）	各乡（镇）二级地面积及占比	
		面积（公顷）	百分比（%）
大来镇	8 331.89	2 711.93	13.26
长发镇	6 471.95	1 731.32	8.47
敖其镇	4 453.21	2 393.96	11.71
莲江口镇	2 316.98	1 336.46	6.54
望江镇	8 959.99	4 516.34	22.09
长青乡	1 564.98	227.98	1.12
沿江乡	3 842.06	189.49	0.93
四丰乡	5 365.01	1 177.36	5.76
西格木乡	6 085.91	1 961.85	9.60
群胜乡	6 032.04	2 037.61	9.97
平安乡	8 569.86	1 483.14	7.25

（续）

乡（镇）名称	实际面积（公顷）	各乡（镇）二级地面积及占比	
		面积（公顷）	百分比（%）
燎原农场	1 010.03	379.95	1.86
苏木河农场	1 586.96	0	0
猴石山果苗良种场	465.97	222.27	1.09
新村农场	177.00	4.57	0.02
四丰园艺场	119.00	70.56	0.35
总计	65 352.84	20 444.79	100.00

从土壤组成看，郊区二级地包括黑土、草甸土、沼泽土、泥炭土、新积土、水稻土 6 个土类；黑土、草甸黑土、白浆化黑土、草甸土、白浆化草甸土、潜育草甸土、泥炭沼泽土、低位泥炭土、淹育水稻土 9 个亚类，7 个土属，16 个土种。

水稻土面积 1 626.72 公顷，占二级地面积的 7.96%；泥炭土面积 34.17 公顷，占二级地面积的 0.17%；黑土面积 8 135.92 公顷，占二级地面积的 39.79%；草甸土面积 9 624.27 公顷，占二级地面积的 47.07%；沼泽土面积 726.92 公顷，占二级地面积的 3.56%；新积土面积 296.79 公顷，占二级地面积的 1.45%；见表 5 - 14。

表 5 - 14　二级地主要土壤类型及面积统计

土种名称	各土种面积（公顷）	二级地面积及占比	
		二级地面积（公顷）	百分比（%）
薄层黄土质黑土	8 364.5	5 607.32	67.04
中层黄土质黑土	1 097.94	576.65	52.52
厚层黄土质黑土	183.17	44.08	24.07
薄层黄土质草甸黑土	530.44	360.59	67.98
中层黄土质草甸黑土	2 705.89	1 404.81	51.92
厚层黄土质草甸黑土	263.82	142.47	54.00
薄层黏壤质草甸土	5 985.43	657.89	10.99
中层黏壤质草甸土	9 462.32	4 869.35	51.46
厚层黏壤质草甸土	7 309.87	3 974.47	54.37
厚层黏壤质潜育草甸土	141.2	122.56	86.80
中层泥炭沼泽土	1 230.93	726.92	59.05
薄层芦苇薹低位泥炭土	19.48	19.48	100
中层芦苇薹低位泥炭土	23.2	14.69	63.32
中层层状冲积土	387.69	296.79	76.55
薄层黑土型淹育水稻土	1 145.27	532.02	46.45
中层草甸型淹育水稻土	2 750.9	1 094.7	39.79

根据土壤养分测定结果并参考其他数据和资料，结合各评价指标和其他属性总结见表 5 - 15。

表 5 - 15　佳木斯市郊区二级耕地养分测定结果统计

项目	有机质（克/千克）	pH	全氮（克/千克）	碱解氮（毫克/千克）	有效磷（毫克/千克）	速效钾（毫克/千克）	有效硼（毫克/千克）	有效锌（毫克/千克）	容重（克/立方厘米）
平均值	45.16	5.87	1.41	202.70	70.89	165.07	0.42	2.08	1.23
最大值	96.10	8.00	2.69	474.90	181.00	448.00	6.41	6.17	1.58
最小值	18.70	5.00	0.10	80.50	17.00	63.00	0.02	0.10	0.95

1. 有机质　二级地土壤有机质平均值 45.16 克/千克，变幅在 18.7～96.1 克/千克。含量小于 25 克/千克的频率为 1.24%；含量在 25～35 克/千克的频率是 17.25%；含量在 35～50 克/千克的频率为 49.38%；含量在 50～80 克/千克的频率为 30.77%；含量在 80 克/千克以上的频率为 1.36%。见表 5 - 16 和图 5 - 9。

表 5 - 16　2010 年二级地有机质频率分布

含量（克/千克）	<25	25～35	35～50	50～80	>80
频率（%）	1.24	17.25	49.38	30.77	1.36

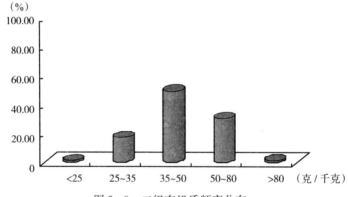

图 5 - 9　二级有机质频率分布

2. 全氮　二级地土壤全氮平均值 1.41 克/千克，变幅为 0.10～2.69 克/千克。含量在 0.5 克/千克以下的频率为 0.25%；含量在 0.5～1.0 克/千克的频率为 4.34%；含量在 1.0～1.5 克/千克的频率为 60.67%；含量在 1.5～2.0 克/千克的频率为 31.39%；含量在 2.0 克/千克以上的频率为 3.35%。见表 5 - 17 和图 5 - 10。

表 5 - 17　2010 年二级地全氮频率分布

含量（克/千克）	<0.5	0.5～1.0	1.0～1.5	1.5～2.0	>2.0
频率（%）	0.25	4.34	60.67	31.39	3.35

3. 碱解氮　二级地土壤碱解氮平均值 202.7 毫克/千克，变幅为 80.5～474.9 毫克/千克。含量在 100 毫克/千克以下的频率为 0.37%；含量在 100～150 毫克/千克的频率为 15.51%；含量在 150～200 毫克/千克的频率为 42.56%；含量在 200 毫克/千克以上的频率为 41.56%。见表 5 - 18 和图 5 - 11。

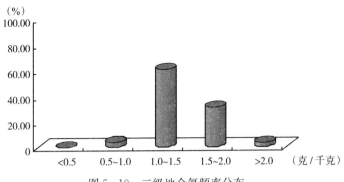

图 5 - 10　二级地全氮频率分布

表 5 - 18　2010 年二级地碱解氮频率分布

含量（毫克/千克）	<100	100~150	150~200	>200
频率（%）	0.37	15.51	42.56	41.56

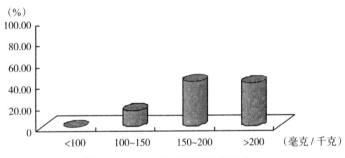

图 5 - 11　二级地碱解氮频率分布

4. 有效磷　二级地土壤有效磷平均值 70.89 毫克/千克，变幅在 17～181 毫克/千克。含量在 30 毫克/千克以下的频率为 0.99％；含量在 30～50 毫克/千克的频率为 29.78％；含量在 50～90 毫克/千克的频率为 47.27％；含量在 90 毫克/千克以上的频率为 21.96％。见表 5 - 19 和图 5 - 12。

表 5 - 19　2010 年二级地有效磷频率分布

含量（毫克/千克）	<30	30~50	50~90	>90
频率（%）	0.99	29.78	47.27	21.96

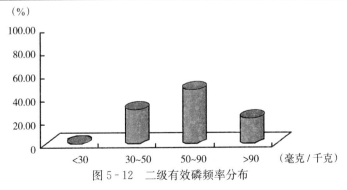

图 5 - 12　二级有效磷频率分布

5. 速效钾　二级地土壤速效钾平均值 165.07 毫克/千克，变幅为 63～448 毫克/千克。含量小于 120 毫克/千克的频率为 20.47％；含量在 120～180 毫克/千克的频率为 47.02％；含量在 180～240 毫克/千克的频率为 23.70％；含量在 240～350 毫克/千克的频率为 7.44％；含量在 350 毫克/千克以上的频率为 1.36％。见表 5 - 20 和图 5 - 13。

表 5 - 20　2010 年二级地速效钾频率分布

含量（毫克/千克）	<120	120～180	180～240	240～350	>350
频率（％）	20.47	47.02	23.70	7.44	1.36

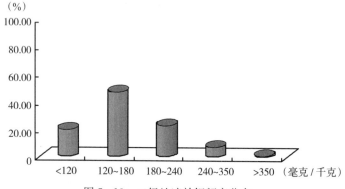

图 5 - 13　二级地速效钾频率分布

6. pH　二级地土壤 pH 平均为 5.87，最低为 5.0，最高为 8.0。小于 5.1 的频率为 0.12％，在 5.1～5.6 的频率为 13.28％；在 5.6～6.2 的频率为 72.33％；在 6.2～6.8 的频率为 13.65％，在 6.8 以上的频率为 0.62％。见表 5 - 21 和图 5 - 14。

表 5 - 21　2010 年二级地 pH 频率分布

pH	<5.1	5.1～5.6	5.6～6.2	6.2～6.8	>6.8
频率（％）	0.12	13.28	72.33	13.65	0.62

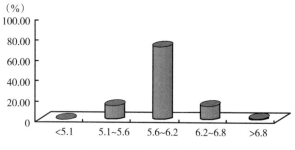

图 5 - 14　二级地 pH 频率分布

7. 土壤有效硼　二级地土壤有效硼平均值 0.42 毫克/千克，最低值 0.02 毫克/千克，最高值 6.41 毫克/千克。

8. 土壤有效锌　二级地土壤有效锌平均值 2.08 毫克/千克，最低值 0.10 毫克/千克，最高值 6.17 毫克/千克。

9. 土壤有效铜 二级地土壤有效铜平均值 3.21 毫克/千克，最低值 0.79 毫克/千克，最高值 16.31 毫克/千克。

10. 土壤有效铁 二级地土壤有效铁平均值 36.56 毫克/千克，最低值 23.60 毫克/千克，最高值 68.30 毫克/千克。

11. 土壤有效锰 二级地土壤有效锰平均值 30.89 毫克/千克，最低值 15.20 毫克/千克，最高值 77.50 毫克/千克。

12. 土壤容重 二级地土壤容重平均值 1.23 克/立方厘米，最低值 0.95 克/立方厘米，最高值 1.58 克/立方厘米。

13. 土壤成土母质 二级地土壤成土母质由黄土母质、淤积母质和冲积母质组成，其中黄土母质出现频率为 43.55%；冲积母质出现频率为 46.52%，淤积母质出现频率为 9.93%。

14. 土壤质地 二级地土壤质地由壤土和黏土组成，其中重壤土占 32.63%；中壤土占 15.01%；沙壤土 0.13%，轻壤土 0.37%，轻黏土占 51.86%。

15. 土壤侵蚀程度 二级地土壤侵蚀程度由轻微侵蚀、中度侵蚀和无明显侵蚀组成。轻微侵蚀占 79.53%；中度侵蚀占 2.11%，无明显侵蚀占 18.36%。

16. 土壤耕层厚度 二级地土壤耕层厚度为 15～23 厘米。

17. 障碍层类型 二级地土壤障碍层类型为黏盘层，出现频率为 100%。

第三节 三 级 地

佳木斯市郊区三级地面积 17 891.54 公顷，占全区基本农田面积的 27.38%。在全区均有分布。平安乡、西格木乡、望江镇、大来镇面积较大。见表 5-22。

表 5-22 各乡（镇）三级地面积及占比

乡（镇）名称	实际面积（公顷）	各乡（镇）三级地面积及占比	
		面积（公顷）	百分比（%）
大来镇	8 331.89	1 707.75	9.55
长发镇	6 471.95	541.31	3.03
敖其镇	4 453.21	356.09	1.99
莲江口镇	2 316.98	65.88	0.37
望江镇	8 959.99	2 216.80	12.39
长青乡	1 564.98	22.39	0.13
沿江乡	3 842.06	361.49	2.02
四丰乡	5 365.01	1 731.54	9.68
西格木乡	6 085.91	2 340.52	13.08
群胜乡	6 032.04	1 440.71	8.05
平安乡	8 569.86	6 491.75	36.28

（续）

乡（镇）名称	实际面积（公顷）	各乡（镇）三级地面积及占比	
		面积（公顷）	百分比（%）
燎原农场	1 010.03	294.28	1.64
苏木河农场	1 586.96	192.29	1.07
猴石山果苗良种场	465.97	29.00	0.16
新村农场	177.00	65.84	0.37
四丰园艺场	119.00	33.90	0.19
总　计	65 352.84	17 891.54	100.00

从土壤组成看，郊区三级地包括暗棕壤、黑土、白浆土、草甸土、沼泽土、新积土、水稻土7个土类，12个亚类，14个土属，23个土种。

暗棕壤面积319.97公顷，占三级地面积的1.79%；水稻土面积1 347.97公顷，占三级地面积的7.53%；黑土面积4 704.96公顷，占三级地面积的26.30%；草甸土面积8 864.67公顷，占三级地面积的49.55%；沼泽土面积470.35公顷，占三级地面积的2.63%；新积土面积90.90公顷，占三级地面积的0.51%；白浆土面积2 092.72公顷，占三级地面积的11.70%。见表5-23。

表5-23　三级地主要土壤类型及面积统计

土种名称	各土种面积（公顷）	三级地面积及占比	
		三级地面积（公顷）	百分比（%）
黄土质白浆化暗棕壤	605.55	319.97	52.84
薄层黄土质白浆土	8.16	8.16	100.00
中层黄土质白浆土	2 929.65	2 084.56	71.15
薄层黄土质黑土	8 364.5	999.43	11.95
中层黄土质黑土	1 097.94	360.82	32.86
厚层黄土质黑土	183.17	95.54	52.16
薄层黄土质草甸黑土	530.44	46.43	8.75
中层黄土质草甸黑土	2 705.89	408.53	15.10
厚层黄土质草甸黑土	263.82	121.35	46.00
薄层砾底白浆化黑土	5 024.39	2 006.95	39.94
中层砾底白浆化黑土	479.51	418.3	87.23
薄层黄土白浆化黑土	265.94	247.61	93.11
薄层黏壤质草甸土	5 985.43	5 037.52	84.16
中层黏壤质草甸土	9 462.32	1 338.55	14.15
厚层黏壤质草甸土	7 309.87	2 170.61	29.69
薄层黏壤质白浆化草甸	281.58	160.37	56.95
中层黏壤质白浆化草甸	181.77	131.85	72.54
薄层黏壤质潜育草甸土	54.93	18.72	34.08

（续）

土种名称	各土种面积（公顷）	三级地面积及占比	
		三级地面积（公顷）	百分比（%）
中层黏壤质潜育草甸土	7.05	7.05	100.00
中层泥炭沼泽土	1 230.93	470.35	38.21
中层层状冲积土	387.69	90.9	23.45
薄层黑土型淹育水稻土	1 145.27	209.16	18.26
中层草甸型淹育水稻土	2 750.9	1 138.81	41.40

根据土壤养分测定结果并参考其他数据和资料，结合各评价指标和其他属性总结见表 5-24。

表 5-24 佳木斯市郊区三级耕地养分测定结果统计

项目	有机质（克/千克）	pH	全氮（克/千克）	碱解氮（毫克/千克）	有效磷（毫克/千克）	速效钾（毫克/千克）	有效硼（毫克/千克）	有效锌（毫克/千克）	容重（克/立方厘米）
平均值	47.75	5.68	1.39	243.37	49.22	136.99	0.53	2.01	1.18
最大值	91.70	7.30	2.50	547.40	181.00	494.00	3.39	10.94	1.54
最小值	14.40	4.80	0.76	40.30	10.80	48.00	0.02	0.10	0.86

1. 有机质 三级地土壤有机质平均值 47.75 克/千克，变幅在 14.4～91.7 克/千克。含量小于 25 克/千克的频率为 4.94%；含量在 25～35 克/千克的频率是 12.55%；含量在 35～50 克/千克的频率为 41.75%；含量在 50～80 克/千克的频率为 38.5%；含量在 80 克/千克以上的频率为 2.26%。见表 5-25 和图 5-15。

表 5-25 2010 年三级地有机质频率分布

含量（克/千克）	<25	25～35	35～50	50～80	>80
频率（%）	4.94	12.55	41.75	38.50	2.26

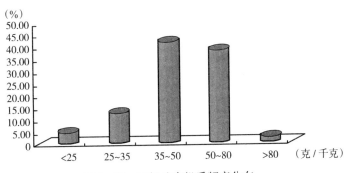

图 5-15 三级地有机质频率分布

2. 全氮 三级地土壤全氮平均值 1.39 克/千克，变幅为 0.76～2.5 克/千克。含量在 0.5～1.0 克/千克的频率为 3.67%；含量在 1.0～1.5 克/千克的频率为 67.56%；含量在

1.5～2.0 克/千克的频率为 24.68%；含量在 2.0 克/千克以上的频率为 4.09%。详见表 5-26 和图 5-16。

表 5-26　2010 年三级地全氮频率分布

含量（克/千克）	0.5～1.0	1.0～1.5	1.5～2.0	>2.0
频率（%）	3.67	67.56	24.68	4.09

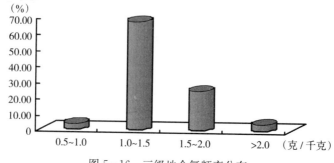

图 5-16　三级地全氮频率分布

3. 碱解氮　三级地土壤碱解氮平均值 243.37 毫克/千克，变幅为 40.3～547.4 毫克/千克。含量在 100 毫克/千克以下的频率为 2.26%；含量在 100～150 毫克/千克的频率为 11.71%；含量在 150～200 毫克/千克的频率为 31.45%；含量在 200 毫克/千克以上的频率为 54.58%。详见表 5-27 和图 5-17。

表 5-27　2010 年三级地碱解氮频率分布

含量（毫克/千克）	<100	100～150	150～200	>200
频率（%）	2.26	11.71	31.45	54.58

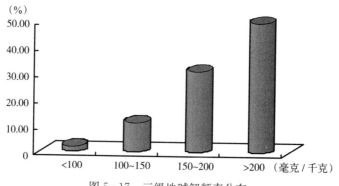

图 5-17　三级地碱解频率分布

4. 有效磷　三级地土壤有效磷平均值 49.22 毫克/千克，变幅在 10.8～181 毫克/千克。含量小于 30 毫克/千克的频率占 18.48%；含量在 30～50 毫克/千克的频率为 44.43%；含量在 50～90 毫克/千克的频率为 29.62%；含量大于 90 毫克/千克的频率为 7.48%。见表 5-28 和图 5-18。

表 5 - 28　2010 年三级地有效磷频率分布

含量（毫克/千克）	<30	30～50	50～90	>90
频率（%）	18.48	44.43	29.62	7.48

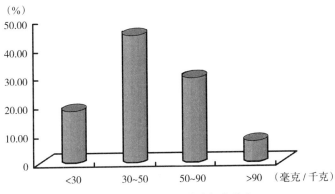

图 5 - 18　三级地有效磷频率分布

5. 速效钾　三级地土壤速效钾平均值 136.99 毫克/千克，变幅为 48～494 毫克/千克。含量小于 120 毫克/千克的频率为 46.83%；含量在 120～180 毫克/千克的频率为 39.35%；含量在 180～240 毫克/千克的频率为 9.17%；含量在 240～350 毫克/千克的频率为 1.97%；含量在 350 毫克/千克以上的频率为 2.68%。见表 5 - 29 和图5 - 19。

表 5 - 29　2010 年三级地速效钾频率分布

含量（毫克/千克）	<120	120～180	180～240	240～350	>350
频率（%）	46.83	39.35	9.17	1.97	2.68

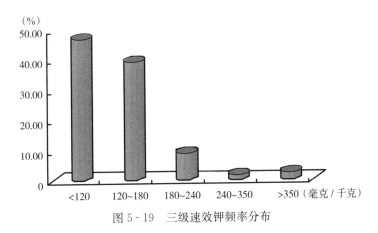

图 5 - 19　三级速效钾频率分布

6. pH　三级地土壤 pH 平均为 5.68，最低为 4.8，最高为 7.3。小于 5.1 的频率为 0.99%，在 5.1～5.6 的频率为 42.60%；在 5.6～6.2 的频率为 46.97%；在 6.2～6.8 的频率为 8.32%，在 6.8 以上的频率为 1.13%。见表 5 - 30 和图 5 - 20。

表 5-30   2010 年三级地 pH 频率分布

pH	<5.1	5.1~5.6	5.6~6.2	6.2~6.8	>6.8
频率（%）	0.99	42.60	46.97	8.32	1.13

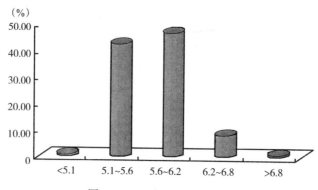

图 5-20   三级地 pH 频率分布

7. 土壤有效硼　三级地土壤有效硼平均值 0.53 毫克/千克，最低值为 0.02 毫克/千克，最高值 3.39 毫克/千克。

8. 土壤有效锌　三级地土壤有效锌平均值 2.01 毫克/千克，最低值为 0.10 毫克/千克，最高值 10.94 毫克/千克。

9. 土壤有效铜　三级地土壤有效铜平均值 3.13 毫克/千克，最低值为 0.85 毫克/千克，最高值 16.02 毫克/千克。

10. 土壤有效铁　三级地土壤有效铁平均值 44.09 毫克/千克，最低值为 23.10 毫克/千克，最高值 68.40 毫克/千克。

11. 土壤有效锰　三级地土壤有效锰平均值 28.24 毫克/千克，最低值为 15.0 毫克/千克，最高值 77.50 毫克/千克。

12. 土壤容重　三级地土壤容重平均值 1.18 克/立方厘米，最低值为 0.86 克/立方厘米，最高值 1.54 克/立方厘米。

13. 土壤成土母质　三级地土壤成土母质由黄土母质、淤积母质和冲积母质、岩石残积母质组成，其中黄土母质出现频率为 25.39%；冲积母质出现频率为 44.27%，淤积母质出现频率为 10.88%。岩石残积母质出现频率为 19.46%。

14. 土壤质地　三级地土壤质地由壤土和黏土组成，其中重壤土占 64.32%；中壤土占 12.13%；轻黏土占 23.55%。

15. 土壤侵蚀程度　三级地土壤侵蚀程度由轻微侵蚀和无明显侵蚀组成。轻微侵蚀占 50.92%，中度侵蚀占 0.28%，无明显侵蚀占 48.8%。

16. 土壤耕层厚度　三级地土壤耕层厚度为 12~23 厘米。

17. 障碍层类型　三级地土壤障碍层类型为黏盘层、白浆层、潜育层，出现频率分别为 63.61%、36.25%、0.14%。

第四节 四 级 地

佳木斯市郊区四级地面积 11 876.61 公顷,占全区基本农田面积的 18.17%。全区均有分布。主要分布在沿江乡、大来镇、群胜乡、苏木河农场,见表 5-31。

表 5-31　各乡(镇)四级地面积及占比

乡(镇)名称	实际面积(公顷)	各乡(镇)四级地面积及占比	
		面积(公顷)	百分比(%)
大来镇	8 331.89	2 182.46	18.38
长发镇	6 471.95	869.55	7.32
敖其镇	4 453.21	597.30	5.03
莲江口镇	2 316.98	23.59	0.20
望江镇	8 959.99	293.00	2.47
长青乡	1 564.98	770.58	6.49
沿江乡	3 842.06	2 487.84	20.95
四丰乡	5 365.01	741.50	6.24
西格木乡	6 085.91	553.64	4.66
群胜乡	6 032.04	1 750.04	14.74
平安乡	8 569.86	37.89	0.32
燎原农场	1 010.03	196.21	1.65
苏木河农场	1 586.96	1 157.17	9.74
猴石山果苗良种场	465.97	111.22	0.94
新村农场	177.00	96.36	0.81
四丰园艺场	119.00	8.26	0.07
总计	65 352.84	11 876.61	100.00

从土壤组成看,郊区四级地包括暗棕壤、黑土、白浆土、草甸土、水稻土 5 个土类,9 个亚类,13 个土属,16 个土种。

暗棕壤面积 2 557.87 公顷,占四级地面积的 21.53%;水稻土面积 23.59 公顷,占四级地面积的 0.19%;黑土面积 7 729.39 公顷,占四级地面积的 65.08%;草甸土面积171.13 公顷,占四级地面积的 1.44%;白浆土面积 1 394.63 公顷,占四级地面积的11.74%。见表 5-32。

表 5-32　四级地主要土壤类型及面积统计

土种名称	各土种面积(公顷)	四级地面积及占比	
		四级地面积(公顷)	百分比(%)
暗矿质暗棕壤	297.96	128.23	43.04
沙砾质暗棕壤	3 300.02	1 352.62	40.99

（续）

土种名称	各土种面积（公顷）	四级地面积及占比	
		四级地面积（公顷）	百分比（%）
沙砾质暗棕壤	3 674.15	842.44	22.93
黄土质白浆化暗棕壤	605.55	234.58	38.74
中层黄土质白浆土	2 929.65	845.09	28.85
厚层黄土质白浆土	521.22	521.22	100.00
厚层黏质草甸白浆土	28.32	28.32	100.00
薄层砾底黑土	933.08	598.07	64.10
中层砾底黑土	297.51	13.22	4.44
薄层沙底黑土	35.78	35.78	100.00
薄层沙底草甸黑土	4 144.86	3 654.64	88.17
中层沙底草甸黑土	679.36	330.7	48.68
薄层砾底白浆化黑土	5 024.39	3 017.44	60.06
中层砾底白浆化黑土	479.51	61.21	12.77
薄层黄土白浆化黑土	265.94	18.33	6.89
薄层黏壤质白浆化草甸	281.58	121.21	43.05
中层黏壤质白浆化草甸	181.77	49.92	27.46
中层草甸型淹育水稻土	2 750.9	23.59	0.86

根据土壤养分测定结果并参考其他数据和资料，结合各评价指标和其他属性总结见表 5-33。

表 5-33　佳木斯市郊区四级耕地养分测定结果统计

项目	有机质（克/千克）	pH	全氮（克/千克）	碱解氮（毫克/千克）	有效磷（毫克/千克）	速效钾（毫克/千克）	有效硼（毫克/千克）	有效锌（毫克/千克）	容重（克/立方厘米）
平均值	48.01	5.96	1.41	198.73	68.17	205.00	0.52	2.35	1.21
最大值	94.80	6.70	2.76	442.80	170.40	663.00	9.62	5.65	1.80
最小值	12.80	5.20	0.61	80.50	9.10	51.00	0.02	0.29	0.93

1. 有机质　四级地土壤有机质平均值 48.01 克/千克，变幅在 12.8～94.8 克/千克。含量小于 25 克/千克的频率为 3.06%；含量在 25～35 克/千克的频率为 13.13%；含量在 35～50 克/千克的频率为 41.73%；含量在 50～80 克/千克的频率为 39.75%；含量在 80 克/千克以上的频率为 2.34%。见表 5-34 和图 5-21。

表 5-34　2010 年四级地有机质频率分布

含量（克/千克）	<25	25～35	35～50	50～80	>80
频率（%）	3.06	13.13	41.73	39.75	2.34

2. 全氮　四级地全氮平均值 1.41 克/千克，变幅为 0.61～2.76 克/千克。含量在 0.5～1.0 克/千克的频率为 5.4%；含量在 1.0～1.5 克/千克的频率为 56.29%；含量在

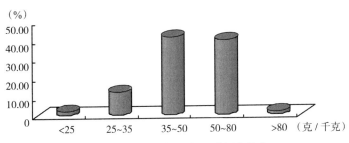

图 5-21　四级耕地有机质频率分布

1.5～2.0 克/千克的频率为 36.69％；含量在 2.0 克/千克以上的频率为 1.62％。见表 5-35 和图 5-22。

表 5-35　2010 年四级地全氮频率分布

含量（克/千克）	0.5～1.0	1.0～1.5	1.5～2.0	>2.0
频率（%）	5.40	56.29	36.69	1.62

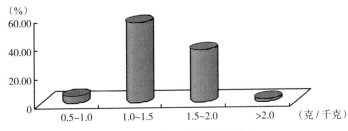

图 5-22　四级地全氮频率分布

3. 碱解氮　　四级地碱解氮平均值 198.73 毫克/千克，变幅为 80.5～442.8 毫克/千克。含量在 100 毫克/千克以下的频率为 1.08％；含量在 100～150 毫克/千克的频率为 13.85％；含量在 150～200 毫克/千克的频率为 50％；含量在 200 毫克/千克以上的频率为 35.07％。见表 5-36 和图 5-23。

表 5-36　2010 年四级地碱解氮频率分布

含量（毫克/千克）	<100	100～150	150～200	>200
频率（%）	1.08	13.85	50.00	35.07

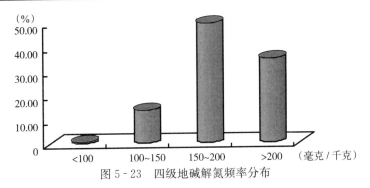

图 5-23　四级地碱解氮频率分布

4. 有效磷 四级地有效磷含量平均值 68.17 毫克/千克，变幅在 9.1～170.4 毫克/千克。含量小于 30 毫克/千克的频率占 6.29%；含量在 30～50 毫克/千克的频率为 28.60%；含量在 50～90 毫克/千克的频率为 40.65%；含量大于 90 毫克/千克的频率占 24.46%。见表 5 - 37 和图 5 - 24。

表 5 - 37 2010 年四级地有效磷频率分布

含量（毫克/千克）	<30	30～50	50～90	>90
频率（%）	6.29	28.60	40.65	24.46

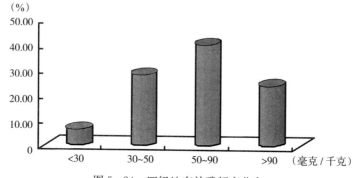

图 5 - 24 四级地有效磷频率分布

5. 速效钾 四级地速效钾平均值 205 毫克/千克，变幅为 51～663 毫克/千克。含量小于 120 毫克/千克的频率为 14.75%；含量在 120～180 毫克/千克的频率为 43.71%；含量在 180～240 毫克/千克的频率为 22.66%；含量在 240～350 毫克/千克的频率为 5.04%；含量在 350 毫克/千克以上的频率为 13.85%。见表 5 - 38 和图 5 - 25。

表 5 - 38 2010 年四级地速效钾频率分布

含量（毫克/千克）	<120	120～180	180～240	240～350	>350
频率（%）	14.75	43.71	22.66	5.04	13.85

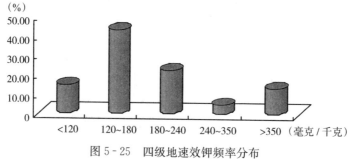

图 5 - 25 四级地速效钾频率分布

6. pH 四级地土壤 pH 平均为 5.96，最低为 5.2，最高为 6.7。在 5.1～5.6 的频率为 6.83%；在 5.6～6.2 的频率为 64.57%；在 6.2～6.8 的频率为 28.60%。见表 5 - 39 和图 5 - 26。

表 5-39　2010 年四级地 pH 频率分布

pH	5.1~5.6	5.6~6.2	6.2~6.8
频率（%）	6.83	64.57	28.60

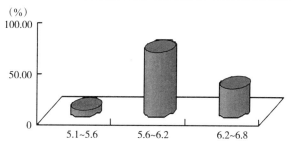

图 5-26　四级地 pH 频率分布

7. 土壤有效硼　四级地土壤有效硼平均值 0.52 毫克/千克，最低值 0.02 毫克/千克，最高值 9.62 毫克/千克。

8. 土壤有效锌　四级地土壤有效锌平均值 2.35 毫克/千克，最低值 0.29 毫克/千克，最高值 5.65 毫克/千克。

9. 土壤有效铜　四级地土壤有效铜平均值 5.07 毫克/千克，最低值 0.79 毫克/千克，最高值 16.20 毫克/千克。

10. 土壤有效铁　四级地土壤有效铁平均值 39.84 毫克/千克，最低值 26.10 毫克/千克，最高值 66.30 毫克/千克。

11. 土壤有效锰　四级地土壤有效锰平均值 34.36 毫克/千克，最低值 15.2 毫克/千克，最高值 75.00 毫克/千克。

12. 土壤容重　四级地土壤容重平均值 1.21 克/立方厘米，最低值为 0.93 克/立方厘米，最高值 1.8 克/立方厘米。

13. 土壤成土母质　四级地土壤成土母质由黄土母质、坡积母质、沙质母质、岩石残积母质组成，其中黄土母质出现频率为 8.64%；坡积母质出现频率为 5.93%，沙质母质出现频率为 20.14%，岩石残积母质出现频率为 65.29%。

14. 土壤质地　四级地土壤质地由壤土和黏土组成，其中重壤土占 32.55%；中壤土占 67.09%；轻黏土占 0.36%。

15. 土壤侵蚀程度　四级地土壤侵蚀程度由轻微侵蚀、中度侵蚀和无明显侵蚀组成。轻微侵蚀占 81.29%，中度侵蚀占 0.18%，无明显侵蚀占 18.53%。

16. 土壤耕层厚度　四级地土壤耕层厚度为 12~25 厘米。

17. 障碍层类型　四级地土壤障碍层类型为黏盘层、白浆层、沙砾层，出现频率分别为 0.36%、32.19%、67.45%。

第五节　五　级　地

佳木斯市郊区五级地面积 6 458.02 公顷，占全区基本农田面积的 9.88%。除莲江口镇、望江镇、四丰园艺场外，均有分布。主要分布在长发镇、四丰乡、大来镇、群胜乡。见表 5-40。

表 5 - 40 各乡（镇）五级地面积及占比

乡（镇）名称	实际面积（公顷）	各乡（镇）五级地面积及占比	
		面积（公顷）	百分比（%）
大来镇	8 331.89	1 021.02	15.81
长发镇	6 471.95	2 196.01	34.00
敖其镇	4 453.21	445.83	6.90
莲江口镇	2 316.98	0	0
望江镇	8 959.99	0	0
长青乡	1 564.98	79.10	1.22
沿江乡	3 842.06	60.37	0.93
四丰乡	5 365.01	1 066.18	16.51
西格木乡	6 085.91	269.74	4.18
群胜乡	6 032.04	777.97	12.05
平安乡	8 569.86	51.00	0.79
燎原农场	1 010.03	139.59	2.16
苏木河农场	1 586.96	237.50	3.68
猴石山果苗良种场	465.97	103.48	1.60
新村农场	177.00	10.23	0.16
四丰园艺场	119.00	0	0
总计	65 352.84	6 458.02	100.00

从土壤组成看，郊区四级地包括暗棕壤、黑土2个土类，4个亚类，6个土属，8个土种。

暗棕壤面积4 999.84公顷，占五级地面积的77.42%；黑土面积1 458.18公顷，占五级地面积的22.58%，见表5-41。

表 5 - 41 五级地主要土壤类型及面积统计

土种名称	各土种面积（公顷）	五级地面积及占比	
		五级地面积（公顷）	百分比（%）
暗矿质暗棕壤	297.96	169.73	56.96
沙砾质暗棕壤	3 300.02	1 947.4	59.01
沙砾质暗棕壤	3 674.15	2 831.71	77.07
黄土质白浆化暗棕壤	605.55	51	8.42
薄层砾底黑土	933.08	335.01	35.90
中层砾底黑土	297.51	284.29	95.56
薄层沙底草甸黑土	4 144.86	490.22	11.83
中层沙底草甸黑土	679.36	348.66	51.32

　　根据土壤养分测定结果并参考其他数据和资料，结合各评价指标和其他属性总结见表5-42。

表5-42　佳木斯市郊区五级耕地养分测定结果统计

项目	有机质（克/千克）	pH	全氮（克/千克）	碱解氮（毫克/千克）	有效磷（毫克/千克）	速效钾（毫克/千克）	有效硼（毫克/千克）	有效锌（毫克/千克）	容重（克/立方厘米）
平均值	47.73	5.88	1.46	216.34	48.70	156.34	0.51	1.91	1.20
最大值	96.10	6.90	2.35	483.00	123.80	371.00	6.69	5.32	1.47
最小值	16.60	5.00	0.39	80.50	16.40	43.00	0.02	0.22	0.86

　　1. 有机质　五级地土壤有机质含量平均值47.73克/千克，变幅在16.6～96.1克/千克。含量小于25克/千克的频率为2.59%；含量在25～35克/千克的频率为17.53%；含量在35～50克/千克的频率为40.04%；含量在50～80克/千克的频率为37.45%；含量在80克/千克以上的频率为2.39%。见表5-43和图4-27。

表5-43　2010年五级地有机质频率分布

含量（克/千克）	<25	25～35	35～50	50～80	>80
频率	2.59	17.53	40.04	37.45	2.39

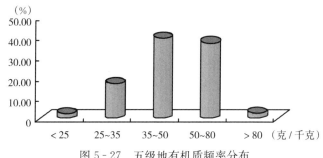

图5-27　五级地有机质频率分布

　　2. 全氮　五级地全氮平均值1.46克/千克，变幅为0.39～2.35克/千克。含量在0.5克/千克以下的频率为0.2%；含量在0.5～1.0克/千克的频率为4.58%；含量在1.0～1.5克/千克的频率为54.38%；含量在1.5～2.0克/千克的频率为34.06%；含量在2.0克/千克以上的频率为6.77%。见表5-44和图5-28。

表5-44　2010年五级地全氮频率分布

含量（克/千克）	<0.5	0.5～1.0	1.0～1.5	1.5～2.0	>2.0
频率（%）	0.20	4.58	54.38	34.06	6.77

　　3. 碱解氮　五级地碱解氮平均值216.34毫克/千克，变幅为805～483毫克/千克。含量在100毫克/千克以下的频率为0.6%；含量在100～150毫克/千克的频率为9.56%；含量在150～200毫克/千克的频率为42.23%；含量为200毫克/千克以上的频率为

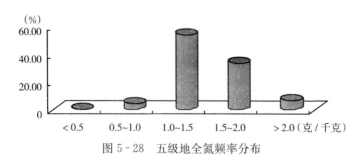

图 5-28　五级地全氮频率分布

47.61%。详见表 5-45 和图 5-29。

表 5-45　2010 年五级地碱解氮频率分布

含量（毫克/千克）	＜100	100～150	150～200	＞200
频率	0.60	9.56	42.23	47.61

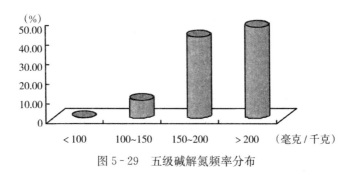

图 5-29　五级碱解氮频率分布

4. 有效磷　五级地有效磷平均值 48.7 毫克/千克，变幅在 16.4～123.8 毫克/千克。含量小于 30 毫克/千克的频率为 10.16%；含量在 30～50 毫克/千克的频率为 48.41%；含量在 50～90 毫克/千克的频率为 38.05%；含量大于 90 毫克/千克的频率为 3.39%。见表 5-46 和图 5-30。

表 5-46　2010 年五级地有效磷频率分布

含量（毫克/千克）	＜30	30～50	50～90	＞90
频率（%）	10.16	48.41	38.05	3.39

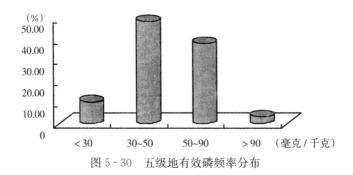

图 5-30　五级地有效磷频率分布

5. 速效钾　五级地速效钾平均值 156.34 毫克/千克，变幅为 43～371 毫克/千克。含量小于 120 毫克/千克的频率为 18.33%；含量在 120～180 毫克/千克的频率为 58.76%；含量在 180～240 毫克/千克的频率为 17.33%；含量在 240～350 毫克/千克的频率为 5.38%；含量为 350 毫克/千克以上的频率为 0.2%。见表 5-47 和图 5-31。

表 5-47　2010 年五级地速效钾频率分布

含量（毫克/千克）	<120	120～180	180～240	240～350	>350
频率（%）	18.33	58.76	17.33	5.38	0.20

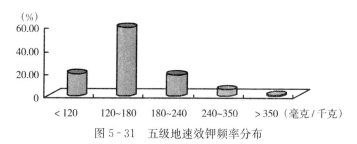

图 5-31　五级地速效钾频率分布

6. pH　五级地土壤 pH 平均为 5.88，最低为 5，最高为 6.9。小于 5.1 的频率为 0.20%，在 5.1～5.6 的频率为 10.56%；在 5.6～6.2 的频率为 72.11%；在 6.2～6.8 的频率为 16.73%，在 6.8 以上的频率为 0.40%。见表 5-48 和图 5-32。

表 5-48　2010 年五级地 pH 频率分布

pH	<5.1	5.1～5.6	5.6～6.2	6.2～6.8	>6.8
频率（%）	0.20	10.56	72.11	16.73	0.40

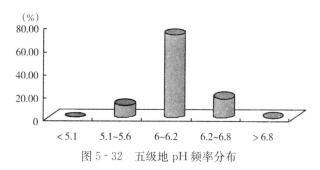

图 5-32　五级地 pH 频率分布

7. 土壤有效硼　五级地土壤有效硼平均值 0.51 毫克/千克，最低值 0.02 毫克/千克，最高值 6.69 毫克/千克。

8. 土壤有效锌　五级地土壤有效锌平均值 1.91 毫克/千克，最低值 0.22 毫克/千克，最高值 5.32 毫克/千克。

9. 土壤有效铜　五级地土壤有效铜平均值 5.14 毫克/千克，最低值 0.85 毫克/千克，最高值 16.31 毫克/千克。

10. 土壤有效铁　五级地土壤有效铁平均值 38.71 毫克/千克，最低值 26.40 毫克/

千克，最高值 64.80 毫克/千克。

11. 土壤有效锰　五级地土壤有效锰平均值 36.72 毫克/千克，最低值 15.70 毫克/千克，最高值 77.50 毫克/千克。

12. 土壤容重　五级地土壤容重平均值 1.20 克/立方厘米，最低值 0.86 克/立方厘米，最高值 1.47 克/立方厘米。

13. 土壤成土母质　五级地土壤成土母质由坡积母质、沙质母质、岩石残积母质组成，其中坡积母质出现频率为 1.99%，沙质母质出现频率为 10.16%，岩石残积母质出现频率为 87.85%。

14. 土壤质地　五级地土壤质地由壤土组成，其重壤土占 6.57%；中壤土占 93.43%。

15. 土壤侵蚀程度　五级地土壤侵蚀程度由轻度和无明显侵蚀构成，其中轻度侵蚀占 82.87%；无明显侵蚀占 17.13%。

16. 土壤耕层厚度　五级地土壤耕层厚度为 12～20 厘米。

17. 障碍层类型　五级地土壤障碍层类型为白浆层、沙砾层，出现频率分别为 0.8%、99.2%。

第六章 耕地区域配方施肥

这次耕地地力评价，建立了较完善的土壤数据库，科学合理地划分了区域施肥单元，避免了过去人为划分施肥单元指导测土配方施肥的弊端。过去测土施肥确定施肥单元，多是采用区域土壤类型、基础地力产量、农户常年施肥量等粗略的方法为农民提供配方。而现在采用地理信息系统提供的多项评价指标，综合各种施肥因素和施肥参数来确定较精密的施肥单元。本次地力评价完成了佳木斯市郊区耕地测土配方施肥技术从估测分析到精准实施的提升过程。

第一节 区域耕地施肥区划分

佳木斯市郊区旱田产区、水稻产区，按产量、地形、地貌、土壤类型、≥10℃的有效积温、灌溉保证率可划分为四个测土施肥区域。

一、高产田施肥区

该区地势平坦、土壤质地松软，耕层深厚，黑土层较深，地下水丰富，通透性好，保水保肥能力强，土壤理化性状优良，高产田施肥区的玉米产量为 10 000～11 000千克/公顷；大豆产量为 2 500～2 750 千克/公顷。高产田面积 29 126.67公顷，占基本农田面积的 44.56%，主要分布在佳木斯市郊区望江镇、大来镇、敖其镇、西格木乡等乡（镇）。其中望江镇面积最大，为 6 450.19 公顷，占高产田面积的22.14%；其次是大来镇，面积为 3 420.66公顷，占高产田面积的 11.74%；敖其镇面积为 3 053.99 公顷，占高产田面积的 10.49%；西格木乡面积为 2 922.01 公顷，占高产田面积的 10.03%。

该区土壤类型主要以草甸土亚类、黑土亚类为主，其中草甸土亚类面积最大，为14 210.94公顷，占高产田面积的 48.79%；黑土亚类面积为 8 189.82 公顷，占高产田面积的 28.11%。

该土壤黑土层较厚，一般在 30 厘米左右，土壤养分含量丰富，有机质平均值为45.43克/千克，全氮平均值为 1.39 克/千克，有效磷平均值为 77.49 毫克/千克，速效钾平均值为184.88 毫克/千克，速效养分含量相对很高，pH 平均值为 5.94（表 6-1）。该区域内≥10℃有效积温为 2 600～2 650℃，大都分布在佳木斯市郊区的西南部和西北部，田间灌溉保证率85% 以上。是佳木斯市郊区玉米、大豆高产区。该区域也是佳木斯市郊区西瓜、甜瓜主产区，适合种植蔬菜、甜菜、马铃薯等经济作物。该区主要存在的问题是开垦时间较长，垦殖率高，黑土层变薄，地下水位下降。

二、中产田施肥区

中产田大都处在漫岗或低阶平原上，所处地形相对平缓。部分土壤有轻度侵蚀，个别土壤存在瘠薄等障碍因素。黑土层厚度不一，厚的在 25 厘米以上，薄的不足 20 厘米。结构基本为粒状或小团块状，质地一般，以轻黏土为主。

中产田施肥区的玉米产量在 9 000～10 000 千克/公顷；大豆产量在 2 250～2 500 千克/公顷。中产田面积 17 891.54 公顷，占基本农田面积的 27.38%，主要分布在佳木斯市郊区平安乡、西格木乡、望江镇、大来镇等乡（镇）。其中平安乡面积最大，为 6 491.75 公顷，占中产田面积的 36.28%；其次是西格木乡，面积为 3 340.52 公顷，占中产田面积的 18.67%；望江镇面积为 2 216.80 公顷，占中产田面积的 12.39%；大来镇面积为 1 707.75 公顷，占中产田面积的 9.55%。

该区土壤类型主要以草甸土亚类、白浆化黑土亚类为主，其中草甸土亚类面积最大，为 8 546.68 公顷，占中产田面积的 47.77%；白浆化黑土亚类面积为 2 672.86 公顷，占中产田面积的 14.94%。

该土壤黑土层一般在 25 厘米左右，土壤养分含量较丰富，有机质平均值为 47.75 克/千克，全氮平均值为 1.39 克/千克，有效磷平均值为 49.22 毫克/千克，速效钾平均值为 136.99 毫克/千克，速效养分含量相对较高，pH 平均值为 5.68（表 6 - 1）。该区域内 ≥10℃ 有效积温为 2 600℃ 左右。保肥性能较好，抗旱、排涝能力相对较强。田间灌溉保证率 60% 以上。较适合玉米、大豆生长发育，是玉米、大豆主产区。该区域也适合种植西瓜、甜瓜、蔬菜等经济作物。该区主要存在的问题是黑土层变薄，肥力下降，水土流失较重。

三、低产田施肥区

佳木斯市郊区低产田施肥区的玉米产量在 9 000 千克/公顷以下；大豆产量在 2 250 千克/公顷以下。低产田面积 18 334.63 公顷，占基本农田面积的 28.05%，主要分布在佳木斯市郊区大来镇、长发镇、沿江乡。其中大来镇面积最大，为 3 203.48 公顷，占低产田面积的 17.47%；其次是长发镇，面积为 3 065.58 公顷，占低产田面积的 16.72%；沿江乡面积为 2 548.21 公顷，占低产田面积的 13.90%。

该区土壤类型主要以暗棕壤亚类、草甸黑土亚类为主，其中暗棕壤亚类面积最大，为 7 272.13 公顷，占低产田面积的 39.66%；草甸黑土亚类面积为 4 824.22 公顷，占低产田面积的 26.31%。该土壤黑土层一般在 25 厘米左右，有机质平均值为 47.88 克/千克，全氮平均值为 1.43 克/千克，有效磷平均值为 58.94 毫克/千克，速效钾平均值为 181.93 毫克/千克，pH 平均值为 5.92（表 6 - 1），速效养分含量都相对较低。

该区域内 ≥10℃ 有效积温为 2 550℃ 左右。田间灌溉保证率在 45% 以下。影响玉米、大豆生长发育，是玉米、大豆低产区。该区主要存在的问题是黑土层变薄，水土流失严重，肥力下降，沟谷地排水不良，易发生内涝。

表 6-1　区域施肥区土壤理化性状

区域施肥区	有机质 （克/千克）	全氮 （克/千克）	有效磷 （毫克/千克）	速效钾 （毫克/千克）	pH
旱田高产田施肥区	45.43	1.39	77.49	184.88	5.94
旱田中产田施肥区	47.75	1.39	49.22	136.99	5.68
旱田低产田施肥区	47.88	1.43	58.94	181.93	5.92
水稻田施肥区	46.88	1.41	83.9	172.17	5.8

四、水稻田施肥区

该区主要分布松花江流域两岸平原地区，有平安乡、莲江口镇、望江镇、大来镇、敖其镇、沿江乡。

主要土壤类型为水稻土。地势平坦，质地稍硬，耕层适中，保肥能力强，土壤理化性状优良，适合水稻生长发育，是水稻高产区。

第二节　施肥分区与测土施肥单元的关联

施肥单元是耕地地力评价图中具有属性相同的图斑。在同一土壤类型中也会有多个图斑——施肥单元。按耕地地力评价要求，旱田施肥区可划分为三个测土施肥区域；水稻划为一个测土施肥区域。

在同一施肥区域内，按土壤类型一致、自然生产条件相近、土壤肥力高低和土壤普查划分的地力分级标准确定测土施肥单元。根据这一原则，上述四个测土施肥区。可划分为十个测土施肥单元。其中旱田高产田施肥区划分为三个测土施肥单元；旱田中产田施肥区划分为三个测土施肥单元；旱田低产田施肥区划为三个测土施肥单元；水稻田施肥区划为一个施肥单元。具体测土施肥单元见表 6-2。

表 6-2　测土施肥单元划分

测土施肥区	测土施肥单元
旱田高产田施肥区	草甸土亚类施肥单元
	黑土亚类施肥单元
	草甸黑土亚类施肥单元
旱田中产田施肥区	草甸土亚类施肥单元
	白浆化黑土亚类施肥单元
	白浆土亚类施肥单元
旱田低产田施肥区	暗棕壤亚类施肥单元
	草甸黑土亚类施肥单元
	白浆化黑土亚类施肥单元
水稻田施肥区	淹育水稻土亚类

第三节　施肥分区

佳木斯郊区旱田施肥区可划分为三个测土施肥区域；水稻田划为一个测土施肥区域。

按照不同施肥单元（10个施肥单元），特制订旱田高产田施肥区施肥推荐方案、旱田中产田施肥区施肥推荐方案、旱田低产田施肥区施肥推荐方案、水稻田施肥区施肥推荐方案。

一、分区施肥属性查询

这次耕地地力调查，共采集土样1 012个，确定的评价指标9个，分别为：有机质、有效磷、速效钾、有效锌、有效硼、容重、障碍层类型、耕层厚度、pH。

在地力评价数据库中建立了耕地资源管理单元图、土壤养分分区图。形成了有相同属性的施肥管理单元10个，按不同作物、不同地力等级产量指标和地块、农户综合生产条件可形成针对地域分区特点的区域施肥配方；针对农户特定生产条件的分户施肥配方。

二、施肥单元关联施肥分区代码

根据3414实验、配方肥对比实验、多年氮磷钾最佳施肥量实验建立起来的施肥参数体系和土壤养分丰缺指标体系，选择适合该区域特定施肥单元的测土施肥配方推荐方法（养分平衡法、丰缺指标法、氮磷钾比例法、以磷定氮法、目标产量法），计算不同级别施肥分区代码的推荐施肥量（N、P_2O_5、K_2O）。各施肥分区施肥推荐关联查询见表6-3～表6-6。

表6-3　高产旱田区施肥分区代码与作物施肥推荐关联查询

施肥分区代码	碱解氮含量（毫克/千克）	施肥量纯N（千克/公顷）		施肥分区代码	有效磷含量（毫克/千克）	施肥量P_2O_5（千克/公顷）		施肥分区代码	速效钾含量（毫克/千克）	施肥量K_2O（千克/公顷）	
		大豆	玉米			大豆	玉米			大豆	玉米
1	＞250	26.77	120.61	1	＞60	52.53	45.63	1	＞200	33.6	60.0
2	180～250	28.40	124.79	2	40～60	53.98	46.80	2	150～200	34.5	61.5
3	150～180	29.99	128.94	3	20～40	55.49	47.97	3	100～150	36.0	63.0
4	120～150	31.83	132.71	4	10～20	58.53	50.25	4	50～100	37.5	66.0
5	80～120	33.67	136.82	5	5～10	61.50	51.42	5	30～50	39.0	67.5
6	＜80	35.51	140.96	6	＜5	64.50	52.53	6	＜30	40.5	69.0

表 6 - 4　中产旱田区施肥分区代码与作物施肥推荐关联查询

施肥分区代码	碱解氮含量（毫克/千克）	施肥量纯N（千克/公顷）		施肥分区代码	有效磷含量（毫克/千克）	施肥量 P₂O₅（千克/公顷）		施肥分区代码	速效钾含量（毫克/千克）	施肥量 K₂O（千克/公顷）	
		大豆	玉米			大豆	玉米			大豆	玉米
1	>250	28.27	122.11	1	>60	54.03	47.13	1	>200	35.1	61.5
2	180～250	29.90	126.29	2	40～60	55.48	48.30	2	150～200	36.0	63.0
3	150～180	31.49	130.44	3	20～40	56.99	49.47	3	100～150	37.5	64.5
4	120～150	33.33	134.21	4	10～20	60.03	51.75	4	50～100	39.0	67.5
5	80～120	35.17	138.32	5	5～10	63.00	52.92	5	30～50	40.5	69.0
6	<80	37.01	142.46	6	<5	66.00	54.03	6	<30	42.0	70.5

表 6 - 5　低产旱田区施肥分区代码与作物施肥推荐关联查询

施肥分区代码	碱解氮含量（毫克/千克）	施肥量纯N（千克/公顷）		施肥分区代码	有效磷含量（毫克/千克）	施肥量 P₂O₅（千克/公顷）		施肥分区代码	速效钾含量（毫克/千克）	施肥量 K₂O（千克/公顷）	
		大豆	玉米			大豆	玉米			大豆	玉米
1	>250	29.77	123.61	1	>60	55.53	48.63	1	>200	36.6	63.0
2	180～250	31.40	127.79	2	40～60	56.98	49.80	2	150～200	37.5	64.5
3	150～180	32.99	131.94	3	20～40	58.49	50.97	3	100～150	39.0	66.0
4	120～150	34.83	135.71	4	10～20	61.53	53.25	4	50～100	40.5	69.0
5	80～120	36.67	139.82	5	5～10	64.50	54.42	5	30～50	42.0	70.5
6	<80	38.51	143.96	6	<5	67.50	55.53	6	<30	43.5	72.0

表 6 - 6　水稻田区施肥分区代码与作物施肥推荐关联查询

施肥分区代码	碱解氮含量（毫克/千克）	施肥量纯N（千克/公顷）水稻	施肥分区代码	有效磷含量（毫克/千克）	施肥量 P₂O₅（千克/公顷）水稻	施肥分区代码	速效钾含量（毫克/千克）	施肥量 K₂O（千克/公顷）水稻
1	>250	133.38	1	>60	60.03	1	>200	54
2	180～250	138.80	2	40～60	61.48	2	150～200	56.7
3	150～180	144.33	3	20～40	63.00	3	100～150	59.4
4	120～150	149.55	4	10～20	66.03	4	50～100	62.1
5	80～120	154.70	5	5～10	69.00	5	30～50	64.8
6	<80	159.78	6	<5	71.97	6	<30	67.5

三、施肥分区特点概述

（一）旱田高产田施肥区

旱田高产田施肥区划分为草甸土亚类施肥单元、黑土亚类施肥单元、草甸黑土亚类施肥单元，三个单元。

1. 草甸土亚类施肥单元　草甸土亚类是佳木斯市郊区主要的耕种土壤类型之一，主要分布在佳木斯市郊区的平安乡、莲江口镇、望江镇、大来镇、群胜乡、西格木乡等乡（镇），耕地面积为 14 210.94 公顷，占全区基本农田面积的 21.74%。

2. 黑土亚类施肥单元　黑土亚类是佳木斯市郊区主要的耕种土壤类型之一，主要分布在佳木斯市郊区的望江镇、大来镇、群胜乡等乡（镇），耕地面积为 8 189.82 公顷，占全区基本农田面积的 12.53%。

3. 草甸黑土亚类施肥单元　草甸黑土亚类面积较大，主要分布在佳木斯市郊区的沿江乡、大来镇、敖其镇、西格木乡等乡（镇），耕地面积为 2 923.84 公顷，占全区基本农田面积的 4.47%。

（二）旱田中产田施肥区

旱田中产田施肥区划分为草甸土亚类施肥单元、白浆化黑土亚类施肥单元、白浆土亚类施肥单元，三个单元。

1. 草甸土亚类施肥单元　草甸土亚类是佳木斯市郊区主要的耕种土壤类型之一，主要分布在佳木斯市郊区的平安乡、莲江口镇、望江镇、大来镇等乡（镇），耕地面积为 8 546.68 公顷，占全区基本农田面积的 13.08%。

2. 白浆化黑土亚类施肥单元　白浆化黑土亚类面积较大。主要分布在佳木斯市郊区的群胜乡、西格木乡、苏木河农场，耕地面积为 2 672.86 公顷，占全区基本农田面积的 4.09%。

3. 白浆土亚类施肥单元　白浆土亚类，面积较大。主要分布在佳木斯市郊区的望江镇、大来镇、苏木河农场，耕地面积为 2 092.72 公顷，占全区基本农田面积的 3.2%。

（三）旱田低产田施肥区

旱田低产田施肥区划分为暗棕壤亚类施肥单元、白浆化黑土亚类施肥单元、草甸黑土亚类施肥单元，三个单元。

1. 暗棕壤亚类施肥单元　暗棕壤亚类是佳木斯市郊区主要的耕种土壤，主要分布在佳木斯市郊区的长发镇、四丰乡、群胜乡、西格木乡等乡（镇），耕地面积为 7 272.13 公顷，占全区基本农田面积的 11.13%。

2. 白浆化黑土亚类施肥单元　白浆化黑土亚类面积较大。主要分布在佳木斯市郊区的群胜乡、西格木乡、苏木河农场，耕地面积为 3 096.98 公顷，占全区基本农田面积的 4.74%。

3. 草甸黑土亚类施肥单元　草甸黑土亚类面积较大。主要分布在佳木斯市郊区的沿江乡、大来镇、敖其镇、西格木乡，耕地面积为 4 824.22 公顷，占全区基本农田面积的 7.38%。

不同产区不同养分施肥量举例见表 6 - 7。

表 6-7 不同产区不同养分施用量举例

项目		旱田高产区	旱田高产区	旱田中产区	旱田中产区	旱田低产区	旱田低产区	水稻产区
基本信息	点国内编号	2308111012007	230811202220728	2308110320142	2308112112372	2308110420462	2308112102337	2308111032146
	采样日期	2010-05-08	2010-05-26	2010-05-16	2010-05-16	2010-05-23	2010-05-27	2010-05-16
	点自定编号	大来镇17点	西格木乡28点	望江镇42点	群胜乡72点	长发镇62点	四丰乡37点	望江镇46点
	户主姓名	葛义	姜广才	牛树涛	杜文生	陈树德	张文斌	王桂林
	调查人姓名	徐永杰	贾东兴	贾东兴	国忠宝	国忠宝	李树明	贾东兴
	碱解氮（毫克/千克）	169.1	171.8	189.2	257.6	139.5	283.8	157
	有效磷（毫克/千克）	38.4	67	86.2	26.9	32.9	47.2	57.3
	速效钾（毫克/千克）	168	151	210	126	120	163	114
	乡名称	大来镇	西格木乡	望江镇	群胜乡	长发镇	四丰乡	望江镇
	行政单位名称	大来村	西格木村	德新村	高峰村	东四合村	顺山堡村	德新村
施肥量	养分名称	纯N P₂O₅ K₂O	纯N P₂O₅ K₂O	纯N P₂O₅ K₂O	纯N P₂O₅ K₂O	纯N P₂O₅ K₂O	纯N P₂O₅ K₂O	纯N P₂O₅ K₂O
	大豆（千克/公顷）	30 56 35	30 53 34	30 54 35	28 57 37	35 58 39	30 57 37	— — 60
	玉米（千克/公顷）	129 48 62	129 45 61	126 47 60	122 50 64	135 51 66	123 59 64	144 61 60

第七章　耕地地力建设对策与建议

多年来，佳木斯市郊区土地政策稳定，政府加大了政策扶持力度和资金投入，提高了农民的生产积极性，耕地利用日趋合理。但是，佳木斯市郊区在耕地地力建设方面还存在一些问题，下面分析这些问题的成因，提出相应的对策与建议。

一、耕地地力建设存在的问题与成因

（一）土壤质量和耕地地力存在下降趋势

与第二次土壤普查时相比，佳木斯市郊区耕地地力有所下降。通过这次耕地地力评价，对佳木斯市郊区耕层土壤主要理化属性及其变化特征进行了分析、比较，归纳了佳木斯市郊区不同土壤属性的变化规律，发现佳木斯市郊区自第二次土壤普查20多年以来土壤养分总的变化趋势是：土壤有机质、土壤速效钾呈下降趋势；土壤有效磷总体呈上升趋势，土壤酸性增强。

在这次耕地地力评价中可以看到，佳木斯市郊区土壤有机质、土壤速效钾呈下降趋势。有机质最大值96.1克/千克，最小值12.8克/千克，平均值46.88克/千克。比第二次土壤普查值50.8克/千克下降了3.92克/千克。全氮最大值2.76克/千克，最小值0.10克/千克，平均值1.41克/千克。比第二次土壤普查值2.7克/千克下降了1.29克/千克。土壤速效钾最高值663.00毫克/千克，最小值43.00毫克/千克，平均值167.47毫克/千克。比第二次土壤普查值292.29毫克/千克降低了124.82毫克/千克。pH平均减少0.79，土壤酸性增加。

从耕地地力评价工作中，发现佳木斯市郊区很大一部分白浆土、草甸土，耕层浅，底土黏重，犁底层加厚，土壤容重增加。全区土壤容重平均值由第二次土壤普查时的1.20克/立方厘米增加到1.21克/立方厘米。土壤通透性变差，蓄水保墒和缓解能力降低，怕旱怕涝。

部分土壤耕作层变浅，土壤理化性状劣化，深耕变浅耕、免耕；土壤养分不平衡，氮磷钾比例失调，大部分土壤氮肥过剩，造成面源污染，少部分土壤微量元素锌、硅等缺乏；大量使用化肥农药，土壤微生物群失调，导致田间病虫草害发生率增大；土壤复种频繁，土壤生产负荷过重，引起连作障碍，从设施栽培连作障碍蔓延到大田蔬菜，障碍面积从点状局部发展到连片区域；土壤缓冲能力下降，大量营养元素淋失，造成土壤肥力下降，作物产量降低和品质下降。

土壤污染严重。佳木斯市郊区近邻市区，工业"三废"排放问题没有得到根本解决，生态农业还没有全面推开。耕地土壤环境质量呈下降趋势。重金属污染仍然存在。农药使用超量，影响了土地质量。

（二）水土流失

佳木斯市郊区水土流失较严重的地区是大来、敖其和沿江三个乡（镇）的南部山区各村及群胜、西格木等乡（镇）。水土流失的原因如下。

1. 自然因素　主要包括气候、地形、土壤和植被等条件。

（1）气候条件：包括降水、大风等因素。

①降水。是土壤水蚀的先决条件，在降水过程中，当降水量超过土壤的下渗速度，就要产生地表径流，引起土壤的侵蚀和冲刷。尤其是暴雨多、强度大、雨滴冲击力量大，则侵蚀严重。郊区全年平均降水量为 540.5 毫米，降水高峰值出现在 7～8 月，约占全年降水量的 46.2%，全年平均降水日数为 118 天，最长连续降水日数为 13 天。全年大雨日数为 3.5～3.2 天，大雨和暴雨日数的 70% 发生在 7～8 月。大雨期土壤饱和，最容易产生水土流失。

②大风。对郊区土壤的侵蚀也较严重。据调查每年受风蚀面积为 862.5 公顷，产生风蚀较重的是北部沿江平原区，多发生在春季干旱时期，郊区是十年八旱，一般每三年左右出现一次严重春旱。旱季正是大风季节，郊区全年平均大风日数北部沿江平原为 53 天，40% 集中在春季 4～5 月。平均风速为 4.7 米/秒，最大风速为 31.6 米/秒，其中以 5 月为最多，4 月稍次。在一定的条件下，当风速超过 5 米/秒时，风就把耕地表层的细土、粉尘吹到别的地方沉积下来，埋没农田、草地，消耗土壤水分，降低土壤肥力，给农业生产造成严重的危害。

（2）地形条件：地形是影响水土流失的重要因素之一。地形对土壤侵蚀的影响，主要取决于坡度的大小、坡长、坡形、分水岭、谷底及河面的相对高差以及沟壑密度等。其中，地面的坡度大小和坡长是决定径流冲刷能力的基本因素。在其他条件相同时，地面坡度愈大、坡面越长，径流流速愈大，水土流失也愈严重。据有关部门观测，坡度为 3°的坡耕地就产生轻微的水土流失，坡度为 14°的耕地每年平均土壤流失量为 38.4 吨/公顷，21°的耕地为 60.6 吨/公顷，28°的耕地为 101.85 吨/公顷。郊区水土流失较严重的南部低山丘陵区有 3°以上的坡耕地 6 947.6 公顷，占全郊区总耕地面积的 8.22%，每年都发生不同程度的水土流失。

（3）土壤条件：土壤是侵蚀的主要对象，它的特性，尤其是透水性、抗冲刷性对水土流失都有很大的影响，土壤对于水分的渗透能力是影响水土流失的主要性状之一。土壤的透水性能主要决定于土壤机械组成、土壤结构、孔隙度等因素。一般来说沙性土壤沙粒较粗，土壤孔隙大，透水比较容易，不易发生径流，因而水土流失程度也较轻。如郊区的草甸黑土和草甸土水土流失较轻。相反，质地黏重的土壤和结构不良的土壤产生的水土流失现象就比较严重。如郊区岗地白浆土和白浆化黑土，就是结构不良的土壤，全郊区有这类耕地 9 733 公顷，这些土壤质地黏重，土壤板结，降水后土壤渗透性差，保不住水，容易产生水土流失。

（4）植被条件：植被覆盖是自然因素中对防止水土流失起积极作用的因素，有阻缓水蚀和风蚀的作用。植物的地上部分，尤其是森林能有效的削弱雨滴对土壤的破坏作用。植被覆盖度越大，拦截的效果越好。同时森林、草地还有调节地面径流，固结土体，改良土壤性状、减低风速、防止风害和保持土壤、减轻风力侵蚀的危害等作用。总之，植被在保持水土上的作用是十分显著的。郊区目前森林覆盖率仅占6％，草地也较少，有些山区土地因缺少植被，土壤侵蚀较重。

2. 人为因素　自然因素是水土流失发生、发展的潜在条件，而人为因素则是水土流失发生、发展以及得到防治的主导因素。郊区人为的加剧产生水土流失主要有以下几方面。

（1）破坏森林：乱砍滥伐和乱垦草原，使森林和草原遭到破坏，生态失去平衡，致使郊区现在有荒山荒坡1.8万公顷，这部分荒山荒坡水土流失较为严重。

（2）陡坡开荒：全郊区陡坡开荒地有170,27公顷，不仅直接破坏了地表的植被，又因表层土壤被翻松，使水土大量流失。

（3）耕作方式不合理：主要是坡耕地顺坡打垄，使地面径流顺坡集中在垄沟里下泄，造成沟蚀。

（4）筑路、伐木、水利、开矿石等工程：没有注重水土保持措施，从而加剧了水土流失。

（三）干旱

土壤干旱也是郊区土壤存在的主要问题之一，是粮菜产量不稳的重要因素。干旱的成因如下。

（1）气候条件：佳木斯市郊区是属于寒温带大陆性季风气候，具有明显的大陆性特征。春季降水量少，气温上升快，多风易旱。冬季漫长严寒，降水少，春季降水量平均为82毫米，仅占全年降水量的15％，多大风天气，春季大风日数为全年最多，平均为20.3天，占全年大风日数的46.6％，多出现春旱。根据中华人民共和国成立32年的气象资料分析，十年有八年春旱，一般每三年左右出现一次严重春旱，每三年左右出现一次夏旱。春夏季的气候干燥、降水少，是导致土壤水分来源缺乏，造成土壤干旱的主要因素。

（2）土壤条件：土壤容重偏高、毛管孔隙度小、田间持水量小和质地黏重是造成土壤干旱的内在因素。郊区有一大部分土壤存在上述问题，如厚层平地白浆土平均容重为1.43克/立方厘米，总孔隙度为43.55％，田间持水量为21.7％；薄层黏底黑土，容重为1.4克/立方厘米，总孔隙度为47.09％，田间持水量为21％。这几类土壤紧实、总孔隙度小、持水量小、蓄水能力差、易干旱。

（3）地形条件：郊区地处完达山老爷岭余脉，低山丘陵和岗地占59％左右。坡耕地较多，土壤类型多为暗棕壤和白浆土，土层薄，有机质含量较低，尤其是白浆土，蓄水能力差，土壤结构不良，极易干旱。

郊区易干旱区主要有西格木、群胜、四丰等易干旱区，耕地面积约有14 333.3公顷，主要土壤有白浆土、白浆化黑土等。

（四）湿涝

1. 湿涝的成因

（1）气候条件：郊区全年平均降水量为535.3毫米，作物生长季5～9月平均降水量为443.4毫米，占全年降水量的82.3％，尤其是7～8月是全年降水集中时期，约占46％。夏季由于集中降水，有一部分低洼地，无排涝工程，排水困难、积水成灾，产生内涝。冬季积雪过多，春天解冻后土壤含水过多，表层积水排不出，也容易发生内涝。

（2）土壤条件：郊区土壤受水文条件和地势的影响，南部沟谷地带的黑土和草甸土地及北部沿江地带的草甸土，土壤容量大，总孔隙度小，田间持水量也小，排水困难，易产生湿涝。

2. 地势条件　郊区南部西格木乡、四丰乡和西部群胜乡、敖其镇、大来镇等沟谷地带，由于局部地势低洼，水土保持不好，降水大时土壤渗透力差、水泄不畅，致使土壤过湿，达到饱和状态，造成湿涝。

3. 水利工程　过去只注重灌溉工程而忽视排水工程，如郊区各乡（镇）的鱼池溢洪工程没有修好，降水大时就要淹没附近的农田。现有的排水工程由于多年失修多数已经被泥沙淤死，不能利用。尤其是大部分低洼地由于没有排水设施，积水很难排出。

（五）土壤黏重和板结

1. 土壤黏重和板结的成因

（1）土壤本身原因：由于土壤是在多种成土因素综合作用下形成的，各种成土因素的变化又都能引起土壤类型的变化。所以土壤在不同成土因素作用下，要按不同的规律去发展与演变在土壤演变过程中，向不利于农业生产方面演变，如白浆土和白浆化黑土中白浆层，是农业生产的障碍层次。这种白浆层质地坚硬，通气透水性不良，不利农作物生长。除上述因素外，尚有一部分质地黏重、腐殖质层薄、心土层较硬等也是形成土壤黏重、板结的重要因素。

（2）耕作栽培原因：对土壤耕作和栽培管理不当也是形成土壤板结坚硬的重要原因，一是长期以来耕翻土壤深度都在 20 厘米左右的范围内（土壤表层），形成了坚硬的犁底层，有了犁底层使土壤质地变硬，透水性不良，降水多时，耕层积水变黏，干旱时土壤板结变硬。二是有机肥料施用少，土壤有机质含量低，如厚层平地白浆土仅含有机质 32.83克/千克，薄层黏底白浆化黑土含有机质 27.99 克/千克，由于有机质含量低，土壤容重增大，总孔隙减少，土壤变得坚实板结。三是没有实行以豆科作物为主的轮作制，重茬迎茬过多，破坏了土壤团粒结构。

2. 土壤改良途径　针对佳木斯市郊区土壤地力建设中存在的一些问题，要尽快采取有效措施，改良培肥土壤，将土壤改良的主要途径分述如下。

（1）加强耕地地力建设：确保耕地质量。

①加大有机肥积造数量，培肥土壤。实施"沃土"工程，提高有机肥质量，扩大有机肥施用面积。一是大力推行秸秆还田力度，实施根茬还田增加土壤有机质含量。二是种植绿肥、牧草等养地植物，推行绿肥、牧草与农作物间作技术。三是大力发展畜牧业，通过过腹还田，补充、增加堆肥、沤肥数量，提高肥料质量。

②开展平衡施肥，合理施用化肥。在增施有机肥的同时，开展测土配方施肥，合理施用化肥，最直接最快速补充土壤所需的养分，做到大量元素和中微量元素的配合施用，达到大、中、微量元素的平衡，以满足作物正常生长的需要。要科学施用酸性肥料，合理施用化肥，确定适宜的氮磷钾比例，实行氮磷混施，推广测土配方施肥。在有条件的地方，可利用较丰富的地下水资源，将旱田改为水田，扩大水稻种植面积。

③改革耕作制度，实行抗旱耕法。在耕作方法上，浅翻深松，打破犁底层。推广翻、耙、松相结合的耕作方法，改变过去连年翻地或多年不翻的旧耕作方法，实行隔年翻地，

既能使表层土壤疏松、又不致因连年翻地而破坏土壤结构，更重要的是实行垄作的要进行垄沟深松，打破犁底层，改变心土层水、肥、气、热的不良状态，使耕层土壤上下疏松、不板结，保墒保苗，促进作物生长。

④改土施肥客土掺沙，改良土壤。对低洼黏重的土壤，如草甸土，有条件的要掺沙或煤灰渣子改良土壤，以增加土壤的透水性和通气性。

（2）加强农田生态环境建设：治理与控制水土流失。

①搞好水土保持工作。既要搞好预防，防止产生新的水土流失。又要积极治理现有的水土流失。达到改善自然环境，合理利用土地，发展农、林、牧、副生产，减少泥沙下泄抬高河床和防止洪泛成灾。保持水土，防止水土流失的方法主要是根据实际情况，针对水土流失的原因，因地制宜采取措施，做到山、坡、沟、滩全面规划，综合治理。

②工程措施。包括治坡工程、治沟工程等措施。

a. 治坡。对坡度3°～5°耕地应采取横坡打垄，调整垄沟，逐步减少顺坡垄等措施。对5°以上的坡耕地要逐步修成梯田。10°以上的坡耕地要逐步退耕还林。同时在坡地上部修截流沟，坡地下部修顺水壕，将"空山水"和"串皮水"拦住和排出，达到保护农田的目的。

b. 治沟。对多年来的冲刷沟，不管大小都要有计划、有步骤的进行治理。治沟的主要办法是修筑谷坊、谷场，就是在沟中横筑一种低度坝，在沟中每隔一定距离修筑一道谷场，以改变沟道的比降，使沟壑稳定下来，为利用荒沟土地资源创造条件。

③生物措施。就是人工有计划地植树种草，利用植物覆盖的固土作用，减少地表径流，防止水土流失。

a. 植树造林。主要是营造农田防护林、水土保持林、护岸固滩林以及果树等经济林木。营造水土保持林应乔木、灌木、草类相结合，以达到保持水土和改良土壤的目的。

b. 种植牧草。利用荒山荒坡种植牧草，不仅可以保持水土，而且还为发展畜牧业提供了饲草。人工种植牧草主要是草木樨、苜蓿、抗旱耐寒、适应性强、生长快、养分多的豆科牧草。

3. 推广旱作节水农业 根据土壤干旱的特点，采取工程措施，如修水库、蓄水池、打机井、修灌渠等保证供给水源，做到遇旱能灌，克服干旱无水局面。

不断完善农田基础设施建设，保证灌溉水源，并大力推广使用抗旱品种和抗旱肥料，推广秋翻、秋耙、春免耕技术、地膜集流增墒覆盖技术、机械化一条龙坐水种技术、镇压技术、喷灌和滴灌技术、小白龙交替间歇灌溉技术、苗期机械深松技术、化肥深施技术和化控抗旱技术。

二、耕地地力改良的建议

（一）加强领导，科学制订土壤改良规划方案

进一步加强领导，研究和解决改良过程中重大问题和困难，切实制订出有利于粮食安全，农业可持续发展的改良规划和具体实施措施。财政、金融、土地、水利、计划等部门要协同作战，全力支持这项工作。鼓励和扶持农民积极进行土壤改良，兼顾经济、社会、

生态效益，促使土壤良性循环，为今后农业生产奠定坚实基础。

（二）加强宣传培训，提高农民认识

把耕地改良纳入日程，组织科研院所和推广部门的专家，对农民进行专题培训，提高农民素质，使农民深刻认识到耕地改良是一项造福子孙后代的工程。农民自发的积极参与，并长久地坚持下去，土壤改良才能成为增强农业后劲的一项重要长远措施。

（三）加大建设高标准农田的投资力度

以扶持农业、扩大内需为契机，来推动佳木斯市郊区农业发展，中央财政、省市财政应该对佳木斯市郊区给予重点资金支持。完善水利工程、防护林工程、生态工程、科技示范园区等工程的设施建设，防止水土流失。实现"藏粮于土"，确保粮食安全。

（四）建立耕地质量监测预警系统

为了遏制基本农田的土壤退化和地力下降趋势，国家应立即着手建设黑土监测网络体系，组织专家研究论证，设立监测站和监测点。利用先进的卫星遥感影像作为基础数据，结合耕地现状和GPS定位观测，真实反映出黑土区整体的生产能力及其质量的变化。

（五）建立耕地改良示范园区

针对各类土壤障碍因素，建立一批不同模式的土壤改良利用示范园区，抓典型、树样板，辐射带动周边农民，推进土壤改良工作的全面开展。

附　　录

附录1　佳木斯市郊区作物种植适宜性评价专题报告

作物适宜性评价是农作物生产和布局的基本依据，也是种植模式调整和设计的重要依据，对实现作物种植效益目标有着重大影响。本次评价是在测土配方施肥项目的支持下，利用地理信息系统平台，计算机和数学的方法结合田间采样和调查数据来完成的。目的是要回答对于佳木斯市郊区来说种什么作物？种在那里和种多少等问题。为佳木斯市郊区农业生产宏观布局提供决策依据。

第一节　玉米种植适宜性评价

一、玉米评价指标的选择和权重

玉米种植和产量的主要限制因素是气候条件、土壤、生物性条件（如种子、虫害等）和社会经济条件，以及增加玉米单产途径的新耕作技术、综合作物管理、养分管理。

（一）玉米适宜性评价的指标

根据玉米生长对土壤和自然环境条件的需求，在选择评价因素时，依据以下原则因地制宜地进行了选择，诸如选取的指标对耕地地力有较大影响；选取的指标在评价区域内的变异较大，便于划分等级；同时必须注意指标的稳定性和对当前生产密切相关的因素。佳木斯市郊区多数农田都是由湿地改造而来，玉米适宜性评价指标根据当地对玉米种植的主要影响因素，选定为8项，包括：有机质、有效磷、速效钾、有效锌、pH、耕层厚度、障碍层类型和容重。

（1）有机质：土壤有机质的高低是评价土壤肥力高低的重要指标之一。一方面，有机质是植物养分的来源，在有机质分解过程中将逐步地释放出植物生长需要的氮、磷和硫等营养元素；另一方面，有机质能改善土壤结构性能以及生物学和物理、化学性质。通常在其他条件相似的情况下，在一定含量范围内，有机质含量的多少反映了土壤肥力水平的高低。土壤有机质的含量越高，专家给出的分值越高，见附表1-1；有机质隶属函数拟合见附图1-1。

附表1-1　专家对土壤有机质给出的隶属度评估值

有机质（克/千克）	<10	20	30	40	50	60	>70
专家评价值	0.68	0.75	0.85	0.94	0.98	0.99	1

（2）有效磷：生物圈磷循环属于元素循环的沉积类型，这是因为磷的储存库是地壳。磷极易为土壤所吸持，几乎不进入大气。因此，磷在农业系统中的迁移循环过程十分简单。它远不如氮那么活跃和难以控制。在一定的范围内，专家认为有效磷越多越好，属于

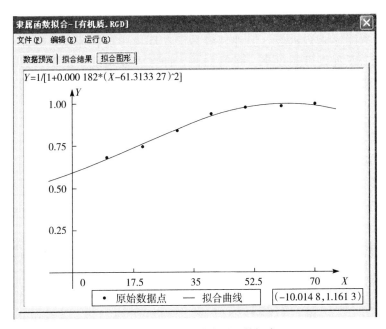

附图 1-1　有机质隶属函数拟合

戒上型函数，见附表 1-2；隶属函数拟合见附图 1-2。

附表 1-2　专家对土壤有效磷给出的隶属度评估值

有效磷（毫克/千克）	<15	30	40	50	60	70	>85
专家评价值	0.65	0.77	0.85	0.92	0.96	0.99	1

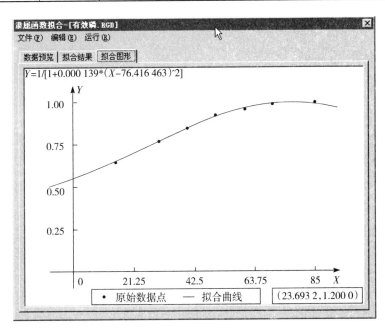

附图 1-2　有效磷隶属函数拟合

（3）速效钾：在氮、磷、钾3个元素中，钾在自然界的活跃程度远不如氮，钾几乎不进入大气，不能形成有机态。但钾较磷易于在环境中迁移流动，因此在某种意义上钾在自然界的活跃程度可超过磷。尽管如此，钾在农业系统中的循环过程依然十分简单。专家给钾的分值为越高越好，属于戒上型函数，见附表1-3；隶属函数拟合见附图1-3。

附表1-3 专家对土壤速效钾给出的隶属度评估值

速效钾（毫克/千克）	<30	80	120	150	200	>240
专家评价值	0.56	0.70	0.85	0.92	0.99	1

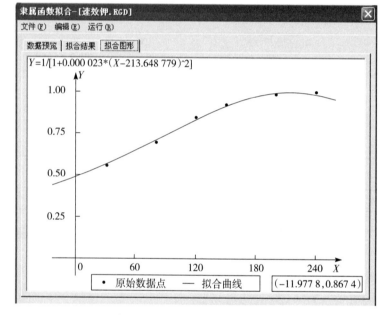

附图1-3 速效钾隶属函数拟合

（4）容重：土壤容重是土壤肥力的重要指标。实践证明，随着化肥的大量施用，土壤养分状况对耕地肥力的作用已降为次要地位，而土壤容重等物理性状对地力的影响越来越显著突出。容重指标属于峰型函数，见附表1-4，隶属函数拟合见附图1-4。

附表1-4 专家对容重给出的隶属度评估值

容重（克/立方厘米）	<0.85	0.90	1.1	1.3	1.4	1.6	>1.8
专家评价值	0.89	0.95	1.0	0.93	0.82	0.65	0.48

（5）有效锌：反映耕层土壤中能供给作物吸收的锌的含量，属数值型。隶属度评估见附表1-5，隶属函数拟合见附图1-5。

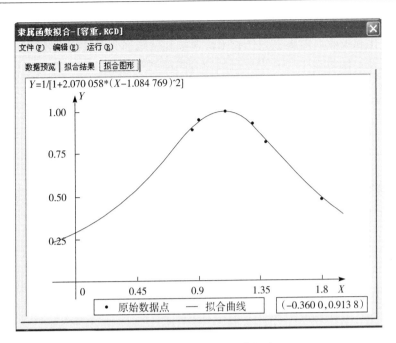

附图 1-4　容重隶属函数拟合

附表 1-5　专家对有效锌给出的隶属度评估值

有效锌（毫克/千克）	<1.0	0.5	2.0	1.5	>3.0
专家评价值	0.75	0.85	0.92	0.98	1

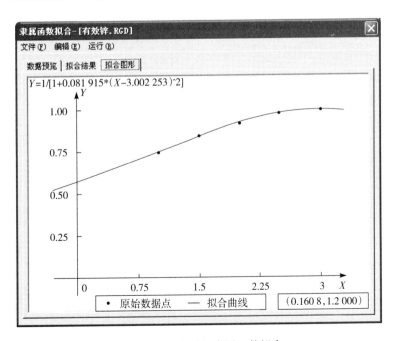

附图 1-5　有效锌隶属函数拟合

（6）pH：pH 是评价土壤酸碱度的重要指标之一。对作物生长至关重要，影响土壤各种养分的转化和吸收，对大多数作物来讲偏酸和偏碱都会对作物生长不利。所以 pH 符合峰型函数模型，见附表 1-6；隶属函数拟合见附图 1-6。

附表 1-6　专家对土壤 pH 给出的隶属度评估值

pH	<4.7	5.5	6.0	6.5	7.0	>8.0
专家评价值	0.65	0.85	0.95	0.99	1.0	0.82

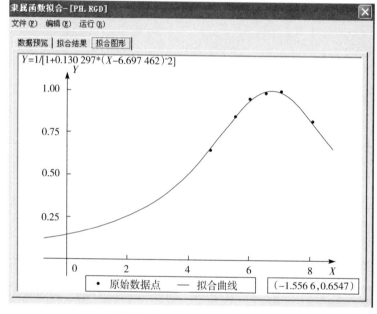

附图 1-6　pH 隶属函数拟合

（7）耕层厚度：反映耕地土壤的容量指标，是耕地肥力的综合指标，属于概念型指标。专家隶属度评估见附表 1-7。

附表 1-7　专家对耕层厚度给出的隶属度评估值

分级编号	土壤耕层厚度	隶属度
1	土壤耕层厚度>25 厘米（深厚）	1.0
2	土壤耕层厚度 22～25 厘米（厚层）	0.95
3	土壤耕层厚度 20～22 厘米（中层）	0.87
4	土壤耕层厚度 17～20 厘米（薄层）	0.75
5	土壤耕层厚度 14～17 厘米（薄层）	0.65
6	土壤耕层厚度<14 厘米（破皮、露黄）	0.50

（8）障碍层类型：是指构成植物生长障碍的土层类型。主要有盐积层、沙砾层、白浆层等。这些土层对耕地地力有较大影响，对作物生长极为不利。这个指标属于概念型，见附表 1-8。

附表 1-8　专家对障碍层类型给出的隶属度评估值

障碍层类型	黏盘层	潜育层	白浆层	沙砾层
专家评价值	1	0.9	0.75	0.55

（二）评价指标权重

以上指标确定后，通过隶属函数模型的拟合，以及层次分析法确定各指标的权重，即确定每个评价因素对耕地地力影响的大小。根据层次化目标，A 层为目标层，即玉米适宜性评价层次分析；B 层为准则层；C 层为指标层。然后通过求各判断矩阵的特征向量求得准则层和指标层的权重系数，从而求得每个评价指标对耕地地力的权重。其中准则层权重的排序为：障碍层类型＞耕层厚度＞有机质＞有效磷＞容重＞速效钾＞pH＞有效锌。构造层次模型见附图 1-7。层次分析结果见附表 1-9。

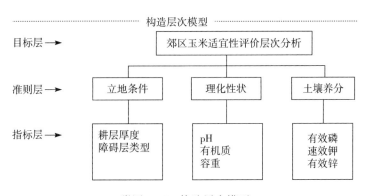

附图 1-7　构造层次模型

附表 1-9　层次分析结果

层次 A	层次 C			
	立地条件 0.560 2	理化性状 0.238 4	土壤养分 0.201 4	组合权重 $\sum C_i A_i$
耕层厚度	0.666 7			0.373 5
障碍层类型	0.333 3			0.186 7
pH		0.526 3		0.125 5
有机质		0.157 9		0.037 6
容重		0.315 8		0.075 3
有效磷			0.678 8	0.136 7
速效钾			0.238 2	0.048 0
有效锌			0.083 0	0.016 7

二、玉米适宜性评价结果分析

对玉米田影响同样采用累加法计算各评价单元综合适宜性指数，通过计算得出佳木斯市郊区玉米适宜性评价划分为 4 个等级，高度适宜属于高产田，面积为 14 717.46 公顷，占佳木斯市郊区基本农田面积的 22.52%；适宜属于中产田，面积为 37 055.06 公顷，占佳木斯市郊区基本农田面积的 56.70%；勉强适宜属于低产田，面积为 7 286.84 公顷，占佳木斯市郊区基本农田面积的 11.15%；不适宜耕地面积面积为 6 293.48 公顷，占佳木斯市郊区基本农田面积的 9.63%。

各乡（镇）玉米不同适宜性种植面积见附表 1-10。

附表 1-10 各乡（镇）玉米不同适宜性面积统计

单位：公顷

乡（镇）	高度适宜	适宜	勉强适宜	不适宜
大来镇	499.54	4 300.46	1 765.56	1 766.33
长发镇	1 277.60	2 208.35	1 758.89	1 227.11
敖其镇	1 364.92	2 492.58	302.39	293.32
莲江口镇	276.63	2 016.76	23.59	0
望江镇	3 456.25	5 299.35	204.39	0
长青乡	318.86	1 069.28	67.06	109.78
沿江乡	905.33	2 449.99	241.02	245.72
四丰乡	1 495.86	2 750.41	699.98	418.76
西格木乡	1 153.55	4 033.43	666.48	232.45
群胜乡	1 312.07	3 347.31	806.26	566.40
平安乡	2 040.24	6 195.53	283.09	51.00
燎原农场	379.95	538.98	68.32	22.78
苏木河农场	0	126.95	283.93	1 176.08
猴石山果苗良种场	126.38	156.04	47.58	135.97
新村农场	0	61.04	65.84	50.12
四丰园艺场	110.74	8.26	0	0

从玉米不同适宜性耕地的分布特点来看，适宜性等级的高低与地形部位、土壤类型及土壤质地密切相关。高中产田耕地主要集中望江镇和平安乡、四丰乡、敖其镇、长发镇、群胜乡等乡（镇），这一地区土壤类型以黑土、草甸土为主，地势较缓，坡度一般不超过 3°；低产田则主要分布大来镇、长发镇、苏木河农场等乡（镇）。土壤类型主要是白浆土、暗棕壤和草甸土，地势较陡，坡度一般大于 5°。

下面对玉米不同适宜性耕地进行分别讨论。

（一）玉米种植高度适宜耕地

1. 面积与分布 玉米高度适宜耕地面积 14 717.46 公顷，占郊区基本农田面积的 22.52%，主要分布在望江镇和平安乡、四丰乡、敖其镇、长发镇、群胜乡等乡（镇），其中望江镇适宜耕地面积最大，见附表 1-11。

附表 1-11　各乡（镇）玉米高度适宜耕地面积分布

乡（镇）	耕地面积（公顷）	高度适宜耕地面积（公顷）	占高度适宜耕地面积比例（%）	占乡（镇）耕地面积（%）
大来镇	8 331.89	499.54	3.39	6.0
长发镇	6 471.95	1 277.60	8.68	19.7
敖其镇	4 453.21	1 364.92	9.27	30.7
莲江口镇	2 316.98	276.63	1.88	11.9
望江镇	8 959.99	3 456.25	23.48	38.6
长青乡	1 564.98	318.86	2.17	20.4
沿江乡	3 842.06	905.33	6.15	23.6
四丰乡	5 365.01	1 495.86	10.16	27.9
西格木乡	6 085.91	1 153.55	7.84	19.0
群胜乡	6 032.04	1 312.07	8.91	21.8
平安乡	8 569.86	2 040.24	13.86	23.8
燎原农场	1 010.03	379.95	2.58	37.6
苏木河农场	1 586.96	0	0	0
猴石山果苗良种场	465.97	126.38	0.86	27.1
新村农场	177.00	0	0	0
四丰园艺场	119.00	110.74	0.75	93.1

2. 高度适宜耕地土壤养分　玉米高度适宜耕地耕层土壤养分含量较丰富，土壤质地适宜，排涝能力强。有机质含量较高，平均值在 45.73 克/千克，变化幅度在 17～94.8 克/千克，种植玉米产量高。见附表 1-12。

附表 1-12　高度适宜耕地土壤有机质含量

单位：克/千克

乡（镇）名	变化范围	最高值	最低值	平均值	标准差
望江镇	56.4～77.2	77.2	56.4	68.19	3.02
平安乡	37.5～44.1	44.1	37.5	41.06	6.53
四丰乡	41～86.4	86.4	41	50.02	7.70

玉米高度适宜耕地耕层土壤全氮含量较高，平均值在 1.40 克/千克，变化幅度在 0.83～2.48 克/千克。见附表 1-13

附表 1-13　高度适宜耕地土壤全氮含量

单位：克/千克

乡（镇）名	变化范围	最高值	最低值	平均值	标准差
望江镇	3.01～4.42	4.42	3.01	3.52	0.37
平安乡	2.18～2.78	2.78	2.18	2.5	0.25
四丰乡	2.02～3.92	3.92	2.02	2.84	0.35

有效磷在高度适宜耕地区平均含量为 63.86 毫克/千克，变化幅度为 23～196.8 毫克/千克，以望江镇附近平均有效磷含量最高。见附表 1-14。

附表 1-14　高度适宜耕地土壤有效磷含量

单位：毫克/千克

乡（镇）名	变化范围	最高值	最低值	平均值	标准差
望江镇	29.90～172.20	172.20	29.90	65.95	24.74
平安乡	22.80～168.50	168.50	22.80	41.67	8.78
四丰乡	23.20～155.30	155.30	23.20	48.67	5.18

速效钾在高度适宜耕地区平均含量为 195.34 毫克/千克，变化幅度为 61.04～663.6 毫克/千克，以望江镇附近平均含量最高。见附表 1-15。

附表 1-15　高度适宜耕地土壤速效钾含量

单位：毫克/千克

乡（镇）名	变化范围	最高值	最低值	平均值	标准差
望江镇	164.00～578.00	578.00	164.00	252.57	71.16
平安乡	143～436	436	143	191.04	17.45
四丰乡	113～387	387	113	187.00	31.41

总体讲，高度适宜耕地区农田基础设施比较配套，土壤质地好，排涝能力较强，灌溉能力能达到 30% 左右。地势较为平坦，综合评价指标分值较高。

（二）玉米种植适宜耕地

1. 面积与分布　玉米适宜耕地面积 37 055.06 公顷，占郊区基本农田面积的 56.70% 左右，各乡（镇）都有分布。见附表 1-16。

附表 1-16　各乡（镇）玉米适宜耕地面积分布

乡（镇）	耕地面积（公顷）	适宜耕地面积（公顷）	占适宜耕地面积比例（%）	占乡（镇）耕地面积（%）
大来镇	8 331.89	4 300.46	11.61	51.6
长发镇	6 471.95	2 208.35	5.96	34.1
敖其镇	4 453.21	2 492.58	6.73	56.0
莲江口镇	2 316.98	2 016.76	5.44	87.0
望江镇	8 959.99	5 299.35	14.30	59.1
长青乡	1 564.98	1 069.28	2.89	68.3
沿江乡	3 842.06	2 449.99	6.61	63.8
四丰乡	5 365.01	2 750.41	7.42	51.3
西格木乡	6 085.91	4 033.43	10.89	66.3
群胜乡	6 032.04	3 347.31	9.03	55.5
平安乡	8 569.86	6 195.53	16.72	72.3

（续）

乡（镇）	耕地面积（公顷）	适宜耕地面积（公顷）	占适宜耕地面积比例（%）	占乡（镇）耕地面积（%）
燎原农场	1 010.03	538.98	1.45	53.4
苏木河农场	1 586.96	126.95	0.34	8.0
猴石山果苗良种场	465.97	156.04	0.42	33.5
新村农场	177.00	61.07	0.16	34.5
四丰园艺场	119.00	8.26	0.02	6.9

2. 适宜耕地土壤养分　玉米适宜耕地耕层土壤养分含量也较丰富，土壤质地适宜。有机质含量平均值在 12.8～96.1 克/千克。玉米适宜耕地土壤全氮含量在 0.10～2.69 克/千克，平均值为 1.39 克/千克。

玉米适宜耕地土壤有效磷含量平均值在 11.69～181 毫克/千克。玉米适宜耕地土壤速效钾含量平均值在 48.03～663.05 毫克/千克。

玉米适宜耕地区农田基础设施基本配套，排涝能力一般，灌溉能力可以达到 70%左右，地面坡度变化较大，土壤养分、质地等其他综合指标分值稍低。

（三）玉米种植勉强适宜耕地

1. 面积与分布　玉米勉强适宜耕地面积 7 286.84 公顷，占郊区基本农田面积11.15%，各乡（镇）均有分布。见附表 1-17。

附表 1-17　各乡（镇）玉米勉强适宜耕地面积分布

乡（镇）	耕地面积（公顷）	勉强适宜耕地面积（公顷）	占勉强适宜耕地面积比例（%）	占乡（镇）耕地面积（%）
大来镇	8 331.89	1 765.56	24.24	21.2
长发镇	6 471.95	1 758.89	24.15	27.2
敖其镇	4 453.21	302.39	4.15	6.8
莲江口镇	2 316.98	23.59	0.32	1.0
望江镇	8 959.99	204.39	2.81	2.3
长青乡	1 564.98	67.06	0.92	4.3
沿江乡	3 842.06	241.02	3.31	6.3
四丰乡	5 365.01	699.98	9.61	13.0
西格木乡	6 085.91	666.48	9.15	11.0
群胜乡	6 032.04	806.26	11.07	13.4
平安乡	8 569.86	283.09	3.88	3.3
燎原农场	1 010.03	68.32	0.94	6.8
苏木河农场	1 586.96	283.93	3.90	17.9
猴石山果苗良种场	465.97	47.58	0.65	10.2
新村农场	177.00	65.84	0.90	37.2
四丰园艺场	119.00	0	0	0

2. 勉强适宜耕地土壤养分 玉米勉强适宜耕地土壤有机质平均含量在 16.4～87.5 克/千克；玉米勉强适宜耕地土壤全氮平均含量在 0.82～2.29 克/千克；玉米勉强适宜耕地土壤有效磷平均含量在 9.0～181 毫克/千克，平均值为 52.20 毫克/千克。玉米勉强适宜耕地土壤速效钾平均含量在 51～579 毫克/千克。

玉米勉强适宜耕地区农田基础设施不配套，排涝能力较差，灌溉能力达到 18.5% 左右，地面坡度也大。

(四) 玉米不适宜耕地

1. 面积与分布 玉米不适宜耕地面积 6 293.48 公顷，占郊区基本农田面积的 9.63%，各乡（镇）均有分布。见附表 1-18。

附表 1-18 各乡（镇）玉米不适宜耕地面积分布

乡（镇）	耕地面积（公顷）	不适宜耕地面积（公顷）	占不适宜耕地面积比例（%）	占乡（镇）耕地面积（%）
大来镇	8 331.89	1 766.33	28.07	21.2
长发镇	6 471.95	1 227.11	19.50	19.0
敖其镇	4 453.21	293.32	4.66	6.6
莲江口镇	2 316.98	0	0	0
望江镇	8 959.99	0	0	0
长青乡	1 564.98	109.78	1.74	7.0
沿江乡	3 842.06	245.72	3.90	6.4
四丰乡	5 365.01	418.76	6.65	7.8
西格木乡	6 085.91	232.45	3.69	3.8
群胜乡	6 032.04	566.40	9.00	9.4
平安乡	8 569.86	51.00	0.81	0.6
燎原农场	1 010.03	22.78	0.36	2.3
苏木河农场	1 586.96	1 176.08	18.69	74.1
猴石山果苗良种场	465.97	135.97	2.16	29.2
新村农场	177.00	50.14	0.80	28.3
四丰园艺场	119.00	0	0	0

2. 不适宜耕地土壤养分 玉米不适宜耕地耕层土壤有机质含量平均值在 16.4～87.1 克/千克；玉米不适宜耕地耕层土壤全氮含量平均值在 0.39～2.76 克/千克；玉米不适宜耕地耕层土壤有效磷含量平均值在 11.65～168.25 毫克/千克；玉米不适宜耕地耕层土壤速效钾含量平均值在 43～476 毫克/千克。

玉米不适宜耕地区农田基础设施不配套，根本无排涝能力，灌溉能力在 7.0% 以下，地面坡度相当大，土壤质地等其他影响因素的综合打分都最低。

第二节 佳木斯市郊区种植业合理布局的若干建议

通过开展郊区耕地地力评价，基本查清了全区各种耕地类型的地力状况及农业生产现状，为佳木斯市郊区农业发展及种植业结构优化提供了较可靠的科学依据。种植业结构调整除了因地因区域种植外，还要与郊区的经济、社会发展紧密相连。

一、结构调整势在必行

由于农业生物技术的发展，种植业单产、总产稳步提高。粮食需求出现了相对过剩的局面，导致大部分农产品价格下跌。即使某种农产品的市场供给稍微紧俏些，也会立即诱发众多地区一哄而上，很快出现滞销积压的局面。面临市场经济的汪洋大海，特别是我国加入 WTO 后，农民们很难把握应该种什么和种多少。在这种情况下，农业产业结构调整不能简单地理解为多种点什么、少种点什么，必须从实际出发，严格按照市场经济规律进行科学决策，寻找新的突破口，从优质、高产、高效品种上寻求新的发展，成为农业产业结构调整的重要内容。

二、品种结构调整重在转变观念

农业产业结构调整的关键是要抓好品种结构的调整，重在实现以下四个观念的转变。

（一）由产量型农业观念向质量效益型农业观念转变

随着人民生活水平的不断提高和农产品加工业的发展，对农产品的品质要求越来越高，某种农产品是否适应市场需求，不能仅从数量上看，还要从质量上看，只有在数量和质量两个方面都能满足消费者的需要，才能适应市场需求。更要看到，农产品的优质是一个相对的动态概念，它受各种自然环境条件的制约和品种退化的影响较大，这就要求农业科研部门不断地研究、开发、推广新品种，农业技术推广部门不断地提供先进的生产技术和方法，以满足农资市场及农产品市场的需求，达到农业增效、农民增收的目的。

（二）由传统种植二元结构观念向多元结构观念转变

目前，传统的粮食作物、经济作物二元结构已不能满足迅猛发展的畜牧水产业对优质蛋白质饲料的需求。我国玉米总产量的 78％用于畜禽饲料，即便如此，饲料资源仍然匮乏，每年仍需大量从国外进口，尤其是缺少蛋白质饲料依然是限制畜牧业发展的"瓶颈"。所以有目的地引进优质高蛋白品种资源，利用其蛋白质含量高、适口性好等特点，适用于做饼干、糕点，有利于改善传统食品的营养状况。这不仅能扩大消费，又能缓解粮食生产供大于求的矛盾。同时，还应大力发展优质牧草，增加饲料源，而且还可以改善自然生态环境，促进农业可持续发展。

（三）由粮食观念向食物观念转变

现代农业发展表明，粮食问题解决之后，人们的生活质量就会发生很大的变化，生活水平提高，膳食结构必然会从过去单纯的大米、面食等传统的温饱型食物结构逐步向高营养、有保健作用以及新、奇、特、色、香、味、形并重的小康、富裕型方向转变，形成食物多样化特点。特别是对动物食品、水果、蔬菜、瓜果的需求量的增加，粮食消费大幅度下降，这就要求必须对农业产业结构进行调整，优化农作物品种结构，加大对其他动、植物品种的开发，由传统的粮食观念向现代食物观念转变，以满足市场的需要。

(四) 由封闭型农业观念向市场型农业观念转变

随着农产品短缺时代的结束，农产品相对过剩，价格下降，增产不增收现象日趋严重。即使当前市场看好的、质量优异的农产品，也不能过多过快地盲目发展，而是应当在对市场需求进行深入调查分析的基础上科学决策，生产市场适销对路的产品，力求保持市场供需基本平衡，尽量避免供大于求的局面。"以销定产，实行合同经济"，这个在工业上应用了多少年的经济方针，对现在乃至今后农业的发展将发挥越来越重要的作用。但是，"以销定产"不能只停留在口头和一般号召上，必须付诸行动。这种行动就是要全面推行农产品生产合同制，并维护合法合同的法律效力，通过广泛利用购销合同即"订单农业"，确保农产品的销路，同时也是防止农业结构调整时期出现盲目性的基本保证。

所以，作物品种结构调整的重要目标不仅仅是粮经比例的调整，还应品质调优、作物调新，最终实现效益调高才是目的。

三、作物品种结构调整的措施

要充分利用自然资源，积极推广新品种，实现大宗农作物生产优质化、专用化和杂交化。在水稻上要在基本稳定现有单产的基础上重点开发适口性、商品性好的优质品种。以推广高蛋白玉米为例，除其优良的食用价值外，其饲料价值更不可忽视。

随着农业市场化、农产品优质化、农作物多样化和专用化进程的加快，更要注重新品种的开发，以适应和促进农业产业化经营的发展。一是对粮油大宗作物，在加大优质高产新品种示范和宣传力度的同时，种子部门要和农产品收购部门分工协作，实行区域化供种，连片种植，农产品优质优价收购。二是对小宗作物，要注重品种多样化，发展外销队伍，在促进初级产品销售的同时，积极开发农产品深加工，运用高科技，提高产品附加值，抢占外销市场，对能够形成规模生产的作物门类，逐步打出品牌和"拳头"产品，建立起适应现代农业的产供销一体化产业。

建立完善的新品种开发、示范和推广网络。种植业结构调整，首先是品种结构的调整。为此，必须加快各类新作物、新品种的引进速度，建立相应的引种基地和生产基地，为在引种上做到规范有序，避免引种上的盲目性和不必要的低水平重复劳动，有效控制检疫性病虫害的迁入，应建立完善的区级示范基地和乡村推广分工负责的引种示范网络。

农业结构调整是一个长期的动态的过程。首先，要充分认识品种结构调整工作的长期性和艰巨性。农作物种类及其品种的确定是经过长期人工选择和自然选择的结果。要改变这种结构就必须有适宜该区栽培并适销对路的品种，而一般选育或引进一个可推广应用的新品种需要一个相当长的时间。其次，农产品供求时常在不断变化，对品种会不断提出新的要求。最后，佳木斯市郊区目前农业产业化经营仍属社会大分化阶段，"公司＋基地＋农户"的产供销一体化模式尚未形成。在今后相当长的时期内要进行种植业品种结构的调整。

近年来，各级政府[包括乡（镇）农技站]对新品种的引进热情高涨，纷纷通过各种渠道大量引进新品种（系），引进后又不经过正规试种和正确的市场分析，盲目扩大种植规模，不仅扰乱了种子市场秩序，违反了《种子法》，同时给新品种的推广带来了严重影响，使广大种植农户损失严重。即使有的品种丰产了，但却找不到销路，甚至还发生将检疫性病虫害引入而造成重大损失的现象。因此，要力求避免引种的盲目性和随意性，要严格按照引种规程科学决策。

四、种植业结构的调整

为适应加入世贸组织的新形势、提高农产品竞争能力、促进农业和农村经济的持续发展，精心规划，在农业结构调整中，品种调优、规模调大、效益调高，最终实现粮经饲种植结构为 78.1∶20.9∶1.0。

（一）粮豆作物

根据耕地土壤及生态条件的要求进行作物面积的调整。

1. 水稻　水稻是佳木斯市郊区的主要粮食作物，20 年来已走出一条"稳定面积、优化结构、提高单产、稳定总产、改善品质、提高效益"的路子。通过改进耕作制度，依靠科技进步，使单产总产有了大幅度提高。佳木斯市郊区水稻适宜的种植面积为 2.954 万公顷，占基本农田总面积的 45.20%；近几年佳木斯市郊区水稻种植面积大致在 1.94 万公顷左右，根据水稻适宜性评价和水资源特点，佳木斯市郊区水稻种植面积应在 2.1 万公顷以上。

2. 玉米　玉米面积占粮食作物面积的 54.34%，产量占 50.91%。自 1987 年实施黑龙江省"丰收计划"，面积稳定在 3.5 万公顷左右。通过定面积、定单位、定技术方案，推广良种密植，埯种坐水，推广紧凑型玉米及配套增产技术，玉米产量有所提高。佳木斯市郊区玉米适宜种植面积为 5.2 万公顷，占基本农田总面积的 79.57%；近几年佳木斯市郊区玉米种植面积大致在 3.5 万公顷左右，根据玉米适宜性评价、粮食生产总体要求、轮作的需要和市场价格，佳木斯市郊区玉米种植面积应在 4 万～4.5 万公顷。

3. 大豆　大豆面积一般占粮豆面积的 40% 左右，产量占粮豆总产量的 11%。自 1990 年参加黑龙江省"丰收计划"竞赛，普及"良种匀植，双肥深施，防治病虫，不重不迎"的大豆综合栽培模式以来，使大豆亩*单产突破了 150 千克。推行大豆密植技术，全部采用精量播种深松，分层施肥，窄行等技术，大豆行间覆膜技术，大豆重迎茬防治技术，使大豆产量有较大提高。佳木斯市郊区大豆适宜种植面积为 2.95 万公顷，占基本农田总面积的 45.14%；近几年佳木斯市郊区大豆种植面积大致在 2.5 万公顷左右，根据大豆适宜性评价、避免大豆重迎茬和市场价格，佳木斯市郊区大豆种植面积应在 1.5 万公顷左右。

（二）蔬菜

实现陆地蔬菜、地膜覆盖、棚室蔬菜相结合的蔬菜生产。佳木斯市郊区在建设"菜园子"，丰富"菜篮子"工程中，通过建立基地、引进新品种、加强技术指导等措施，改变了品种单一、上市时间晚、价格高的问题，不但满足了城镇居民的需求，而且蔬菜生产成为农民致富的一门产业。

蔬菜种植面积 7 346.67 公顷，其中蔬菜棚室达到 5 308 栋。蔬菜总产量实现 4.02 亿

---

*　亩为非法定计量单位，1 亩≈667 平方米。

千克，是中华人民共和国成立初期的 196 倍。极大地丰富了城乡居民的"菜篮子"。引进国内外 30 多个特色品种，每平方米比普通棚室效益提高一倍。使蔬菜保护地形成了日光节能温室，普通温室，塑料大、中、小棚齐全的格局。保证郊区蔬菜生产面积在 8 000 公顷以上。

（三）其他生产

菌类生产主要有：黑木耳、香菇、榆黄蘑、平菇、滑子蘑 5 个品种。其中香菇专业户有 23 家，共有 45 栋日光温室；生产平菇、榆黄蘑的专业户有 46 家，共有 67 栋日光温室，主要分布在长青乡、四丰乡、沿江乡；生产滑子菇的专业户有 14 家，生产面积 1 400 平方米，约 8 万盘，都在四丰乡四合山村；生产黑木耳的专业户有 51 家，约 5 万段，主要在松木河林场一带。同时引进深加工技术，进行产、加、销一条龙服务。

附录2 佳木斯市郊区平衡施肥专题报告

第一节 概 况

佳木斯市郊区从"六五"计划开始就是国家重点商品粮基地,在各级政府的领导下,农业生产特别是粮食生产取得了长足的发展。化肥的应用,大大提高了单产。目前,佳木斯郊区的磷酸二铵、尿素、硫酸钾及各种复混肥每年使用4.86万吨,平均每公顷0.26吨。与20世纪70年代比,化肥平均可增产粮食40%以上。

一、佳木斯市郊区肥料应用历史

佳木斯市郊区土地垦殖已有100多年的历史,肥料应用也近50年。

①20世纪50年代。主要靠自然肥力发展农业生产。②20世纪60年代。农家肥施肥量有所增加,并少量的施用了化肥,平均每公顷施化肥40.5千克,但仍然靠消耗自然肥力发展生产。③20世纪70年代。农家肥和化肥的施用量逐年增加,仍以有机肥为主、化肥为辅。④十一届三中全会后。实行家庭联产承包责任制,农民有了土地的自主经营权。化肥开始大面积推广应用,施用有机肥的面积和数量逐渐减少。氮肥主要是硝铵、尿素、硫铵,磷肥以磷酸二铵为主,钾肥、复合肥、微肥、生物肥和叶面肥也有一定面积的推广应用。⑤20世纪90年代至今。化肥使用已经成为促进粮食增产不可取代的一项重要措施。平均每公顷施化肥40.5千克发展到354千克,是20世纪50年代的8倍。2009年化肥施用总量达27 903吨,其中复合肥4 252吨,占化肥总量的15.24%。

二、开展专题调查的必要性

耕地是作物生长的基础,了解耕地土壤的地力状况和供肥能力是实施平衡施肥最重要的技术环节,因此开展耕地地力调查、查清耕地的各种营养元素的状况,对提高科学施肥技术水平,提高化肥的利用率,改善作物品质,防止环境污染,维持农业可持续发展都有着重要的意义。

(一)开展耕地地力调查,提高平衡施肥技术水平是稳定粮食生产保证粮食安全的需要

保证和提高粮食产量是人类生存的基本需要。粮食安全不仅关系到经济发展和社会稳定,还有深远的政治意义。近几年来,我国一直把粮食安全作为各项工作的重中之重,随着经济和社会的不断发展,耕地逐渐减少和人口不断增加的矛盾将更加激烈,21世纪人类将面临粮食等农产品不足的巨大压力,佳木斯市郊区作为国家商品粮基地是维持国家粮食安全的坚强支柱,必须充分发挥科技的力量保证粮食的持续稳产和高产。平衡施肥技术是节本增效、增加粮食产量的一项重要技术,随着作物品种的更新、布局的变化,土壤的基础肥力也发生了变化,在原有基础上建立起来的平衡施肥技术已不能适应新形势下粮食生产的需要,必须结合本次耕地地力调查和评价的结果对平衡施肥技术进行重新研究,制订适合该区生产实际的平衡施肥技术措施。

（二）开展耕地地力调查，提高平衡施肥技术水平，是增加农民收入的需要

佳木斯市郊区以农业为主，粮食生产收入占农民收入的很大比重，是维持农民生产和生活所需的根本。在现有条件下，自然生产力低下，农民不得不靠投入大量花费来维持粮食的高产，化肥投入占整个生产投入的50％以上，但化肥效益却逐年下降，如何科学合理的搭配肥料品种和施用技术，以期达到提高化肥利用率、增加产量、提高效益的目的，要实现这一目就必须结合本次耕地地力调查与之进行平衡施肥技术的研究。

（三）开展耕地地力调查，提高平衡施肥技术水平，是实现绿色农业的需要

随着中国加入WTO对农产品提出了更高的要求，农产品流通不畅就是由于质量低、成本高造成的，农业生产必须从单纯地追求高产、高效向绿色（无公害）农产品方向发展，这对施肥技术提出了更高、更严的要求，这些问题的解决都必须要求了解和掌握耕地土壤肥力状况、掌握绿色（无公害）农产品对肥料施用的质化和量化的要求，对平衡施肥技术提出了更高、更严的要求，所以，必须进行平衡施肥的专题研究。

第二节　调查方法和内容

一、样点布设

依据《耕地地力调查与质量评价技术规程》，利用佳木斯市郊区归并土种后的土壤图、基本农田保护图和土地利用现状图叠加产生的图斑作为耕地地力调查的调查单元。佳木斯市郊区基本农田面积65 352.84公顷，大田样点密度为334～667公顷，本次共设1 012个；样点布设基本覆盖了郊区主要的土壤类型，面积在11万公顷以上。

二、调查内容

布点完成后，对取样农户农业生产基本情况进行了入户调查。

三、肥料施用情况

（1）农家肥：分为牲畜过圈肥、秸秆肥、堆肥、沤肥、绿肥、沼气肥等，单位为千克。

（2）有机商品肥：是指经过工厂化生产并已经商品化，在市场上购买的有机肥。

（3）有机无机复合肥：是指经过工厂化、商品化，在市场销售的有机无机复（混）肥。

（4）氮素化肥、磷素化肥、钾素化肥：应填写肥料的商品名称，养分含量，购买价格和生产企业。

（5）无机复（混）肥：调查地块施入的复（混）肥的含量，购买价格等。

（6）微肥：被调查地块施用微肥的数量，购买价格。

（7）微生物肥料：指调查地块施用微生物肥料的数量。

（8）叶面肥：用于叶面喷施的肥料。如喷施宝、双效微肥等。

四、样品采集

土样采集是在作物成熟收获后进行的。在采样时，首先向农民了解作物种植情况，按照《规程》要求逐项填写调查内容，并用 GPS 定位仪进行定位，在选定的地块上进行采样，大田采样深度为 0～15 厘米，每块地平均选取 15 个点，用四分法留取土样 1 千克做化验分析。

第三节　专题调查的结果与分析

一、耕地肥力状况调查结果与分析

本次耕地地力评价工作，共对 1 012 个土样的有机质、全氮、有效磷、速效钾和微量元素等进行了分析，平均含量见附表 2-1。

附表 2-1　佳木斯市郊区耕地养分含量平均值

项目	有机质 （克/千克）	全氮 （克/千克）	有效磷 （毫克/千克）	速效钾 （毫克/千克）	有效锌 （毫克/千克）	有效铜 （毫克/千克）	有效铁 （毫克/千克）	有效锰 （毫克/千克）
平均值	46.88	1.41	63.9	167.47	2.13	3.88	39.47	31.66
变幅	12.8～96.1	0.1～2.76	9.1～196.8	43～663	0.10～10.94	0.79～16.31	23.10～68.40	15～77.50

（一）土壤有机质及大量元素

本次地力评价土壤化验分析发现，郊区有机质最大值 96.1 克/千克，最小值 12.8 克/千克，平均值 46.88 克/千克。比第二次土壤普查值 50.8 克/千克降低了 3.92 克/千克，下降了 7.7 个百分点。含量在 20～30 克/千克的面积为 6180.60 公顷，占基本农田面积的 9.46%；含量在 10～20 克/千克的面积 841.54 公顷，占基本农田面积的 1.29%。全氮最大值 2.76 克/千克，最小值 0.10 克/千克，平均值 1.41 克/千克。比第二次土壤普查值 2.7 克/千克降低了 1.29 克/千克，下降了 47.7%。含量在 1.0～1.5 克/千克的轻度缺氮地块占基本农田面积的 60.54%，面积为 39 565.59 公顷；含量小于 1.0 克/千克的严重缺氮地块占基本农田面积的 6.0%，面积为 3 919.05 公顷。土壤速效钾含量最大值 663.00 毫克/千克，最小值 43.00 毫克/千克，平均值 167.47 毫克/千克。比第二次土壤普查值 292.29 毫克/千克降低了 124.82 毫克/千克，下降了 42.7%。含量在 50～100 毫克/千克的轻度缺钾地块占基本农田面积的 13.33%，面积为 8 710.44 公顷；含量在 30～50 毫克/千克的严重缺钾地块占基本农田面积的 0.48%，面积为 316.56 公顷。

（二）微量元素

土壤微量元素虽然作物需求量不大，但它们同大量元素一样，在植物生理功能上是同样重要和不可替代的，微量元素的缺乏不仅会影响作物生长发育、产量和品质，而且会造成一些生理性病害。如缺锌导致玉米"花白病"和水稻赤枯病。因此，现在耕地地力评价中把微量元素作为衡量耕地地力的一项重要指标。以下为这次耕地地力评价土壤微量元素情况。

这次地力评价土壤化验分析发现，郊区土壤有效锌最大值 10.94 毫克/千克，最小值 0.10 毫克/千克，平均值 2.13 毫克/千克。含量小于 0.45～1.0 毫克/千克的轻度缺锌地块占基本农田面积的 6.38%，面积为 4 166.72 公顷；含量小于 0.5 毫克/千克的严重缺锌地块占基本农田面积的 2.68%，面积为 1 750.42 公顷。

佳木斯市郊区土壤有效铁平均值 39.47 毫克/千克，变化范围在 23.10～68.40 毫克/千克，各乡（镇）均为一级养分水平。

佳木斯市郊区土壤有效锰平均值 31.66 毫克/千克，变化范围在 15.00～77.50 毫克/千克，各乡（镇）均为一级养分水平。

佳木斯市郊区土壤有效铜平均值 3.88 毫克/千克，变化范围在 0.79～16.31 毫克/千克，各乡（镇）均为一级养分水平。

二、郊区施肥情况调查结果与分析

附表 2-2 为这次调查农户肥料施用情况，共计调查 323 户农民。

附表 2-2　佳木斯郊区主要土类施肥情况统计

单位：千克/公顷

	有机肥	纯 N	P_2O_5	K_2O	N：P_2O_5：K_2O
白浆土	15 000	189	109.5	52.5	1：0.58：0.28
草甸土	16875	166.5	91.5	34.5	1：0.41：0.19
黑土	11250	138	60.9	34.5	1：0.65：0.53

在调查的 323 户农户中，只有 189 户施用有机肥，占总调查户数的 58.5%，平均施用量 15 000 千克/公顷左右，主要是禽畜过圈粪和秸秆肥等。佳木斯市郊区 2005 年平均施用化肥实物量为 314 千克，其中氮肥 164.9 千克/公顷，主要来自尿素、复合肥和二铵；磷肥为 87.3 千克/公顷，主要来自二铵和复合肥；钾肥为 40.5 千克/公顷，主要来自复合肥和硫酸钾、氯化钾等。郊区总体施肥较高，比例为 1：0.53：0.25，磷肥和钾肥的比例有较大幅度的提高，但与科学施肥比例相比还有一定的差距。

从肥料品种看，佳木斯市郊区的化肥品种已由过去的单质尿素、磷酸二铵、钾肥向高浓度复合化、长效化复合（混）肥方向发展，复合肥比例已上升到 57% 左右。在调查的 339 户农户中，87% 的农户能够做到氮、磷、钾搭配施用，13% 农户主要使用磷酸二铵、尿素。旱田硫酸锌等微肥施用比例为 22.7%，水田施用比例为 23%。叶面肥大田主要用于玉米苗期，约占 7.2%、水稻约占 35%。

从不同施肥区域看，玉米、水稻高产区域，整体施肥水平也较高，平均每公顷施肥量为 402 千克，其中纯氮 181 千克、纯磷 146 千克、纯钾 75 千克，氮、磷、钾施用比例为 1：0.81：0.31，如望江、大来、四丰等乡（镇）。低产区施肥水平也相对较低，平均每公顷施肥量为 259 千克，其中纯氮 174 千克、纯磷 60 千克、纯钾 25 千克，氮、磷、钾施用比例为 1：0.34：0.14，只要合理调整好施肥布局和施肥结构，仍有一定的增产潜力。

第四节　耕地土壤养分与肥料施用存在的问题

一、耕地土壤养分失衡

这次耕地地力评价表明，佳木斯市郊区耕地土壤中大量营养元素有所改善，特别是土壤有效磷增加的幅度比较大，这有利于土壤磷库的建立。但需要特别指出的是，佳木斯市郊区耕地土壤中还有小部分缺磷和锌的现象。

二、重化肥轻农肥的倾向严重，有机肥投入少、质量差

目前，农业生产中普遍存在着重化肥轻农肥的现象，过去传统的积肥方法已不复存在。由于农村农业机械的普及提高，有机肥源相对集中在少量养殖户家中，这势必造成农肥施用的不均衡和施用总量的不足，在农肥的积造上，由于没有专门的场地，农肥积造过程基本上是露天存放，风吹雨淋势必造成养分的流失，使有效养分降低，影响有机肥的施用效果。

三、化肥的使用比例不合理

随着高产品种的普及推广，化肥的施用量逐年增加，但施用化肥数量并不是完全符合作物生长所需，投入 N 肥偏少，P 肥适中，K 肥不足，造成了 N、P、K 比例不平衡。加之施用方法不科学，特别是有些农民为了省工省时，未从耕地土壤的实际情况出发，实行一次性施肥，不追肥，这样在保水保肥条件不好的瘠薄性地块，容易造成养分流失、脱肥，尤其是氮肥流失严重，降低肥料的利用率。作物高产限制因素未消除，大量的化肥投入并未发挥出群体增产优势，高投入未能获得高产出。因此，应根据郊区各土壤类型的实际情况，有针对性地制订新的施肥指导意见。

四、平衡施肥服务不配套

平衡施肥技术已经普及推广了多年，并已形成一套比较完善的技术体系，但在实际应用过程中，技术推广与物资服务相脱节，购买不到所需肥料，造成平衡施肥难以发挥应有的科技优势。而在现有的条件下不能为农民提供测、配、产、供、施配套服务。今后要探索一条方便快捷、科学有效的技物相结合的服务体系。

第五节　平衡施肥规划和对策

一、平衡施肥规划

依据《耕地地力调查与质量评价规程》，佳木斯市郊区基本农田保护区耕地分为五个等级（附表2-3）。

附表2-3　各利用类型基本农田统计

单位：公顷

等级	1	2	3	4	5	合计
面积	8 681.88	20 444.79	17 891.54	11 876.61	6 458.02	65 352.84
占农田比例	13.28	31.28	27.38	18.17	9.88	100

根据各类土壤评等定级标准，把佳木斯市郊区各类土壤划分为三个耕地类型。高肥力土壤：包括一级地和二级地；中肥力土壤：包括三级地；低肥力土壤：包括四级地和五级地。根据三个耕地土壤类型制订佳木斯市郊区平衡施肥总体规划。

1. 玉米平衡施肥技术　根据佳木斯市郊区耕地地力等级、玉米种植方式、产量水平及有机肥使用情况，确定佳木斯市郊区玉米平衡施肥技术指导意见。

在肥料施用上，提倡底肥、口肥和追肥相结合。

（1）氮肥：全部氮肥的1/3做底肥，2/3做追肥。

（2）磷肥：全部磷肥的70%做底肥，30%做口肥（水肥）。

（3）钾肥：做底肥，随氮肥和磷肥、有机肥深层施入（附表2-4）。

附表2-4　佳木斯市郊区玉米不同土壤类型施肥模式

地力等级		目标产量（千克）	有机肥（千克/公顷）	N（千克/公顷）	P_2O_5（千克/公顷）	K_2O（千克/公顷）	N、P、K比例
高肥力	一	11 250	15 000	251.5	123.0	80.0	1：0.49：0.32
	二	10 500	15 000	219.5	105.0	65.0	1：0.48：0.30
中肥力	三	9 000	14 000	160.0	77.5	54.5	1：0.48：0.34
	四	8 500	14 000	148.0	68.75	50.0	1：0.46：0.34
低肥力	五	7 500	16 000	132.5	61.25	43.5	1：0.46：0.33
	六	6 500	16 000	110.0	45.0	35.5	1：0.41：0.32

2. 水稻平衡施肥技术　根据佳木斯市郊区水稻土的地力分级结果、作物生育特性和需肥规律，提出水稻土施肥技术模式（附表2-5）。

根据水稻氮素的两个高峰期（分蘖期和幼穗分化期），采用前重、中轻、后补的施肥原则。

附表 2－5　水稻施肥技术模式

地力等级		目标产量（千克）	N（千克/公顷）	P₂O₅（千克/公顷）	K₂O（千克/公顷）	有机肥（千克/公顷）	N、P、K 比例
高肥力土壤	一	9 500	189.5	85.5	60.0	12 000	1∶0.45∶0.32
	二	9 000	174.0	72.0	57.6	12 000	1∶0.41∶0.33
中肥力土壤	三	8 500	145.5	61.2	46.6	14 000	1∶0.42∶0.32
	四	8 000	132.0	54.1	43.5	14 000	1∶0.41∶0.33
低肥力土壤	五	7 500	121.5	52.5	39.0	15 000	1∶0.43∶0.32
	六	7 000	115.0	50.5	39.0	15 000	1∶0.44∶0.34

（1）氮肥：前期 40％的氮肥做底肥，分蘖肥占 30％，粒肥占 30％。

（2）磷肥：做底肥一次施入。

（3）钾肥：底肥和拔节肥各占 50％。

（4）微肥：除氮、磷、钾肥外，水稻对硫、锌等微量元素需要量也较大，因此要适当施用硫酸锌和含硅的微肥，每公顷施用量为 1 千克左右。

二、平衡施肥对策

佳木斯市郊区通过开展耕地地力评价、施肥情况调查和平衡施肥技术，总结佳木斯市郊区总体施肥概况为：总量不高、比例失调、方法不尽合理。具体表现在氮肥普遍偏低，磷肥投入波动较大，钾和微量元素肥料相对不足。根据佳木斯市郊区农业生产实际，科学合理施肥的总原则是：增氮、稳磷、加钾和补微。围绕种植业生产制订出平衡施肥的相应对策和措施。

（一）增施优质有机肥料，保持和提高土壤肥力

积极引导农民转变观念，从农业生产的长远利益和大局出发，加大有机肥积造数量，提高有机肥质量，扩大有机肥施用面积，制订出"沃土"工程的近期目标。一是在根茬还田的基础上，逐步实施高根茬还田，增加土壤有机质含量。二是大力发展畜牧业，通过过腹还田，补充、增加堆肥和沤肥数量，提高肥料质量。三是大力推广畜牧业发展，将粪肥工厂化处理，发展有机复合肥生产，实现有机肥的产业化、商品化、市场化。四是针对不同类型土壤制订出不同的技术措施，并对这些土壤进行跟踪化验，建立技术档案，定点监测观察结果。

（二）加大平衡施肥的配套服务

推广平衡施肥技术，关键在技术和物资的配套服务，解决有方无肥、有肥不专的问题。因此，要把平衡施肥技术落到实处，必需实行"测、配、产、供、施"一条龙服务，通过配肥站的建立，生产出各施肥区域所需的专用型肥料，农民依据配肥站贮存的技术档案购买到自己所需的配方肥，确保技术实施到位。

（三）制订和实施耕地保养的长效机制

在《黑龙江省基本农田保护条例》的基础上，尽快制订出适合当地农业生产实际，能有效保护耕地资源，提高耕地质量的地方性政策法规，建立科学耕地养护机制，使耕地发展利用向良性方向发展。

附录3　佳木斯市郊区耕地质量与特色农业发展建议专题报告

佳木斯市郊区坐落在风光秀丽的三江平原腹地，地处完达山老爷岭北麓，横卧松花江下游两岸。郊区地理坐标为北纬46°52′，东经129°51′～130°38′。区平面呈C状。郊区半环抱佳木斯市区，东与桦川县毗邻、南与桦南县接壤、西与依兰县相连、北与汤原县相望，幅员1 748平方千米。佳木斯市郊区是佳木斯市的重要蔬菜和副食品生产供应基地，也是佳木斯绿色生态、健康休闲的旅游基地。

一、资源概况

（一）土地资源

全区土地利用结构，按土地利用现状划分为耕地、园地、林地、牧草地、居民点与工矿用地、交通用地、水域和未利用土地八大类型。

1. 耕地　全区土地开发利用总面积为175 001公顷，土地利用率95.4%。其中，农业用地面积为134 237.4公顷，占全区土地总面积的76.71%。耕地面积为84 493.33公顷，占农业用地面积的62.94%。行政辖区内基本农田面积65 352.84公顷，其中旱田、水田、菜田面积分别为46 765.84公顷、10 661公顷、7 926公顷。全区耕地按常年产量可划分为不稳定型和稳定型两类。

（1）不稳定型耕地：不稳定型耕地包括松花江两岸受水影响的耕地和处于半平原半山区地带坡洼地。松花江两岸受水影响的不稳定耕地面积为9 333公顷，占全区耕地面积的11.05%。坡度大于15°以上的不稳定耕地面积为4 919公顷，占全区耕地面积的5.82%，主要分布在南部半山区。

以上两种不稳定型耕地，在雨水较大年份受洪水和水土流失等自然灾害的影响，产量下降幅度较大，部分江川地和洼地遇涝绝产。

（2）稳定型耕地：产量稳定型耕地主要分布在松花江流域两岸的平原地带，面积为65 330公顷，占耕地总面积的77.32%。这部分耕地土质肥沃，抗旱、涝能力强，在无虫害、病害、冰雹等特大自然灾害年份中，产量保持稳定。

2. 园地　全区园地面积所占比例较小，仅有533.3公顷，占农用地面积的0.40%，规模较大的有四丰园艺场和猴石山果树场。果园面积为219.6公顷（四丰61.5公顷，猴石山158.1公顷），其他313.7公顷园地零星分布在各乡（镇）。

3. 林地　全区林地面积37 996.2公顷，占农业用地面积的28.31%。其中有林地所占比例较大，面积为28 884.7公顷，占林地面积的76%；其次为灌木林地，面积为4 409.4公顷。农业防护林面积2 954.3公顷，占灌木林面积的67%，有效地利用了山坡地，起到了绿化环境、调节气候、涵养水源、防风固沙、保护农田、防止水土流失、美化环境的作用。

4. 牧草地　全区牧草地面积2 378.9公顷，占农业用地面积的1.77%，属自然草地，主要分布在江河沿岸。

5. 居民点与工矿用地　居民点及工矿用地面积为 13 529.6 公顷，其中，城镇用地面积 5 980 公顷；农村居民点用地面积 5 410.9 公顷，独立工矿用地面积 1 966.1 公顷，特殊用地面积 172.8 公顷。

6. 交通用地　全区交通用地面积 3 617.9 公顷，占农用地面积的 2.70%，其中农村道路面积 2 192 公顷，占交通用地面积的 60.6%；国有公路用地面积 969.3 公顷，占交通用地面积的 26.80%。

7. 水域　全区水域面积 23 616.1 公顷，占全区土地面积的 13.49%，属松花江水系的河流面积 8 118.6 公顷，占水域面积的 34.4%。

8. 未利用土地　佳木斯市郊区境内未利用土地 8 420.2 公顷，占全区土地面积的 4.81%，各乡（镇）均有分布。其中荒草地面积 6 704.9 公顷，占未利用土地面积的 79.6%；沼泽地面积 326.2 公顷，占未利用土地面积的 3.9%；其他未利用土地面积 1 389.1公顷，占未利用土地面积的 16.5%。

（二）作物生产情况

在农业种植结构上，南部低山丘陵区以旱田的粮豆作物为主，北部平原为蔬菜、水稻生产基地。

1. 种植布局　1990—2005 年，佳木斯市郊区行政区划进行了三次调整，而在行政区划调整过程中，郊区的耕地面积和作物种植面积，也随着区域面积的变更而增减。2009 年，佳木斯市郊区所辖 6 乡 5 镇，基本农田为 65 352.84 公顷，因各乡（镇）所处的地理位置和自然条件的不同，自然的形成了不同的种植结构布局。

①粮食作物。主要分布在远郊的大来镇、敖其镇、群胜乡、西格木乡和中近郊的长发镇、沿江乡。

②水稻。主要分布在望江镇、莲江口镇、平安乡。大来镇、敖其镇、沿江乡也有部分水稻面积。

③蔬菜作物。主要分布在近郊的长青乡、四丰乡和中近郊的沿江乡、长发镇，江北的莲江口镇、平安乡。

④经济作物。主要分布在远郊的大来镇、敖其镇、群胜乡、西格木乡和中近郊的沿江乡、四丰乡、长发镇。

2. 蔬菜种植　蔬菜种植是佳木斯市郊区种植业的重要组成部分，是佳木斯市城市蔬菜供应的重要基地，是组成郊区农业经济的重要元素。1990 年以来，佳木斯市郊区蔬菜产销经历了计划经济向市场经济转变的全过程，市场经济又大大地调动了农民蔬菜生产的积极性，种植面积逐年增加，品种不断更新，管理更加科学，收入稳步提高。

①1990 年之后。随着佳木斯市郊区蔬菜生产规模的不断扩大，加之区、乡两级政府的定向引导扶持，到 2009 年，已有 4 个乡、25 个村被定为佳木斯市蔬菜生产基地村。

②1994 年区划调整后。又增加了平安乡佳新村台湾瓜菜基地村、望江镇德新油豆角基地村、莲江口镇永兴大棚甜菜瓜基地村、长发镇东四合脱毒马铃薯基地村、正四合番茄基地村。

③1994—2000 年。佳木斯市郊区西瓜面积年平均在 533 公顷，甜瓜 333 公顷左右。

④2005—2009 年。2005 年统计西瓜种植 329 公顷，甜瓜种植 414 公顷。2009 年统计西瓜种植 313 公顷，甜瓜种植 241 公顷。2009 年佳木斯市郊区蔬菜生产基地发展到 22 个，蔬菜种植面积 7 346.6 公顷，其中蔬菜棚室达到 5 308 栋。蔬菜总产量实现 4.02 亿千克，是中华人民共和国成立初期的 196 倍。极大地丰富了城乡居民的菜篮子。

3. 水利设施建设 佳木斯市郊区的菜田，地表水资源相对不足，而地下水资源丰富，因此菜田灌溉都采用井灌方式。菜田灌溉面积达 100%。

4. 花卉种植 随着花卉产业在佳木斯市兴起，郊区近几年也有十余农户经营花卉，主要集中在沿江乡、四丰乡、长发镇，大部分是靠温室、大棚种植，也有几户靠露地培育（多是草本大路品种），花卉与果树苗套种。全区经营的花卉品种有 100 多种。主要以草本、木本花卉为主，绝大部分是从南方引进后进行培育修剪上市，少部分是自己培育的，如露地花卉栽培，主要为机关办公楼美化环境提供。花卉销售渠道以批发兼零售方式，市场所占份额很小。

5. 绿色无公害农产品生产 佳木斯市郊区绿色无公害食品种植面积 1.23 万公顷，其中绿色食品种植 0.56 万公顷（水稻 0.4 万公顷，瓜、果、蔬菜 0.16 万公顷）。无公害食品种植 0.67 万公顷，其中大豆 0.26 万公顷，玉米 0.2 万公顷，瓜、果、蔬菜 0.2 万公顷。绿色无公害食品总产量 11.1 万吨，产值 15 324 万元。基地建设，一是完善了望江镇一季付土米业公司为龙头的绿色水稻基地一个，以千里集团绿产公司为龙头的瓜、果、蔬菜基地一个，新建平安乡春福米业绿色水稻基地一个。二是继续完善 5 个无公害农产品基地。七个无公害产地通过认定，即沿江乡泡子沿秋白菜，平安乡台湾瓜菜，四丰乡和平高科技园区，四丰乡小粒大豆，四丰乡黄花菜，长发镇的优质玉米，长青乡对俄出口的西红柿。

建设和完善蔬菜基地专业村或小区 15 个，即长发镇脱毒马铃薯，加工番茄基地，长青乡五一村蔬菜小区，兴家棚室蔬菜小区，万兴村棚室番茄小区，四丰乡黄花菜、大葱基地，平安乡台湾瓜菜、小毛葱基地，沿江乡大白菜基地，沿江村蔬菜生产小区、江口镇西瓜、甜瓜小区，望江镇东付中油豆角生产小区，德新村青椒生产小区，西格木迎山韭菜专业村。

二、问题与潜力

目前，郊区主要以种植业生产为主，这次耕地地力评价将全区基本土壤划分为五个等级：一级地 8 681.88 公顷，占 13.28%；二级地 20 444.79 公顷，占 31.28%；三级地 17 891.54 公顷，占 27.38%；四级地 11 876.61 公顷，占 18.17%；五级地 6 458.02 公顷，占 9.88%。一级、二级地属高产田土壤，面积共 29 126.67 公顷，占基本农田面积的 44.57%；三级为中产田土壤，面积为 17 891.54 公顷，占基本农田面积的 27.38%；四、五级为低产田土壤，面积为 18 334.63 公顷，占基本农田面积的 28.05%。

1. 耕地地力下降 部分土壤耕作层变浅，土壤理化性状劣化，深耕变浅耕、免耕；土壤养分不平衡，氮磷钾比例失调，大部分土壤氮肥过剩造成面源污染，少部分土壤微量元素锌、硅等缺乏；大量使用化肥农药，土壤微生物群失调，导致田间病虫草害发生率和程度增大；土壤复种频繁，土壤生产负荷过重，引起连作障碍，从设施栽培连作障碍蔓延到大田蔬菜，障碍面积从点状局部发展到连片区域；土壤缓冲能力下降，大量营养元素淋失，造成土壤肥力下降，严重影响作物的生长；部分设施栽培土壤发生次生盐渍化，高含盐量导致秧苗死亡，作物产量降低和品质下降。

2. 目前农业生产存在的主要问题

（1）单位产出低：佳木斯市郊区地处世界第二大黑土带，有比较丰富的农业生产资源，但中低产田占 40% 以上，粮豆公顷产量最高年份只有 6 750 千克，还有相当大的潜力可挖。

（2）农业生态有失衡趋势：据调查，耕地有机质含量下降，有机肥施入少，单靠化肥增产是主要原因。同时，农作物种类单一、品种少，不能合理轮作，也是导致土壤养分失衡的另一重要因素。另外，农药、化肥的大量应用，不同程度地造成了农业生产环境的污染。

（3）农田基础设施薄弱：排涝抗旱能力差，风蚀、水蚀也比较严重。

（4）机械化水平低：大型农机具少，高质量农田作业和土地整理面积很小，秸秆还田能力差。

（5）农业整体应对市场能力差：农产品数量、质量、信息以及市场组织能力等方面都很落后。

（6）农技推广有待加强：农业科技力量、服务手段以及管理都满足不了生产的需要。农民科学意识、法律意识和市场意识有待加强。

（7）特色农业资源开发不够：一些特色资源亟待开发；资源利用类型单一，各地缺乏特色，空间组合差；特色资源项目少，缺乏文化内涵，体验参与型项目少，无法满足较高层次需要，经济效益低。

3. 资源比较丰富　一是自然生态资源比较突出。佳木斯市郊区最高峰海拔 488 米的猴石山和四丰山、格节河 2 个水库坐落在郊区。其中格节河水库现有库容 704 万立方米，水面 2 平方千米，仍然保持原有自然风貌。松花江流经郊区 7 个乡（镇），为发展两岸观光和特色农业提供了有利条件。佳木斯市郊区沿松花江下游北岸现有湿地面积 15 732 公顷，2007 年佳木斯沿江湿地自然保护区被黑龙江省政府批准为省级湿地自然保护区。全区现有森林面积 4 万公顷，森林总蓄积量为 160 万立方米，猴石山等山林茂密，资源得到较好保护。二是特色文化资源潜力较大。佳木斯是我国六小民族之一的赫哲族最早的发祥聚居地。佳木斯市郊区敖其镇赫哲族村现有赫哲族人口 85 户、326 人，约占全国赫哲族人口的 1/10。全区还有 6 个民族村，朝鲜族特色餐饮已成为郊区的一个特色。三是交通便捷，休闲度假场所聚集。近几年，佳木斯市郊区在全市率先完成"通乡工程"，全区 11 个乡（镇）全部通达白色路面，良好的区位优势、交通设施和招商环境，吸引了大量民间资本投资郊区休闲度假村。

三、对策与建议

佳木斯市郊区依托区位优势、资源的多样性，以发展"生态高值"农业为今后的目标，在保证粮食生产、蔬菜生产的同时，扩展多种经营，实现跨越式的发展。

1. 合理制订耕地利用规划　在制订耕地利用规划时，要综合考虑作物布局、耕地地力水平及土壤类型差异，少侵占高产田，多征用中低产田。高产田是经过长期的耕作改良和地力培育，土壤水、肥、气、热诸多因素较好，应纳入基本农田保护区域实行重点保护。规划时优先考虑中低产田；要保持耕地地力不下降，必须在政策法规指引下坚持不懈的对耕地进行合理的保护。

2. 确保粮食作物播种面积 实现粮食产能 5 亿千克的目标，必须确保耕地面积。近年来，在各级政府的领导下，采取了一系列政府补贴政策，提高农民种粮的积极性，减少农资投入，提高经济效益，切实保证耕地数量不减少；保护好现有耕地的粮食生产能力，严禁撂荒现象发生；合理进行农业结构调整，在耕地面积减少的情况下，调整粮食作物和经济作物比例，保持粮食作物的种植面积；推广高产优质栽培技术，提高粮食单产。

3. 发展区域经济种植 因地制宜，调整农业种植业结构布局，科学合理利用好耕地。首先，要推广粮食作物优质高产高效栽培技术；其次，是搞好经济作物与粮食作物的合理布局；最后，保护土壤耕作层，发展经济作物种植区，集中连片发展经济作物，充分利用低产田连片开发鱼塘，低产田可以调整为果园、林地等，从而合理保护好耕地生态环境。

4. 在保护生态环境的前提下发展旅游 建设绿色生态、健康休闲的旅游城镇。抓重点，体现佳木斯市郊区的区位特点、生态优势与文化特色。在休闲、观光上下功夫，突出佳木斯市郊区赫哲族、朝鲜族农家特点。

四、特色农业的发展

根据佳木斯市郊区的区位特征、资源禀赋、产业发展现状等，将休闲、观光发展成为佳木斯市郊区特色农业的主导产业，发挥特色农业在带动和推动区域社会经济全面发展方面的作用。

以资源条件和现实基础为依据，准确把握特色农业的定位。产业定位于全区优先发展的重点产业之一；功能定位于"休闲度假"；市场定位于"依托市内基础市场，稳步开发周边市场，逐步开发其他中远程市场"，立足工薪阶层，吸引"先富人群"；形象定位于"冰雪生态民俗，休闲度假胜地"；发展目标定位于创建"特色农业支柱产业"。

1. 重点发展项目 休闲度假（冰雪、垂钓）、乡村体验（认种、采摘）、魅力民俗（赫哲族原生态生产生活方式、朝鲜族、满族民俗等）、特色饮食（绿色餐饮、朝鲜族饮食、赫哲族鱼宴等）、动感冰雪（高等级雪场、冰雪赛事等）、生态湿地（湿地观光、科考、探险等）。

2. 一核两岸三区 佳木斯市郊区特色农业发展以"一核两岸三区"为空间依托，形成集"四大主题、五类专项"于一体，类型丰富、组合性强、四季适宜的产品体系，构建基础设施配套及关联延伸项目组成的相匹配、有梯度、结构完善的框架。

"一核"：核心区域是敖其湾旅游区，除现在重点建设区域外，将卧佛山滑雪场、猴石山风景区包括其中。塑造赫哲民俗、冰雪和观光度假三大精品：加快赫哲族文化外显与展示项目建设，增加体验性和文化内涵，重点开发敖其湾上两个小岛（现定名为情侣岛）。扩展卧佛山滑雪场区域内产品类型，大力开发非冰雪类项目，如杏花谷赏花、滑草、滑道、攀岩、溜索、自行车竞技、拓展训练等，减弱季节性的影响；利用猴石山景区开发登山观江、垂钓休闲、度假村度假、天然矿泉洗浴中心疗养保健、狩猎、天文观测、水果采摘等多种项目，实现核心区块内资源整合，促成赫哲族、冰雪和观光度假产品互补，有效解决资源闲置问题。

"两岸"两岸发展主要指松花江南北两岸。北岸包括望江、莲江口和平安两镇一乡，主打湿地观光、生态农业（采摘、观光）、特色餐饮（农家特色、民族特色）、格节河水库（中期开发）、特色农产品（优质大米和特色农产品）等。南岸包括敖其、大来、长发、沿江、四丰、长青、西格木和群胜三镇五乡，主打冰雪、民俗、观光、垂钓、休闲度假、瓜果采摘等。

"三区"。形成三个区域为北郊休闲农业区、近郊山水生态区、远郊访古探幽区。

①北郊休闲农业区。以望江和莲江口镇具有代表意义的乡村为重点，加强基础设施建设，建立农业观光、休闲采摘、农事体验示范点。

②近郊山水生态区。以四丰山风景区为主体，辐射周边乡村，组合山水观光娱乐、田园山庄度假、果园采摘、花圃园艺观赏、拓展训练等旅游产品，充分发挥距离市中心较近的区位优势，打造佳木斯市人民休闲度假的后花园。

③远郊访古探幽区。包括大来镇和群胜乡，景点有金刚洞、卧佛山、敖其三块石、大来中大炮台山古火山群、群胜神仙洞、火龙沟及南城子古城址等八处古城遗址和抗联英雄纪念塔等。

3. 开发以休闲游为主体的特色农业　为适应市民生活方式的改变和节假日对精神生活的追求，应对现有度假村的基础设施进一步完善，提升服务管理水平。同时应积极引进民间资本，进行开发和场所建设，进一步推动"假日经济"和"休闲经济"的发展，倡导市民进行"走出家门、休闲一日"和"亲山近水、赏花垂钓"为主题的休闲度假。一是依托茂密山林资源，在林业局度假村、铭轩山庄、紫菲山庄、景丰度假村等，开展春季踏青、夏季避暑登山、秋赏五花山等旅游活动。二是依托水资源，在松花江两岸、四丰山水库、国脉通度假村、麒麟山庄、长城生态园等，开展水上观光娱乐游。三是依托莲江口万米莲花泡，开展夏季赏花游。四是依托"渔"资源，发展垂钓经济。郊区现有水产养殖水面0.1万公顷，水产业比较发达，是佳木斯市及周边地区重要的水产基地。为此，郊区积极引导养殖户由单纯发展水产养殖经济向垂钓旅游经济转变。在前进渔场、西格木渔场、泡子沿渔场等40多个垂钓景点，开展垂钓休闲游。

佳木斯市郊区农场众多、农业发达，农田面积广阔，具有一望无垠的视觉效果和春夏秋冬季节变化，极具美学价值。此外，温室大棚、果园、苗圃等为开展现代农业观光、采摘、农村生活体验等旅游活动提供了极大空间。目前，千里生态园、长城生态园休闲农业已经起步，佳新台湾瓜菜基地等尚未能与旅游业结合。

佳木斯市郊区发展休闲农业，是把乡村特色与旅游业有机结合，互相促进，走农业与乡村旅游业的两栖化经营道路。注意加强基础设施建设，改善现有观光休闲条件，为传统农业注入旅游休闲功能，通过旅游环境营造，改变传统农业观念，建设多功能的乡村旅游综合体。在形成乡村休闲综合体的基础上，改善现有的观光休闲条件，优化区域内的资源配置，基于农作物的一产向三产附加值的增加进行提升和创新，从而实现由生产型农业向城市休闲型农业的升级。郊区休闲农业旅游目的地的打造，并不是单一独立的项目，而是布局有序的区域整体竞争力的提升,最终形成集休闲度假、农业观光、乡土文化体验、农业产业化经营、农产品流通等为一体的多功能休闲农业产业链。

对原本以生产种植型农业为主的"2地5园"项目(包括佳新台湾瓜菜基地、望江九江源绿色农产品基地、万庆绿色生态园、猴石山果园、西格木乡蔬菜园、南长发村蔬菜园、四丰果木园)进行整合,通过旅游休闲功能的注入与景观风貌的改造,提升成为以休闲农业为定位的"乡韵7品"项目(如锦卉花园、丰收印象、躬耕菜园等)。

开发中特别要注意三点:一园一品,实行差异化营销;增加科技含量;类型组合丰富。以温室大棚为例,可开展"温室休闲"项目如下。

(1)生产依托型观光温室:这一类型的温室主要用于农业生产,是温室旅游发展的最初模式。此类温室主要用于生产高附加值的花卉、种苗、特种蔬菜等及水产养殖,以农业经济收益为主要经济收入来源,农业观光旅游收益只是补充。

(2)高科技试验基地型观光温室:依托农业科技园、特种植物培养基地等研究机构形成的观光温室。这一类型的温室主要用于新奇特品种动植物培育、科技研发等用途,与生产依托型观光温室一样,观光旅游只是辅助产业。

附录 4　佳木斯市郊区耕地地力评价与土壤肥力演变和土壤污染专题报告

通过本次地力评价了解了目前郊区土壤肥力的基本情况，为了更好地利用土壤肥力的优势，提高土壤肥力的利用率，增加粮食生产，本报告重点阐述土壤肥力演变和土壤污染问题。

一、土壤肥力概述

土壤肥力是土壤的基本属性和本质特征，是土壤为植物生长供应和协调养分、水分、空气和热量的能力，土壤肥力是土壤物理、化学、生物化学和物理化学特性的综合表现，也是土壤不同于母质的本质特性。包括自然肥力、人工肥力和二者相结合形成的经济肥力。

（1）自然肥力：是由土壤母质、气候、生物、地形等自然因素的作用下形成的土壤肥力，是土壤的物理、化学和生物特征的综合表现。它的形成和发展，取决于各种自然因素质量、数量及其组合适当与否。自然肥力是自然再生产过程的产物，是土地生产力的基础，它能自发地生长天然植被。

（2）人工肥力：是指通过人类生产活动，如耕作、施肥、灌溉、土壤改良等人为因素作用下形成的土壤肥力。

土壤生产力：土壤产出农产品的能力。是由土壤本身的肥力属性和发挥肥力作用的外界条件所决定的。

（3）经济肥力：土壤的自然肥力与人工肥力结合形成了经济肥力，经济肥力是自然肥力和人工肥力的统一，是在同一土壤上两种肥力相结合而形成的。

土壤肥力经常处于动态变化之中，土壤肥力变好或变坏既受自然气候等条件影响，也受栽培作物、耕作管理、灌溉施肥等农业技术措施以及社会经济制度和科学技术水平的制约。

二、影响土壤肥力的因素

土壤中的许多因素直接或间接地影响土壤肥力的某一方面或所有方面，这些因素可以归纳如下。

1. 养分因素　指土壤中的养分贮量、强度因素和容量因素，主要取决于土壤矿物质及有机质的数量和组成。郊区一般农田的养分含量是：全氮 0.10～2.76 克/千克；全磷 0.1～1.5 克/千克；全钾 2.5～26.7 克/千克。

2. 物理因素　指土壤的质地、结构状况、孔隙度、水分和温度状况等。它们影响土壤的含氧量、氧化还原性和通气状况，从而影响土壤中养分的转化速率和存在状态、土壤水分的性质和运行规律以及植物根系的生长力和生理活动。物理因素对土壤中水、肥、气、热各个方面的变化有明显的制约作用。

3. 化学因素 指土壤的酸碱度、阳离子吸附及交换性能、土壤还原性物质、土壤含盐量，以及其他有毒物质的含量等。它们直接影响植物的生长和土壤养分的转化、释放及有效性。土壤 pH 平均为 5.87，土壤磷素在 pH 为 6 时有效性最高，pH 低于或高于 6 时，其有效性下降；土壤中锌、铜、锰、铁、硼等营养元素的有效性一般随土壤 pH 的降低而增高，但钼则相反。土壤中某些离子过多和不足，对土壤肥力也会产生不利的影响。

4. 生物因素 指土壤中的微生物及其生理活性。它们对土壤氮、磷、硫等营养元素的转化和有效性具有明显影响。首先，促进土壤有机质的矿化作用，增加土壤中有效氮、磷、硫的含量；其次，进行腐殖质的合成作用，增加土壤有机质的含量，提高土壤的保水保肥性能；最后，进行生物固氮，增加土壤中有效氮的来源。

三、耕地地力评价郊区土壤肥力的演变

1. 土壤形态变化与土壤肥力演变 在各种自然成土因素综合影响下，形成各种土壤类型，并有其各自剖面形态特征。人们垦殖利用以后，虽然仍保持其自然土壤的一些特征，但在形态上发生了很大的变化。这些变化可以直接反映土壤肥力的高低。郊区土壤从形态上看，变化特点大体如下。

（1）黑土层变薄，土色变浅：佳木斯市郊区岗地耕作土壤主要是黑土和白浆土，由于质地较轻，土质疏松，侵蚀严重，黑土层普遍逐年变薄。据调查，垦殖初期黑土多在35～70 厘米，目前不少地块黑土层在15～16 厘米以下，而且土色变浅。

（2）向不良的土地构型发展：人类的农事活动可以使土壤土体构型向良性发展。从郊区土壤剖面观察，发现有以下几个低产土体构型。

① "干瘦破皮黄" 型构造。由于表土侵蚀严重，耕层很薄，不足 10 厘米，下为黄土，少部分黑土层已全部流失。肥力很低，有机质不足 20 克/千克，易干旱，产量低。

② "散瘦破皮" 沙型构造。风蚀严重，耕层很薄，不足 10 厘米，下为松散的沙土，土色浅、易旱，肥力很低，有机质在 10 克/千克以下。

③ "松散型" 构造。主要是沿江一些风沙土，耕层质地轻，松散，有机质含量低，漏水漏肥，产量低。

④ "破皮硬" 型构型。耕层 12～16 厘米，有机质含量 16～20 克/千克。耕层下为黏朽、坚硬的土层，通透性不良，怕旱易涝，作物向下扎根困难，产量较低。

（3）障碍层次——犁底层的发展：人们用农具对土壤进行耕作，犁具对土壤的挤压等作用，形成一个新的障碍层次——犁底层。这个层次的土壤紧实或坚硬，影响作物根系发育，影响通气和透水。由于土壤性质不同、使用犁具不同和耕作方法的不同。犁底层出现的深度、发育程度也不同。有的土壤质地较轻或不断进行深耕深松，耕层较深，达 20 厘米，犁底层发育较差，仅 4～7 厘米，而且不太坚硬。有的土质黏重、耕层浅，犁底层厚达7～15 厘米，而且较硬，通透性很差，成为隔水层，易旱易涝。影响作物的生育和产量的提高。

2. 物理性状变化与肥力演变 土壤容重、孔隙度等物理性状的变化直接影响到土壤水、肥、气、热的协调性，影响土壤肥力的发挥。因此，必须从土壤物理性状的变化中，了解土壤肥力的演变状况。土壤容重在1.0～1.2克/立方厘米时，表示通气性和耕性良好；大于1.3克/立方厘米时，结构差，有机质含量少，土层紧实，耕性较差；大于1.5克/立方厘米时，土层紧密，几乎不透水，作物根系很难扎入，影响作物生育（附表4-1）。

附表4-1　佳木斯市郊区土壤容重情况

单位：克/立方厘米

土类	本次地力评价	第二次土壤普查
暗棕壤	1.20	1.15
白浆土	1.23	1.22
黑土	1.21	1.15
草甸土	1.20	1.12
沼泽土	1.24	1.01
泥炭土	1.12	0.83
新积土	1.31	1.27
水稻土	1.18	1.29
平均	1.21	1.13

郊区土壤容量重多在1.2～1.4克/立方厘米，有的达1.5克/立方厘米以上。由于耕作施肥等水平不同，土壤容重也不同。

从附表4-1中可以看出，容量增加，孔隙度减少，土养分含量也随之下降。容量的增加、孔隙度的减少，使土壤通气透水及导热性能受到很大影响，导致水肥气热不协调，不利作物生长发育。

郊区部分耕作土壤物理性质向不良方向变化，使土壤变硬、板结，造成水肥气热不协调，影响土壤的供肥能力，使土壤生产力下降。

3. 养分变化与肥力演变　土壤养分是土壤肥力诸因素中的主要因素。它是随着土壤的发育进程而不断地发生变化。人为因素对土壤的发育进程有巨大作用，因而也必然使土壤养分状况发生巨大的变化。

草甸土和黑土是郊区的主要耕作土壤。从第二次土壤普查到现在的养分分析数据中可以看出，除磷素外，郊区大部分耕地养分含量降低，生产能力下降。尤其土壤有机质在下降（附表4-2）。而且有机质对土壤肥力影响比较大。

附表4-2　佳木斯市郊区各乡（镇）土壤有机质含量

单位：克/千克

乡（镇）名称	本次地力评价			第二次土壤普查		
	最大值	最小值	平均值	最大值	最小值	平均值
全区	96.10	12.80	46.88	—	—	50.79
大来镇	89.80	16.40	46.47	—	—	60.30
长发镇	81.70	37.20	52.42	—	—	34.50

（续）

乡（镇）名称	本次地力评价			第二次土壤普查		
	最大值	最小值	平均值	最大值	最小值	平均值
敖其镇	70.80	14.40	38.82	—	—	47.30
莲江口镇	58.70	19.80	36.64	—	—	24.70
望江镇	89.00	15.80	38.89	—	—	24.80
长青乡	63.90	17.00	46.55	—	—	32.70
沿江乡	76.80	12.80	50.49	—	—	27.40
四丰乡	96.10	22.30	58.99	—	—	42.00
西格木乡	91.40	22.30	49.57	—	—	50.20
群胜乡	69.20	16.60	39.33	—	—	47.20
平安乡	91.70	20.70	49.22	—	—	24.70
燎原农场	59.00	26.20	42.42	—	—	60.30
苏木河农场	87.30	32.50	62.08	—	—	60.30
猴石山果苗良种场	51.40	24.60	40.08	—	—	47.20
新村农场	83.10	23.40	47.87	—	—	60.20
四丰园艺场	52.00	48.40	50.15	—	—	42.15

土壤有机质是农业生产不可替代的生产资料，它的本质特征是肥力。土壤肥力是由土壤的水、肥、气、热四相比例和理化性状、生物组成、土壤结构等诸多因素所构成。这些因素也就形成了土壤生态环境。人类的生产活动在不断改变着这一环境，使土壤肥力随之变化。人类的正确生产活动可以改善这一环境，提高土壤肥力；反之可以破坏这一环境，使土壤肥力下降。左右这一环境的主要物质是土壤有机质。

土壤有机质含量的多少，是土壤肥力高低的重要标志。现阶段的人类生产活动使土壤有机质含量朝着下降的方向发展。

佳木斯市郊区这次地力评价有机质平均含量与第二次土壤普查比呈下降趋势，沼泽土土类下降177.42克/千克，泥炭土土类下降50.96克/千克，草甸土土类下降3.56克/千克，新积土土类增加1.19克/千克，白浆土土类增加10.19克/千克，暗棕壤土类增加5.27克/千克，黑土土类增加10.29克/千克，水稻土土类增加7.82克/千克。郊区岗地土壤黑土层减少20厘米以上，有机质下降了7.7个百分点。

（1）土壤有机质含量下降的原因：

①依赖化肥增产，忽视有机肥作用。佳木斯市郊区自20世纪60年代开始施用化肥以来，人们对化肥的增产作用认识越来越高，因此化肥的施用量不断增加。20世纪60年代佳木斯市郊区平均每公顷施化肥38.4千克，70年代每公顷施化肥提高到191.25千克，80年代每公顷施化肥高达375千克左右，90年代到目前每公顷施化肥增加到600千克以上。随着化肥施用量的增加，对有机肥有所忽视，产生了依赖化肥的思想，再加之有机肥源不足，尽管各级领导重视有机肥，但进入20世纪80年代以来，有机肥数量比70年代减少了。每年每公顷平均比70年代减少7 500千克左右，平均每公顷施用量仅15 000千

克，远远不能补充土壤有机质减少的数量。另一方面由于化肥施用量的增加，更加速了土壤有机质的矿化作用，有机质含量下降更快了。据实验资料介绍，在同一地块上设无肥区、单施化肥区、单施有机肥区和有机肥化肥结合区四个处理，经过多年实验土壤有机质含量，无肥区为27.4克/千克，单施化肥区为20.7克/千克，单施有机肥区为28.4克/千克，有机肥与化肥结合区为38.1克/千克。证明施用化肥会加速土壤有机质的分解，使有机质含量下降。

②重视整地质量，忽视根茬肥田作用。由于频繁的土壤耕作，使土壤耕层的有机质处于好气性条件下，加快了分解速度，降低了含量，特别是在土壤耕作整地过程中，为了创造较好的播种条件，人们把作物仅有能留给土壤的有机物质根茬也拣净拿出，因此在现阶段农业生产活动中，除施用有机肥料外，几乎没有其他任何增加土壤有机质的措施。在能源紧张的今天，特别是在广大农村，主要的能源是作物秸秆，每年都烧掉了大量的有机质而不能还给土壤。因此土壤有机质含量在现阶段处于下降的趋势是难免的。

（2）土壤有机质下降对土壤生态环境的影响：有机质是改善土壤生态环境的决定因素，增加土壤有机质是提高土壤肥力的根本措施。农业生产中的任何其他措施都不能起到这样的作用，而且任何增产措施的增产效果都受土壤有机质因素的影响。

①土壤有机质对土壤理化性质的影响。土壤有机质左右着土壤理化性质。根据10个有机质含量下降的地块选择两点取样测定了容重和孔隙度。测定结果显示，容重比该地块的容重年平均增加0.015，孔隙度下降0.66％。相反，在每年亩施5 000千克有机肥的地块，3年后测定容重，由原来的1.47下降到1.27，在年施2 000千克优质有机肥的地块，比不施地块土壤温度提高0.8～1.5℃，持水量增加30％。有机肥中的有机酸可中和土壤的碱性。

②土壤有机质对土壤微生物的影响。有机物质是土壤微生物生存不可缺少的条件，土壤有机质含量高，土壤微生物数量就多，活性也强，有利于土壤养分的释放。根据实验分析，连年施用有机肥的土壤，土壤微生物量明显高于不施肥的土壤生物量。

③土壤有机质对施肥的影响。土壤有机质下降速度加快，土壤理化性质变劣，影响了化肥增产效果，正像有些人反映说化肥的"劲小了"，庄稼"上馋了"，土地"上板了"。实际上这都不是化肥本身的过错。因为它们施入土壤后，除了增加土壤有效养分含量外，并不残留对土壤有害的物质，不会造成土壤板结。事实上的土壤板结是因为人们越来越依赖化肥，忽视了有机肥的施用，造成土壤有机质急剧下降，使土壤板结，不耐旱、不耐涝，使土壤保肥能力和吸收容量下降，这样化肥在土壤中易挥发和流失，使化肥的效果降低。另外化肥施入土壤后，大部分要在土壤微生物的作用下转化成土壤养分才能更好地被作物吸收利用。由于土壤有机质含量下降，土壤微生物量减少，活性降低，因此转化缓慢，化肥的肥效作用就不能充分发挥出来。

（3）增加土壤有机质的途径：现阶段土壤有机质处于下降的趋势，使土壤生态环境向着不利于农业生产的方向发展，扭转这种发展趋势是农业生产中亟待解决的根本问题。

①广辟肥源，大力积造有机肥，现阶段增加土壤有机质的主要途径是施用有机肥，有机肥的主要原料是人畜粪尿。就郊区来看，按人口及畜牧数量计算，每年可排粪尿约10亿千克，可造优质有机肥近50亿千克，仅这一肥源造出有机肥就可达到每公顷施30 000

千克的用量。如果再把垃圾、动植物残体、青草、草炭等可造肥的有机质用来造肥，还可积造有机肥，可使每公顷施肥量达到 37 500 千克。但是实际上郊区目前每公顷施肥量每年平均 7 500 千克。这个差额的产生是因为粪尿的回收率一般只有 40％～50％。

②大力开发能源，力争秸秆还田。农村的秸秆作为燃料是秸秆还田的主要阻力，因此应大力开发能源，把一部秸秆节省下来用来造肥还田。现阶段应就示范推广应用太阳灶，解决夏季能源不足；应用风力发电解决冬春能源不足；应用沼气和营造薪炭林来解决秸秆做燃料问题。通过能源的开发，把节省下来的秸秆可做饲料的通过喂畜过腹还田，不能做饲料的用来直接造肥，还给土壤。

③种植绿肥、发展畜牧增加牲畜粪便。种植豆科绿肥作物，采取生物措施培肥地力，改善土壤生态环境。据测定，1 公顷二年生草木樨的根瘤可固氮 133.5 千克，提高了土壤含氮量，而且根系发达，穿透力强，起到生物深松土壤的作用。草木樨地上部喂畜，促进了畜牧业的发展。实验结果表明，每天每头奶牛喂 50 千克草木樨鲜草，可节省精饲料 1.5 千克，产奶量增加 1.5～5.0 千克。草木樨根系在地下腐烂后既增加了土壤有机质、又提高了土壤孔隙度，使土壤的通透性得以改善。草木樨的种植方法可以在小麦三叶期套种在麦田，小麦的产量不减或略有提高。还可以与玉米间种，在增加玉米株数和施肥量的情况下，玉米产量不减或减产不显著，最多不超过 7％。

④建立深松为主的耕作制。土壤耕作制应以深松为主体，尽量少翻转土壤，减少土壤有机质的矿化，增加腐殖化。同时也减少了风蚀、水蚀。这样相对地也就增加了土壤有机质的含量。

四、土壤污染

近年来，由于人口急剧增长，工业迅猛发展，固体废物不断向土壤表面堆放和倾倒，有害废水不断向土壤中渗透，大气中的有害气体及飘尘也不断随降水降落在土壤中，导致了土壤污染。当加入土壤的污染物超过土壤的自净能力，或污染物在土壤中积累量超过土壤基准量，而给生态系统造成了危害，此时才能被称为土壤污染。

土壤污染物的来源广、种类多，大致可分为无机污染物和有机污染物两大类。无机污染物主要包括酸、碱、重金属（铜、汞、铬、镉、镍、铅等）盐类、放射性元素铯、锶的化合物、含砷、硒、氟的化合物等。有机污染物主要包括有机农药、酚类、氰化物、石油、合成洗涤剂、3，4-苯并以及城市污水、污泥及厩肥带来的有害微生物等。当土壤中含有害物质过多，超过土壤的自净能力，就会引起土壤的组成、结构和功能发生变化，微生物活动受到抑制，有害物质或其分解产物在土壤中逐渐积累，通过"土壤→植物→人体"，或通过"土壤→水→人体"间接被人体吸收，达到危害人体健康的程度，形成土壤污染。

土壤的污染，一般是通过大气与水污染的转化而产生，它们可以单独起作用，也可以相互重叠和交叉进行。随着农业现代化，特别是农业化学水平的提高，大量化学肥料及农药散落到环境中，土壤遭受非点源污染的机会越来越多，其程度也越来越严重。在水土流失和风蚀作用等影响下，污染面积不断地扩大。

1. 土壤的污染源　根据污染物的性质不同，土壤污染物分为无机物和有机物两类。无机物主要有汞、铬、铅、铜、锌等重金属和砷、硒等非金属；有机物主要有酚、有机农药、油类、苯并芘类和洗涤剂类等。以上这些化学污染物主要是由污水、废气、固体废物、农药和化肥带进土壤并积累起来的。

（1）污水灌溉对土壤的污染：生活污水和工业废水中，含有氮、磷、钾等许多植物所需要的养分，所以合理地使用污水灌溉农田，一般有增产效果。但污水中还含有重金属、酚、氰化物等许多有毒有害的物质，如果污水没有经过必要的处理而直接用于农田灌溉，会将污水中有毒有害的物质带至农田，污染土壤。例如冶炼、电镀、燃料、汞化物等工业废水能引起镉、汞、铬、铜等重金属污染；石油化工、肥料、农药等工业废水会引起酚、三氯乙醛、农药等有机物的污染。

（2）大气污染对土壤的污染：大气中的有害气体主要是工业中排出的有毒废气，它的污染面大，会对土壤造成严重污染。工业废气的污染大致分为两类：气体污染，如二氧化硫、氟化物、臭氧、氮氧化物、碳氢化合物等；气溶胶污染，如粉尘、烟尘等固体粒子及烟雾，雾气等液体粒子，它们通过沉降或降水进入土壤，造成污染。例如，有色金属冶炼厂排出的废气中含有铬、铅、铜、镉等重金属，对附近的土壤造成污染；生产磷肥、氟化物的工厂会对附近的土壤造成粉尘污染和氟污染。

（3）化肥对土壤的污染：施用化肥是农业增产的重要措施，但不合理的使用，也会引起土壤污染。长期大量使用氮肥，会破坏土壤结构，造成土壤板结，生物学性质恶化，影响农作物的产量和质量。过量地使用硝态氮肥，会使饲料作物含有过多的硝酸盐，妨碍牲畜体内氧的输送，使其患病，严重的导致死亡。

（4）农药对土壤的影响：农药能防治病、虫、草害，如果使用得当，可保证作物的增产，但它是一类为害性很大的土壤污染物，施用不当，会引起土壤污染。喷施于作物体上的农药（粉剂、水剂、乳液等），除部分被植物吸收或逸入大气外，约有一半散落于农田，这一部分农药与直接施用于田间的农药（如拌种消毒剂、地下害虫熏蒸剂和杀虫剂等）构成农田土壤中农药的基本来源。农作物从土壤中吸收农药，在根、茎、叶、果实和种子中积累，通过食物、饲料危害人体和牲畜的健康。此外，农药在杀虫、防病的同时，也使有益于农业的微生物、昆虫、鸟类遭到伤害，破坏了生态系统，使农作物遭受间接损失。

（5）固体废物对土壤的污染：工业废物和城市垃圾是土壤的固体污染物。例如，各种农用塑料薄膜作为大棚、地膜覆盖物被广泛使用，如果管理、回收不善，大量残膜碎片散落田间，会造成农田"白色污染"。这样的固体污染物既不易蒸发、挥发，也不易被土壤微生物分解，是一种长期滞留土壤的污染物。

佳木斯市郊区工业"三废"排放问题没有得到根本解决，生态农业还没有全面推开。耕地土壤环境质量呈下降趋势。重金属污染仍然存在，农药施用品种杂乱，使用过量、超量。其他污染包括不合理农业生产资料投入、工业"三废"排放、城市污泥施用等因素。

佳木斯郊区土壤 pH 呈下降趋势，与第二次土壤普查比较，pH 下降 0.77（附表4-3）。

附表 4 - 3　佳木斯市郊区行政区 pH 统计

乡（镇）名称	本次地力评价			第二次土壤普查		
	最大值	最小值	平均值	最大值	最小值	平均值
全区	8.00	4.80	5.87	—	—	6.67
大来镇	7.30	5.00	5.88	—	—	6.50
长发镇	7.10	5.30	6.28	—	—	6.50
敖其镇	6.30	5.40	5.87	—	—	6.76
莲江口镇	6.80	5.20	5.79	—	—	6.80
望江镇	6.90	4.80	5.68	—	—	6.40
长青乡	6.30	5.00	6.06	—	—	6.67
沿江乡	6.90	5.10	6.04	—	—	6.63
四丰乡	7.60	5.30	5.94	—	—	6.93
西格木乡	6.70	5.00	5.99	—	—	6.58
群胜乡	6.90	5.20	5.91	—	—	6.77
平安乡	8.00	5.00	5.53	—	—	6.82

耕地管理还有待加强。如农村一些地方拆旧建新房后没有按规定对旧宅基地复垦。主要劳动力外出务工后，耕地粗放经营或闲置撂荒现象还存在；耕地利用地区差异大。总的来看，城郊比边缘地区好。

新农村建设过度追求城市化。以工业园区建设为名，圈地开发房地产，大量农业用地被转为非农用地，高质量的耕地大幅度减少，不仅破坏了自然生态环境，还破坏水利设施，破坏了自然生态环境，影响了生物圈和动植物生长链，同时也影响了郊区农业地方特色的发展。

2. 土壤污染的防治

（1）科学地进行污水灌溉：工业废水种类繁多、成分复杂，有些工厂排出的废水可能是无害的，但与其他工厂排出的废水混合后，就变成有毒的废水。因此在利用废水灌溉农田之前，应按照《农田灌溉水质标准》规定的标准进行净化处理，这样既利用了污水、又避免了对土壤的污染。

（2）合理使用农药，重视开发高效低毒低残留农药：合理使用农药，这不仅可以减少对土壤的污染，还能经济有效地消灭病、虫、草害，发挥农药的积极效能。在生产中，不仅要控制化学农药的用量、使用范围、喷施次数和喷施时间，提高喷洒技术，还要改进农药剂型，严格限制剧毒、高残留农药的使用，重视低毒、低残留农药的开发与生产。

（3）合理施用化肥，增施有机肥：根据土壤的特性、气候状况和农作物生长发育特点，配方施肥，严格控制有毒化肥的使用范围和用量。

增施有机肥，提高土壤有机质含量，可增强土壤胶体对重金属和农药的吸附能力。如褐腐酸能吸收和溶解三氯甲苯除草剂及某些农药，腐殖质能促进镉的沉淀等。同时，增加有机肥还可以改善土壤微生物的流动条件，加速生物降解过程。

（4）施用化学改良剂，采取生物改良措施：在受重金属轻度污染的土壤中施用抑制剂，可将重金属转化成为难溶的化合物，减少农作物的吸收。常用的抑制剂有石灰、碱性磷酸盐、碳酸盐和硫化物等。例如，在受镉污染的酸性、微酸性土壤中施用石灰或碱性炉灰等，可以使活性镉转化为碳酸盐或氢氧化物等难溶物，改良效果显著。

因为重金属大部分为亲硫元素，所以在水田中施用绿肥、稻草等，在旱地上施用适量的硫化钠、石硫合剂等有利于重金属生成难溶的硫化物。

（5）采用合理的污水微生物净化方法：防治土壤污染。

①生活污水的净化。生活污水中含有很多动、植物来源的有机物质，它们都是能被微生物分解的。除沉淀下去或漂浮的固体有机物以外，溶解或者悬浮在污水中的有机物通常用生物化学需氧量表达，即单位水中有机物质生物氧化的需氧量，通常是在20℃，培养五天，氧化有机物质，每升污水消耗的氧化量。

生活污水流入水体或土壤中，会自然净化，即污水中的有机物质被水体或土壤中的微生物逐渐分解，无机质化了。城市生活污水的人工净化便是创造适合的条件，加快自然净化过程。

在活性污泥中形成十分活跃的"生物膜"。每克活性污泥含细菌数达几万亿。"生物膜"含有多种细菌和种类的菌胶团和其他生物，具有十分强盛的生物氧化能力。经过这种"生物膜"的生物氧化作用，有机碳氧化为 CO_2，有机氮氧化为 NO_3。

②工业废水的净化。各种工业排出不同主要成分的废水。有些工业废水含有重金属离子，如镉、汞、铜、锌等。对于这些有毒元素，微生物是无能为力的。但是以有机质成分为主的工业废水却是可以利用微生物方法净化的。农产品加工业废水的净化和生活污水的净化相同。

有些工业废水含苯环物质量较高。净化主要是分解苯环物质，用活性污泥处理含酚污水，在"生物膜"中出现分解苯环物质微生物的选择性富集。苯环物质是微生物的养料又是微生物的毒素。例如苯酚含量高于0.1％，对微生物有毒，含量低于0.05％以下，又是一些微生物的养料。因此，利用净化苯环物质必须先将污水稀释到微生物能够分解利用的浓度。分解苯环物质的微生物种类主要是极毛杆菌，还有其他的细菌、放线菌、酵母菌和原生动物。

③污水净化后的再利用。土壤中含有多种微生物，具有净化的能力。利用富含有机物质的生活污水或工业污水进行灌溉，既可以得到净化的效果、又可以培肥土壤，取得高产。

用生活污水或生活和工业混合污水灌溉，需要掌握灌溉水的适宜含肥量和含毒素物质的量。用含酚工业废水灌溉稻田，氮肥定额不是一次施用的，而是在农作物整个需肥期，根据需要分期施用的。因此，可根据废水的含铵量，计算每次灌溉水量，计算每次灌溉量。

随污水灌溉，很多有机物质灌入土壤，在土壤中分解，消耗氧气，使土壤的氧化还原电位骤烈下降，妨碍根的正常发展，还产生硫化物等有毒物质。

（6）利用微生物降解化学农药在土壤中的残留：化学农药污染环境问题引起了人们极大重视。化学农药直接施入土壤，或者喷洒植物，后者的绝大部分（90％左右）也落入土壤。因此，化学农药在土壤中的变化就成为土壤和环境保护科学的一个重要研究领域。

化学农药入土以后，受各种因素的影响，包括淋流和搬运、非生物学的化学降解和生物学的降解。

各种化学农药的稳定性不同。许多比较稳定的化学农药在土壤中，生物学降解的作用大于非生物学的化学降解作用。敌草隆在未经消毒灭菌的土壤中的降解进度，比用氯化苦熏消毒灭菌的土壤快许多倍。敌草隆在未经消毒灭菌的土壤中，6个月降解接近一半，在氯化苦处理过的土壤中，6个月只降解了不到10%，差别显然是由微生物的降解作用造成的。

2，4-D（2，4-二氯苯乙酸，一种除草剂）在土壤中降解的早期研究（Andus，1951）阐明了土壤中农药被微生物降解的一般规律。用稀2，4-D溶液淋洗土柱，开始时，淋洗液中的2，4-D含量略有下降，这是土壤吸附作用造成的，称为吸附期。吸附饱和后，淋洗液在一段时间内浓度不变，这段时间称为延滞期或适应期。延滞期以后，淋洗液中2，4-D迅速降解，降解量的对数与时期成正比，表明了降解量与降解微生物数量发展有密切关系，直到2，4-D消竭前，用稀2，4-D做第二次淋洗，则吸附期和延滞期都没有了，直接进入迅速降解期。2，4-D（2，4-二氯苯氧乙酸）类农药在土壤中降解较快，很多种微生物能够利用它作为碳源和能源。

苯基氨甲酸酯、苯基脲、酰基苯胺等类农药能被许多种土壤微生物分解，先释放出苯胺，苯胺再被许多种微生物进一步分解。分解的微生物包括根毛杆菌、诺卡菌等的一些种，和一些真菌，如青霉和曲霉、链刀霉等。

有机磷农药在土壤中的分解也较快。E605（对-硝基、苯基、磷硫酸二乙酯）能被许多种微生物水解为对基苯和无机磷化物。对-硝基苯再进一步分解。有些极毛杆菌能分解对-硝基苯，产生亚硝酸和醌，醌再进一步被分解。

总之，土壤肥力的保持与提高、用地与养地相结合、防止肥力衰退与土壤治理相结合，是保持和提高土壤肥力水平的基本原则。具体措施包括：增施微生物肥、有机肥料、种植绿肥和合理施用化肥，不仅有利于当季作物的高产，而且有利于土壤肥力的恢复与提高。对于某些低产土壤（酸性土壤、碱土和盐土）要借助化学改良剂和灌溉施肥等手段进行改良，消除障碍因素，以提高肥力水平。此外还要进行合理的耕作和轮作，以调节土壤中的养分和水分，防止某些养分亏缺和水气失调；防止土壤受重金属、农药以及其他污染物的污染；因地制宜合理安排农、林、牧布局，促进生物物质的循环和再利用；防止水土流失、风蚀、次生盐渍化、沼泽化等各种退化现象的发生。

土壤污染防治措施应按照"预防为主"的方针，首要任务是控制和消除土壤污染源，对已污染的土壤，要采取一切有效措施，清除土壤中的污染物，控制土壤污染物的迁移转化，改善农村生态环境，提高农作物的产量和品质，为广大人民群众提供优质、安全的农产品。

附录5　佳木斯市郊区耕地地力评价工作报告

佳木斯市郊区是黑龙江省粮食主产县（区）。坐落在风光秀丽的三江平原腹地，地处完达山老爷岭北麓，横卧松花江下游两岸。地理坐标为东经 $129°51'\sim130°38'$、北纬 $46°52'$。区平面呈 C 状。郊区半环抱佳木斯市区，东与桦川县毗邻、南与桦南县接壤、西与依兰县相连、北与汤原县相望，幅员 1 748 平方千米。全区辖 6 乡、5 镇，7 个街道办事处，97 个行政村，14 个国有农林牧渔场，总人口 29.8 万人。耕地面积 84 493.33 公顷，行政辖区内基本农田面积 65 352.84 公顷。2009 年，粮食产量实现 3.45 亿千克，全区农民人均纯收入实现 5 454 元。

按照要求，佳木斯市郊区把开展耕地地力评价作为测土配方施肥补贴项目的一项重要内容，是摸清佳木斯市郊区耕地资源状况，提高耕地利用效率，促进现代农业发展的重要基础工作。本次耕地地力评价对辖区内 11 个乡（镇）、96 个行政村、5 个农场局，65 352.84公顷基本农田进行了评价，现已圆满完成。

一、目的意义

佳木斯市郊区这次耕地地力评价工作，对准确掌握耕地生产能力、因地制宜加强耕地质量建设、搞好种植业结构调整、指导农民科学合理施肥和提高粮食产能意义重大。

1. 耕地地力评价是深化测土配方施肥项目的必然要求　耕地地力评价是测土配方施肥补贴项目实施的一项重要内容，是测土配方施肥工作本身的需要。以区域耕地资源管理信息系统为基础，可以全面、有效地利用第二次土壤普查和此次测土配方施肥项目数据库的大量数据，开展耕地地力评价，建立测土配方施肥信息系统，科学划分施肥分区，提供因土、因作物施肥的合理建议，通过网络等多种方式为农业生产者提供及时有效的技术服务。因此，耕地地力评价是测土配方施肥不可或缺的重要环节。

2. 耕地地力评价是掌握耕地资源质量的迫切需要　全国第二次土壤普查结束已经 20 多年了，耕地现有质量状况的全局不是十分清楚，农业生产决策受到极大影响。通过耕地地力评价工作，结合第二次全国土壤普查资料，科学利用此次测土配方施肥所获得的大量养分数据和肥料实验数据，建立完善的区域耕地资源管理信息系统，进一步系统研究不同耕地类型土壤肥力演变与科学施肥规律，为加强耕地质量建设提供依据。

3. 耕地地力评价是加强耕地质量建设的基础　耕地地力评价结果，能够很清楚地揭示不同等级耕地中存在的主要障碍因素及对粮食生产的影响程度。利用这个耕地决策服务系统，能够全面把握耕地质量状态，做出耕地土壤改良的科学决策。同时，根据主导障碍因素，提出更有针对性和科学性的改良措施，进一步完善耕地质量建设工作。

4. 耕地地力评价是促进农业资源优化配置的现实需求　耕地地力评价因子是影响耕地生产能力的自然因素，结合耕地土壤灌溉保证率、排水条件等人为因素，耕地地力评价为调整种植业结构，优化农业产业布局，实现农业资源的优化配置提供了科学、便利、可靠的依据。

二、工作组织

开展耕地地力评价工作，是佳木斯市郊区在农业生产进入新阶段的一项带有基础性的工作。根据黑龙江省土壤肥料工作站的要求，从组织领导、方案制订、资金协调等方面都做了周密的安排，做到了组织领导有力度，每一步工作有计划，资金提供有保证。

（一）建立领导组织

1. 成立工作领导小组 佳木斯市郊区政府和区农业局高度重视耕地地力评价工作，成立了"郊区耕地地力评价"工作领导小组。以副区长任组长，农业局局长和中心主任任副组长，领导小组负责组织协调，制订工作计划，落实人员，安排资金，指导全面工作。

2. 成立技术组 在领导小组的领导下，成立了"郊区耕地地力评价"技术组，技术组设置在农业技术推广中心，由区农业技术推广中心主任任组长，副主任任副组长，成员由土壤肥料工作站和化验室的业务人员组成。技术组按照领导小组的工作安排具体组织实施。制订了"郊区耕地地力评价工作方案"，编排了"郊区耕地地力评价工作日程"。技术组下设野外调查组、技术培训组、分析测试组、软件应用组、报告编写组，各组有分工、有协作，各有侧重。

野外调查组由区农业技术推广中心和各乡（镇）的农业服务中心业务人员组成。区农业技术推广中心有 21 人参加，分成 5 组，每个组负责 2 个乡（镇）（农场），全区 11 个乡（镇），每个乡（镇）农业中心有 2 人参加。全区 96 个村和 5 个区级地方农场，每个村和区级地方农场配备 5 人参加。主要负责样品采集和农户调查等。采集的样品具有代表性和记录完整性（有地点、农户姓名、经纬度、采样时间、采样方法）。

技术培训组负责参加黑龙江省组织的各项培训，对佳木斯市郊区参加地力评价的技术人员进行技术培训。

分析测试组负责样品的制备和测试工作。严格执行国家行业标准或规范，坚持重复实验，控制精密度，每批样品不少于 $10\% \sim 15\%$ 重复样，每批样品都带标准样或参比样，减少系统误差。从而提高化验样品的准确性。

软件应用组主要负责耕地地力评价的软件应用。

报告编写小组主要负责在开展耕地地力评价的过程中，按照黑龙江省土壤肥料工作站《调查指南》的要求，收集佳木斯市郊区第二次土壤普查有关技术资料、图件，做到编写的报告内容丰富、数据真实可靠。

（二）技术培训

耕地地力调查是一项时间紧、技术强、质量高的一业务工作，为了使参加调查、采样、化验的工作人员能够正确的掌握技术要领。及时参加黑龙江省土壤肥料工作站组织的地力评价培训班，参加人员有推广中心主任、土肥站站长和相关化验人员。回来后办了二期培训班，第一期培训班，主要培训区参加外业调查和采样的人员；第二期培训班，主要培训各乡（镇）、农场和村级参加外业调查和采样的人员。同时选派 2 人专程去扬州学习地力评价软件和应用程序，为佳木斯市郊区地力评价顺利开展提供了技术贮备。

（三）收集资料

1. 数据及文本资料　主要收集数据和文本资料有：第二次土壤普查成果资料，基本农田保护区划定统计资料，全区各乡（镇）、农场、村近 3 年种植面积、粮食单产、总产统计资料，全区、乡（镇）、农场历年化肥销售、使用数量，全区历年土壤、植株测试资料，测土配方施肥土壤采样点化验分析及 GPS 定位仪定位资料，全区农村及农业生产基本情况资料。同时从相关部门获取了气象、农机、水产等相关资料。

2. 图件资料　按照黑龙江省土壤肥料工作站《调查与指南》的要求，收集了佳木斯市郊区有关的图件资料，包括：郊区土壤图、郊区土地利用现状图、郊区行政区划图、郊区地形图。

3. 资料收集整理程序　为了使资料更好的成为地力评价的技术支撑，采取了收集→登记→完整性检查→可靠性检查→筛选→分类→编码→整理→归档等程序。

（四）聘请专家，确定技术依托单位

聘请黑龙江省土壤肥料工作站、黑龙江大学的专家作为技术顾问，这些专家能够及时解决地力评价中遇到的问题，提出合理的建议，由于他们的帮助和支持，才使佳木斯市郊区圆满完成耕地地力评价工作。

由黑龙江省土壤肥料工作站牵头，确定哈尔滨市极象动漫公司为技术依托单位，完成了图件矢量化和工作空间的建立，他们工作认真负责，达到任务的要求，成果显著。

（五）技术准备

1. 确定耕地地力评价指标　评价因子是指参与评定耕地地力等级的耕地诸多属性。影响耕地地力的因素很多，在本次耕地地力评价中选取评价指标的原则：一是选取的因子对耕地地力有比较大的影响；二是选取的因子在评价区域内的变异较大，便于划分耕地地力的等级；三是选取的评价因子在时间序列上具有相对的稳定性；四是选取评价因子与评价区域的大小有密切的关系。依据以上原则，经专家组充分讨论，结合郊区土壤和农业生产实际情况，分别从全国共用的地力评价指标总集中选择出 9 个评价指标（有机质、有效磷、速效钾、有效锌、有效硼、pH、容重、障碍层类型、耕层厚度）作为佳木斯市郊区的耕地地力评价指标。

2. 确定评价单元　评价单元是由对耕地质量具有关键影响的耕地要素组成的空间实体，是耕地质量评价的最基本单位、对象和基础图斑。同一评价单元内的耕地自然基本条件、耕地的个体属性和经济属性基本一致，不同耕地评价单元之间，既有差异性、又有可比性。耕地地力评价就是要通过对每个评价单元的评价，确定其地力级别，把评价结果落实到实地和编绘的土地资源图上。因此，耕地评价单元划分的合理与否，直接关系到耕地地力评价的结果以及工作量的大小。通过图件的叠置和检索，将郊区耕地地力共划分为 2 920 个评价单元。

（六）耕地地力评价

1. 评价单元赋值　影响耕地地力的因子非常多，并且它们在计算机中的存贮方式也不相同，如何准确地获取各评价单元的评价信息是评价中的重要一环，因此，舍弃直接从键盘输入参评指标值的传统方式，根据不同类型数据的特点，通过点分位布图、矢量图、等值线图为评价单元获取数据。得到图形与属性相连，以评价单元为基本单位的评价信息。

2. 确定评价指标的权重　在耕地地力评价中，需要根据各参评因素对耕地地力的贡献确定权重，确定权重的方法很多，本次评价采用层次分析法（AHP）来确定各参评指标的权重。

3. 确定评价指标的隶属度　对定性数据采用德尔菲法直接给出相应的隶属度；对定量数据采用德尔菲法与隶属函数法结合的方法确定各评价指标的隶属函数。用德尔菲法根据一组分布均匀的实测值评估出对应的一组隶属度，然后在计算机中绘制这两组数值的散点图，再根据散点图进行曲线模拟，寻求参评指标实际值与隶属度关系方程从而建立起隶属函数。

4. 耕地地力等级划分结果　这次耕地地力评价将佳木斯市郊区基本农田划分为5个等级。一级地8 681.88公顷，占基本农田面积的13.28%；二级地20 444.79公顷，占基本农田面积31.28%；三级地17 891.54公顷，占基本农田面积的27.38%；四级地11 876.61公顷，占基本农田面积的18.17%；五级地6 458.02公顷，占基本农田面积9.88%。

一级、二级地属高产田土壤，面积29 126.67公顷，占基本农田面积的44.56%；三级为中产田土壤，面积17 891.54公顷，占基本农田面积的27.38%；四级、五级为低产田土壤，面积18 334.63公顷，占基本农田面积的28.05%。

5. 成果图件输出　为了提高制图的效率和准确性，在地理信息系统软件MAPGIS的支持下，进行耕地地力评价图及相关图件的自动编绘处理，其步骤大致分以下几步：扫描矢量化各基础图件→编辑点、线→点、线校正处理→统一坐标系→区编辑并对其赋属性→根据属性赋颜色→根据属性加注记→图幅整饰输出。另外还充分发挥MAPGIS强大的空间分析功能，用评价图与其他图件进行叠加，从而生成专题图、地理要素底图和耕地地力评价单元图。

6. 归入全国耕地地力等级体系　根据自然要素评价耕地生产潜力，评价结果可以很清楚地表明不同等级耕地中存在的主导障碍因素，可直接应用于指导实际的农业生产。归入全国耕地地力等级体系后，佳木斯市郊区基本农田划分为五级、六级、七级3个等级。五级面积29 126.67公顷，占佳木斯市郊区基本农田面积的44.56%；六级面积17 891.54公顷，占佳木斯市郊区基本农田面积的27.38%；七级面积18 334.63公顷，占佳木斯市郊区基本农田面积的28.05%。

7. 编写耕地地力评价报告　严格按照全国农业技术推广服务中心《耕地地力评价指南》进行编写。形成《佳木斯市郊区耕地地力评价工作报告》《佳木斯市郊区耕地地力评价技术报告》《佳木斯市郊区耕地地力评价专题报告》，文字总数近30万字，使佳木斯市郊区耕地地力评价结果得到规范的保存。

三、资金管理

耕地地力评价是测土配方施肥项目中的一部分，严格按照国家农业项目资金管理办法，实行专款专用、不挤不占。该项目使用资金25.3万元，其中：国家投资20.3万元，地方配套5万元。见附表5-1。

附表 5-1 郊区耕地地力评价经费使用明细

内 容	使用资金（万元）	其中资金来源（万元）	
		国家	地方配套
野外调查采样费	4.0	4	
样品化验费	12.0	7	5
培训、学习费	2.5	2.5	
图件矢量化	4.8	4.8	
报告编写材料费	2.0	2	
合 计	25.3	20.3	5

四、主要工作成果

结合测土配方施肥开展的耕地地力评价工作，获取了佳木斯市郊区有关农业生产大量的、内容丰富的测试数据、调查资料和数字化图件，通过各类报告和相关的软件工作系统，形成了对佳木斯市郊区农业生产发展具有积极意义的工作成果。

（一）文字报告

包括《佳木斯市郊区耕地地力评价工作报告》《佳木斯市郊区耕地地力评价技术报告》《佳木斯市郊区耕地地力评价专题报告》。其中专题报告又包括：《佳木斯市郊区作物种植适宜性评价专题报告》《佳木斯市郊区平衡施肥专题报告》《佳木斯郊区耕地质量与特色农业发展建议专题报告》《佳木斯市郊区耕地地力评价与土壤肥力演变和土壤污染专题报告》。

（二）数字化成果图

佳木斯市郊区行政区划图、佳木斯市郊区土地利用现状图、佳木斯市郊区土壤图、佳木斯市郊区耕地地力等级分级图、佳木斯市郊区采样点分布图、佳木斯市郊区玉米适宜性评价图、佳木斯市郊区碱解氮分级图、佳木斯市郊区有效磷分级图、佳木斯市郊区速效钾分级图、佳木斯市郊区有机质分级图、佳木斯市郊区有效铜分级图、佳木斯市郊区有效铁分级图、佳木斯市郊区有效锌分级图。

（三）完善了第二次土壤普查数据资料，存入到电子版数据资料库中

新形成的地力评价报告是在佳木斯市郊区第二次土壤普查结果的基础上，新增加了许多内容。通过这次耕地地力评价工作，统一了佳木斯市郊区土壤分类系统。由原来的 7 个土类、18 个亚类、22 个土属、46 个土种合并为现在的 8 个土类、14 个亚类、21 个土属、36 个土种。采用电子版保存数据，可以进一步适应现代农业的发展要求。

五、主要做法与经验

（一）加强组织领导，明确职责分工

佳木斯市郊区区委、区政府非常重视耕地地力评价工作，召开了测土配方施肥领导小组和技术小组会议，职责明确，相互配合，形成合力，同时还制订了责任追究等具体措

施，有力地促进了这项工作的开展。

（二）开展业务培训，规范技术标准

耕地地力评价工作是一项技术性强、工作繁杂、质量要求较高的惠民工作，为使参加调查、采样、化验的工作人员能够正确的掌握技术要领，顺利完成野外调查和化验分析工作，先后三批次参加黑龙江省土壤肥料工作站统一组织的化验分析人员培训同时推广中心主任和土壤肥料工作站站长接受业务培训，按照黑龙江省土壤肥料工作站的要求，成立了郊区耕地地力评价技术培训组，分别在外业工作开始之前和土样采集期间分两批次集中培训区、乡两级参加外业调查和采样的人员，培训主要是以入户调查工作和土样采集为主要内容，规范了表格的填写和土样采集方法。

（三）多部门协作，积极收集相关图件资料

在开展耕地地力评价的过程中，按照黑龙江省土壤肥料工作站《调查指南》的要求，收集了佳木斯市郊区有关大量基础资料，有第二次土壤普查成果图（郊区土壤图、土壤养分图等）、农业志、土地利用现状图、行政区划图、地形图、农田水利分区图等相关图件，国土、气象、农机、水利、农业档案、统计等相关部门提供了大量的图文信息资料，为调查工作的顺利开展提供了有利的支持。

（四）开展技术会商，严把技术评价质量关

耕地地力评价过程中，严格按照农业部《测土配方施肥技术规范（试行）修订稿》和黑龙江省土壤肥料工作站《县级耕地地力调查指南》的要求，集中专家智慧，通过专家小组积极开展技术会商，尤其是对参加过农业区划和第二次土壤普查的农业老专家，请他们对评价指标的选定、各参评指标的评价及权重等，提建议和看法，并多次召开专家评价会，反复对参评指标进行多次的研究探讨，切实符合实际情况，提高地力评价的质量。

（五）紧密联系生产实际，为当地农业生产服务

开展耕地地力评价，本身就是与当地农业生产实际联系十分密切的工作，特别是专题报告的选定与撰写，要符合当地农业生产的实际情况，反映当地农业生产发展的需求，充分应用了这次地力评价成果。

六、存在的问题与建议

1. 专业人员少　此项调查工作要求技术性很高，如图件的数字化、经纬坐标与地理坐标的转换、采样点位图的生成、等高线生成高程、坡度、坡向图等技术及评价信息系统与属性数据、空间数据的挂接、插值等技术都要请相关专业技术人员帮助才能完成。

2. 与第二次土壤普查衔接难度大　本次评价工作是在第二次土壤普查的基础上开展的，也是为了掌握两次调查之间土壤地力的变化情况。充分利用已有的土壤普查资料开展工作。应该看到本次土壤调查的对象是在土壤类型的基础上，由于人为土地利用的不同，土壤性状发生了一系列的变化，本次耕地地力评价技术含量高，全面系统，而第二次土壤普查较为粗浅，在某些方面衔接难度大。

3. 收集历史资料难度大　郊区经过多次行政区划变更，历史资料不全，而且由于各部门档案专业人员少、管理不规范，造成了有些资料很难收集，为本次耕地地力评价带来

一定的影响。

4. 相关经费不足 本次耕地地力评价工作参与人数多、工作紧、任务重、科技含量高。需要充足资金做保障，虽然力行节约，少花钱多办事，仍存在资金短缺和不足。

附表 5-2 佳木斯市郊区耕地地力调查与评价工作大事记

时 间	内 容	参 加 人	完 成 情 况
2007 年 3 月 18～25 日	化验基础知识学习及操作规程培训	化验室人员	化验员掌握了化验仪器、药品使用方法及操作规程
2007 年 4 月 10～13 日	黑龙江省土肥工作会、巴彦土样采集现场会	佳木斯市郊区农业技术推广中心副主任、土肥站长	现场参观学习土样采集方法GPS 定位仪使用方法
2007 年 4 月 21～23 日	土样采集方法	佳木斯市郊区农业技术推广中心技术干部 20 人、各乡（镇）农业中心 24 人	技术干部完全掌握了土样采集的正确方法
2007 年 4 月 25 日至 5 月 6 日	土样采集工作	佳木斯市郊区农业技术推广中心技术干部 20 人、各乡（镇）农业中心 11 人、村组长 160 人	农业中心人员分成 4 组，每组负责 1 个乡（镇）、共采集土样4 000 个
2007 年 5 月 7～11 日	测土配方施肥"3414"实验落实	佳木斯市郊区农业技术推广中心10 人	大豆"3414"实验共落实 5 个乡（镇）、10 个点次
2007 年 5 月 11～12 日	黑龙江省土肥站领导检查化验室建设情况	佳木斯市郊区推广中心主任、副主任，土肥站长、化验室全体人员	黑龙江省土肥站付建和科长、亲临检查指导，对化验室建设标准高、能正常开展化验，给予肯定
2007 年 7 月 6 日	佳木斯市郊区领导检查化验室	佳木斯市郊区区委书记、区长、农委主任、区农业推广中心主任、土肥站长、化验室全体人员	化验室建设得到了区委领导的肯定，同时提出几点要求及希望
2007 年 9 月 24～27 日	测土配方施肥"3414"实验项目落实及数据处理	佳木斯市郊区农业技术推广中心副主任	学习掌握"3414"实验原理、方法及实验结果处理
2007 年 10 月 12～13 日	黑龙江省土肥站召开新建县配肥站工作会议	佳木斯市郊区农业技术推广中心副主任	黑龙江省土壤肥料管理站胡站长主持会议，对配肥站建设提出意见和要求
2007 年 11 月 9 日至 12 月 30 日	土样化验、数据整理录入	佳木斯市郊区农业技术推广中心、土肥站人员及化验室人员	形成化验数据 32 000 个，数据录入 56 000 个
2008 年 2 月 29 日至 4 月 15 日	测土配方施肥宣传，发放施肥卡	佳木斯市郊区农业技术推广中心主任、土肥站全体人员	往返 5 个乡（镇），发放资料6 700 份，施肥建议卡 4 000 份
2008 年 3 月 4～5 日	佳木斯市郊区测土配方施肥动员大会，签订责任状，落实任务	佳木斯市郊区涉农相关部门，各乡（镇）书记及农业乡长、农委全体干部	11 个乡（镇）、5 个国有农场签订了责任状
2008 年 4 月 28 日	测土配方施肥科技大集	佳木斯市郊区农业技术推广中心全体干部	宣传测土配方施肥知识、专题讲座，发放测土施肥资料 1 500 份，接受咨询人数 2 100 人次
2008 年 4 月 15～25 日	土样采集工作	佳木斯市郊区农业技术推广中心技术干部 16 人、各乡（镇）农业中心 7 人、村组长 150 人	农业中心人员分成 4 组，每组负责 1 个乡（镇）、共采集土样4 076 个
2008 年 4 月 27～29 日	土样风干晾晒	佳木斯市郊区农业技术推广中心干部 10 人	完成了土样风干晾晒任务

（续）

时 间	内 容	参 加 人	完 成 情 况
2008 年 5 月 15～5 月 20 日	黑龙江省化验员培训班	化验室 2 名化验人员参加	学习化验基础知识、掌握操作规程、化验数据整理
2008 年 5 月 29 日至 6 月 16 日	佳木斯市郊区配肥站工作会议	佳木斯市郊区农业技术推广中心领导、土肥站全体人员，配肥站森屿公司与各乡（镇）农服中心主任	各乡（镇）签订了肥料供销合同
2008 年 6 月 16 日至 9 月 25 日	土样化验、数据整理录入	佳木斯市郊区农业技术推广中心土肥站人员及化验室人员	完成化验数据 32 608 份及数据录入 58 600 份
2008 年 9 月 2 日至 9 月 8 日	大豆"3414"实验田间检查	佳木斯市郊区农业技术推广中心领导、土肥站全体人员	"3414"田间调查数据项目全面、数据完整
2008 年 9 月 14～16 日	黑龙江省测土配方数据系统软件培训	佳木斯市郊区农业技术推广中心土肥站长及化验室人员	完善建立计算机软件系统、软件建设上标准
2008 年 9 月 19～21 日	黑龙江省土肥站检查化验室提档升级资质认证工作	佳木斯市郊区农业技术推广中心主任、土肥站长、化验室主任	黑龙江省土肥站郭会长对郊区化验室评价，起点高、标准化程度好，可作为全省第一批资质认证验收单位
2008 年 9 月 27 日至 10 月 20 日	大豆"3414"实验植株采集及室内考种	佳木斯市郊区农业技术推广中心全体技术干部	共采集植株样 90 份，室内考种完成根、茎、籽实粉碎 270 个
2009 年 1 月 11 日至 2 月 23 日	各乡（镇）发放施肥卡、宣传测土配方知识	佳木斯市郊区农业技术推广中心土肥站人员	发放施肥卡 4 076 份，宣传资料 5 000 份，咨询人数 2 500 人次
2009 年 2 月 25 日至 3 月 1 日	成立"耕地地力评价"工作领导小组	农业技术推广中心与有关单位	成立领导小组，组长由农委主任担任，副组长由农业技术推广中心主任担任，组员由农业中心技术人员组成
2009 年 3 月 5～10 日	制订耕地地力评价实施方案	农业技术推广中心有关单位	形成了一个切实可行的实施方案
2009 年 4 月 20 日至 5 月 6 日	土样采集工作	佳木斯市郊区农业技术推广中心技术干部 20 人，各乡（镇）农服中心 8 人及村组长 160 人	采集土样 2 105 份
2009 年 5 月 2 日至 10 月 20 日	参加黑龙江省土肥站组织西宁测土技术规范培训班及沈阳双交会	佳木斯市郊区农业技术推广中心土肥站人员	学习测土配方施肥技术规范内容，测土配方成果展示、学习各省先进工作经验
2009 年 9 月 6 日至 10 月 30 日	土样化验，数据整理录入	佳木斯市郊区农业技术推广中心化验室人员	形成化验数据 27 365 份，数据录入 32 600 份
2009 年 12 月 3～6 日	黑龙江省 2007 年项目县地力评价工作会议、制订全区地力评价指标	黑龙江省专家、农业技术推广中心副主任，土肥站全体人员	确定佳木斯市郊区耕地地力评价指标 9 个
2010 年 2 月 5 日至 3 月 11 日	土地局、统计局、水利局、气象局等单位收集有关资料和图件	佳木斯市郊区农业技术推广中心土肥站人员	收集到行政区划图一张、土壤图一张、土地利用现状图一张，地形图一张

时　　间	内　　容	参　加　人	完　成　情　况
2010 年 3 月 11 日至 8 月 25 日	图件矢量化	技术依托单位	矢量化图件完成
2010 年 5 月 5～25 日	土样采集工作	佳木斯市郊区农业技术推广中心技术干部 20 人、各乡（镇）服务中心 22 人、村组长 180 人	采集土样 1012 个
2010 年 7 月 13 日至 9 月 5 日	土样化验、数据整理录入	佳木斯市郊区农业技术推广中心土肥站人员及化验室人员	形成化验数据 14 168 个，数据录入 14 168 个
2010 年 7 月 19～23 日	耕地地力评价图件核对	技术依托单位	核对行政区划图、土壤图、乡界、村界，划清地力评价范围等
2010 年 8 月 26 日至 10 月 25 日	建立佳木斯市郊区耕地地力评价工作空间	技术依托单位	完成耕地地力评价工作空间建立
2010 年 10 月 26 日至 12 月 30 日	撰写地力评价工作报告、技术报告、专题报告	佳木斯市郊区农业技术推广中心土肥站人员	已经完成等待验收

附录6 佳木斯市郊区各土壤类型养分含量统计表

附表6-1 全区土壤类型有机质情况统计

单位：克/千克

土类、亚类、土属和土种名称	本次地力评价			1984年土壤普查		
	最大值	最小值	平均值	最大值	最小值	平均值
一、暗棕壤土类	96.10	16.40	50.33	—	—	45.06
（一）暗棕壤亚类	96.10	16.60	50.49	—	—	29.32
1. 暗矿质暗棕壤土属	71.90	36.20	53.53	—	—	32.17
（1）暗矿质暗棕壤	71.90	36.20	53.53	—	—	32.17
2. 沙砾质暗棕壤土属	87.30	16.60	47.21	—	—	36.10
（1）沙砾质暗棕壤	87.30	16.60	47.21	—	—	36.10
3. 沙砾质暗棕壤土属	96.10	35.50	59.26	—	—	19.70
（1）沙砾质暗棕壤	96.10	35.50	59.26	—	—	19.70
（二）白浆化暗棕壤亚类	84.80	16.40	49.19	—	—	60.80
1. 黄土质白浆化暗棕壤土属	84.80	16.40	49.19	—	—	60.80
（1）黄土质白浆化暗棕壤	84.80	16.40	49.19	—	—	60.80
二、白浆土土类	84.60	18.80	42.98	—	—	32.79
（一）白浆土亚类	84.60	18.80	42.98	—	—	32.22
1. 黄土质白浆土土属	84.60	18.80	42.98	—	—	32.22
（1）薄层黄土质白浆土	44.10	41.80	42.95	—	—	15.70
（2）中层黄土质白浆土	84.60	18.80	42.65	—	—	42.65
（3）厚层黄土质白浆土	81.50	32.50	48.63	—	—	38.31
（二）草甸白浆土亚类	42.80	42.80	42.80	—	—	33.35
1. 黏质草甸白浆土土属	42.80	42.80	42.80	—	—	33.35
（1）厚层黏质草甸白浆土	42.80	42.80	42.80	—	—	33.35
三、黑土土类	96.10	12.80	45.60	—	—	35.31
（一）黑土亚类	96.10	20.40	47.54	—	—	32.18
1. 砾底黑土土属	76.80	24.60	48.24	—	—	36.39
（1）薄层砾底黑土	76.80	24.60	48.70	—	—	32.83
（2）中层砾底黑土	57.00	25.00	47.07	—	—	39.95
2. 沙底黑土土属	49.50	47.00	48.18	—	—	18.82
（1）薄层沙底黑土	49.50	47.00	48.18	—	—	18.82
3. 黄土质黑土土属	96.10	20.40	47.43	—	—	41.31
（1）薄层黄土质黑土	91.40	20.40	44.89	—	—	35.21
（2）中层黄土质黑土	96.10	22.30	61.01	—	—	51.26
（3）厚层黄土质黑土	55.70	22.30	49.01	—	—	37.46
（二）草甸黑土亚类	76.80	14.40	43.12	—	—	34.03
1. 沙底草甸黑土土属	76.80	17.00	44.61	—	—	28.15
（1）薄层沙底草甸黑土	76.80	17.00	45.25	—	—	21.25
（2）中层沙底草甸黑土	66.50	24.30	42.58	—	—	35.04
2. 黄土质草甸黑土土属	73.60	14.40	41.05	—	—	39.91
（1）薄层黄土质草甸黑土	61.10	26.20	44.52	—	—	41.85

（续）

土类、亚类、土属和土种名称	本次地力评价			1984 年土壤普查		
	最大值	最小值	平均值	最大值	最小值	平均值
（2）中层黄土质草甸黑土	73.60	14.40	39.41	—	—	40.41
（3）厚层黄土质草甸黑土	56.70	22.30	40.84	—	—	37.46
（三）白浆化黑土亚类	84.60	12.80	45.06	—	—	39.73
1. 砾底白浆化黑土土属	84.60	16.40	44.95	—	—	51.47
（1）薄层砾底白浆化黑土	84.60	16.40	44.05	—	—	48.06
（2）中层砾底白浆化黑土	79.50	23.40	49.48	—	—	54.87
2. 黄土质白浆化黑土土属	69.50	12.80	46.74	—	—	27.99
（1）薄层黄土质白浆化黑土	69.50	12.80	46.74	—	—	27.99
四、草甸土土类	94.80	16.40	46.58	—	—	50.14
（一）草甸土亚类	94.80	16.40	46.61	—	—	50.29
1. 黏壤质草甸土土属	94.80	16.40	46.61	—	—	50.29
（1）薄层黏壤质草甸土	91.70	22.70	49.44	—	—	54.00
（2）中层黏壤质草甸土	89.00	16.40	41.53	—	—	45.26
（3）厚层黏壤质草甸土	94.80	23.50	51.49	—	—	51.62
（二）白浆化草甸土亚类	89.80	16.40	44.31	—	—	64.84
1. 黏壤质白浆化草甸土土属	89.80	16.40	44.31	—	—	64.84
（1）薄层黏壤质白浆化草甸土	89.80	16.40	48.94	—	—	73.90
（2）中层黏壤质白浆化草甸土	46.10	22.30	33.52	—	—	55.78
（三）潜育草甸土亚类	56.50	32.00	48.38	—	—	35.29
1. 黏壤质潜育草甸土土属	56.50	32.00	48.38	—	—	35.29
（1）薄层黏壤质潜育草甸土	47.10	32.00	43.12	—	—	23.33
（2）中层黏壤质潜育草甸土	52.10	52.10	52.10	—	—	36.55
（3）厚层黏壤质潜育草甸土	56.50	46.50	51.60	—	—	45.98
五、沼泽土土类	71.30	18.70	48.67	—	—	226.09
（一）泥炭沼泽土亚类	71.30	18.70	48.67	—	—	226.09
1. 泥炭沼泽土土属	71.30	18.70	48.67	—	—	226.09
（1）中层泥炭沼泽土	71.30	18.70	48.67	—	—	226.09
六、泥炭土土类	53.60	38.10	46.82	—	—	97.78
（一）低位泥炭土亚类	53.60	38.10	46.82	—	—	97.78
1. 芦苇薹草低位泥炭土土属	53.60	38.10	46.82	—	—	92.78
（1）薄层芦苇薹低位泥炭土	47.30	38.10	42.70	—	—	140.91
（2）中层芦苇薹低位泥炭土	53.60	41.50	49.57	—	—	44.65
七、新积土土类	45.10	28.40	40.69	—	—	39.50
（一）冲积土亚类	45.10	28.40	40.69	—	—	39.50
1. 层状冲积土土属	45.10	28.40	40.69	—	—	39.50
（1）中层层状冲积土	45.10	28.40	40.69	—	—	39.50
八、水稻土土类	68.70	15.80	43.83	—	—	36.01
（一）淹育水稻土亚类	68.70	15.80	43.83	—	—	36.01
1. 黑土型淹育水稻土土属	62.30	17.00	37.64	—	—	27.37
（1）薄层黑土型淹育水稻土	62.30	17.00	37.64	—	—	27.37
2. 草甸土型淹育水稻土土属	68.70	15.80	46.79	—	—	44.65
（1）中层草甸型淹育水稻土	68.70	15.80	46.79	—	—	44.65

附表 6-2　佳木斯市郊区耕地土壤有机质分级面积统计

土类、亚类、土属和土种名称	合计 面积（公顷）	一级 面积（公顷）	一级 占总（%）	二级 面积（公顷）	二级 占总（%）	三级 面积（公顷）	三级 占总（%）	四级 面积（公顷）	四级 占总（%）	五级 面积（公顷）	五级 占总（%）
合　　计	65 352.84	7 952.31	12.17	35 385.61	54.15	14 992.78	22.94	6 180.60	9.46	841.54	1.29
一、暗棕壤土类	7 877.68	1 372.30	17.42	5 138.94	65.23	1 210.63	15.37	144.35	1.83	11.46	0.15
（一）暗棕壤亚类	7 272.13	1 283.78	17.65	4 895.61	67.32	969.68	13.33	121.27	1.67	1.79	0.02
1. 暗矿质暗棕壤土属	297.96	96.48	32.38	191.15	64.15	10.33	3.47	0	0	0	0
（1）暗矿质暗棕壤	297.96	96.48	32.38	191.15	64.15	10.33	3.47	0	0	0	0
2. 沙砾质暗棕壤土属	3 300.02	450.82	13.66	1 942.44	58.86	783.70	23.75	121.27	3.67	1.79	0.05
（1）沙砾质暗棕壤	3 300.02	450.82	13.66	1 942.44	58.86	783.70	23.75	121.27	3.67	1.79	0.05
3. 沙砾质暗棕壤土属	3 674.15	736.48	20.04	2 762.02	75.17	175.65	4.78	0	0	0	0
（1）沙砾质暗棕壤	3 674.15	736.48	20.04	2 762.02	75.17	175.65	4.78	0	0	0	0
（二）白浆化暗棕壤亚类	605.55	88.52	14.62	243.33	40.18	240.95	39.79	23.08	3.81	9.67	1.60
1. 黄土质白浆化暗棕壤土属	605.55	88.52	14.62	243.33	40.18	240.95	39.79	23.08	3.81	9.67	1.60
（1）黄土质白浆化暗棕壤	605.55	88.52	14.62	243.33	40.18	240.95	39.79	23.08	3.81	9.67	1.60
二、白浆土土类	3 487.35	244.11	7.00	1 807.25	51.82	987.12	28.31	310.53	8.90	138.34	3.97
（一）白浆土亚类	3 487.35	244.11	7.00	1 807.25	51.82	987.12	28.31	310.53	8.90	138.34	3.97
1. 黄土质白浆土土属	3 459.03	244.11	7.06	1 778.93	51.43	987.12	28.54	310.53	8.98	138.34	4.00
（1）薄层黄土质白浆土	8.16	0	0	8.16	100.00	0	0	0	0	0	0.00
（2）中层黄土质白浆土	2 929.65	112.63	3.84	1421.87	48.53	946.28	32.30	310.53	10.60	138.34	4.72
（3）厚层黄土质白浆土	521.22	131.48	25.23	348.90	66.94	40.84	7.84	0	0	0	0
（二）草甸白浆土亚类	28.32	0	0	28.32	100.00	0	0	0	0	0	0.00
1. 黏质草甸白浆土土属	28.32	0	0	28.32	100.00	0	0	0	0	0	0
（1）厚层黏质草甸白浆土	28.32	0	0	28.32	100.00	0	0	0	0	0	0

（续）

土类、亚类、土属和土种名称	合计 面积（公顷）	一级 面积（公顷）	占总（%）	二级 面积（公顷）	占总（%）	三级 面积（公顷）	占总（%）	四级 面积（公顷）	占总（%）	五级 面积（公顷）	占总（%）
三、黑土土类	25 006.19	1 919.85	7.68	13 660.10	54.63	6 307.32	25.22	2 628.29	10.51	490.63	1.96
（一）黑土亚类	10 911.98	1 032.88	9.47	5 517.06	50.56	3 275.77	30.02	1 086.27	9.95	0	0.00
1. 砾底黑土土属	1 230.59	116.13	9.44	471.54	38.32	342.35	27.82	300.57	24.42	0	0
（1）薄层砾底黑土	933.08	116.13	12.45	284.12	30.45	342.35	36.69	190.48	20.41	0	0
（2）中层砾底黑土	297.51	0	0	187.42	63.00	0	0	110.09	37.00	0	0
2. 沙底黑土土属	35.78	0	0	35.78	100.00	0	0	0	0	0	0
（1）薄层沙底黑土	35.78	0	0	35.78	100.00	0	0	0	0	0	0
3. 黄土质黑土土属	9 645.61	916.75	9.50	5 009.74	51.94	2 933.42	30.41	785.70	8.15	0	0
（1）薄层黄土质黑土	8 364.50	464.87	5.56	4 338.32	51.87	2 875.87	34.38	685.44	8.19	0	0
（2）中层黄土质黑土	1 097.94	451.88	41.16	583.79	53.17	57.55	5.24	4.72	0.43	0	0
（3）厚层黄土质黑土	183.17	0	0	87.63	47.84	0	0	95.54	52.16	0	0
（二）草甸黑土亚类	8 324.37	601.91	7.23	4 508.89	54.16	1 714.69	20.60	1 250.03	15.02	248.85	2.99
1. 沙底草甸黑土土属	4 824.22	425.75	8.83	2 862.49	59.34	713.29	14.79	622.90	12.91	199.79	4.14
（1）薄层沙底草甸黑土	4 144.86	424.99	10.25	2 585.52	62.38	533.64	12.87	400.92	9.67	199.79	4.82
（2）中层沙底草甸黑土	679.36	0.76	0.11	276.97	40.77	179.65	26.44	221.98	32.67	0	0
2. 黄土质草甸黑土土属	3 500.15	176.16	5.03	1 646.40	47.04	1 001.40	28.61	627.13	17.92	49.06	1.40
（1）薄层黄土质草甸黑土	530.44	43.50	8.20	433.52	81.73	44.79	8.44	8.63	1.63	0	0
（2）中层黄土质草甸黑土	2 705.89	132.66	4.90	1 134.74	41.94	855.73	31.62	533.70	19.72	49.06	1.81
（3）厚层黄土质草甸黑土	263.82	0	0	78.14	29.62	100.88	38.24	84.80	32.14	0	0
（三）白浆化黑土亚类	5 769.84	285.06	4.94	3 634.15	62.99	1 316.86	22.82	291.99	5.06	241.78	4.19
1. 砾底白浆化黑土土属	5 503.90	278.39	5.06	3 399.39	61.76	1 305.61	23.72	291.99	5.31	228.52	4.15
（1）薄层砾底白浆化黑土	5 024.39	252.11	5.02	3 086.38	61.43	1 225.13	21.38	232.25	4.62	228.52	4.55

（续）

土类、亚类、土属和土种名称	合计面积(公顷)	一级 面积(公顷)	一级 占总面积(%)	二级 面积(公顷)	二级 占总面积(%)	三级 面积(公顷)	三级 占总面积(%)	四级 面积(公顷)	四级 占总面积(%)	五级 面积(公顷)	五级 占总面积(%)
（2）中层砥底白浆化黑土	479.51	26.28	5.48	313.01	65.28	80.48	16.78	59.74	12.46	0	0
2.黄土质白浆化黑土土属	265.94	6.67	2.51	234.76	88.28	11.25	4.23	0	0	13.26	4.99
（1）薄层黄土质白浆化黑土	265.94	6.67	2.51	234.76	88.28	11.25	4.23	0	0	13.26	4.99
四、草甸土土类	23 424.15	4 007.94	17.11	11 603.79	49.54	5 180.36	22.12	2 569.35	10.97	62.71	0.27
（一）草甸土亚类	22 757.62	3 987.58	17.52	11 172.26	49.09	5 038.02	22.14	2 505.42	11.01	54.34	0.24
1.黏壤质草甸土土属	22 757.62	3 987.58	17.52	11 172.26	49.09	5 038.02	22.14	2 505.42	11.01	54.34	0.24
（1）薄层黏壤质草甸土	5 985.43	1 339.12	22.37	3 521.75	58.84	910.02	15.20	214.54	3.58	0	0
（2）中层黏壤质草甸土	9 462.32	1 144.96	12.10	3 406.23	36.00	3 054.62	32.28	1 802.17	19.05	54.34	0.57
（3）厚层黏壤质草甸土	7 309.87	1 503.50	20.57	4 244.28	58.06	1 073.38	14.68	488.71	6.69	0	0
（二）白浆化草甸土亚类	463.35	20.36	4.39	247.07	53.32	123.62	26.68	63.93	13.80	8.37	1.81
1.黏壤质白浆化草甸土土属	463.35	20.36	4.39	247.07	53.32	123.62	26.68	63.93	13.80	8.37	1.81
（1）薄层黏壤质白浆化草甸土	281.58	20.36	7.23	115.22	40.92	122.01	43.33	15.62	5.55	8.37	2.97
（2）中层黏壤质白浆化草甸土	181.77	0	0	131.85	72.54	1.61	0.89	48.31	26.58	0	0
（三）潜育草甸土亚类	203.18	0	0	184.46	90.79	18.72	9.21	0	0	0	0
1.黏壤质潜育草甸土土属	203.18	0	0	184.46	90.79	18.72	9.21	0	0	0	0
（1）薄层黏壤质潜育草甸土	54.93	0	0	36.21	65.92	18.72	34.08	0	0	0	0
（2）中层黏壤质潜育草甸土	7.05	0	0	7.05	100.00	0	0	0	0	0	0
（3）厚层黏壤质潜育草甸土	141.20	0	0	141.20	100.00	0	0	0	0	0	0
五、沼泽土土类	1 230.93	135.65	11.02	654.97	53.21	337.10	27.39	40.37	3.28	62.84	5.11
（一）泥炭沼泽土亚类	1 230.93	135.65	11.02	654.97	53.21	337.10	27.39	40.37	3.28	62.84	5.11
1.中层泥炭沼泽土土属	1 230.93	135.65	11.02	654.97	53.21	337.10	27.39	40.37	3.28	62.84	5.11
（1）中层泥炭沼泽土	1 230.93	135.65	11.02	654.97	53.21	337.10	27.39	40.37	3.28	62.84	5.11

（续）

土类、亚类、土属和土种名称	合计面积（公顷）	一级		二级		三级		四级		五级	
		面积（公顷）	占总（%）	面积（公顷）	占总（%）	面积（公顷）	占总（%）	面积（公顷）	占总（%）	面积（公顷）	占总（%）
六、泥炭土土类	42.68	0	0	33.25	77.91	9.43	22.09	0	0	0	0
（一）低位泥炭土亚类	19.48	0	0	10.05	51.59	9.43	48.41	0	0	0	0
1.芦苇薹草低位泥炭土土属	19.48	0	0	10.05	51.59	9.43	48.41	0	0	0	0
(1)薄层芦苇薹草低位泥炭土	19.48	0	0	10.05	51.59	9.43	48.41	0	0	0	0
(2)中层芦苇薹草低位泥炭土	23.20	0	0	23.20	100.00	0	0	0	0	0	0
七、新积土土类	387.69	0	0	199.74	51.52	174.24	44.94	13.71	3.54	0	0
（一）冲积土亚类	387.69	0	0	199.74	51.52	174.24	44.94	13.71	3.54	0	0
1.层状冲积土土属	387.69	0	0	199.74	51.52	174.24	44.94	13.71	3.54	0	0
(1)中层层状冲积土	387.69	0	0	199.74	51.52	174.24	44.94	13.71	3.54	0	0
八、水稻土土类	3896.17	272.46	6.99	2287.57	58.71	786.58	20.19	474.00	12.17	75.56	1.94
（一）淹育水稻土亚类	3896.17	272.46	6.99	2287.57	58.71	786.58	20.19	474.00	12.17	75.56	1.94
1.黑土型淹育水稻土土属	1145.27	21.38	1.87	528.79	46.17	430.78	37.61	155.05	13.54	9.27	0.81
(1)薄层黑土型淹育水稻土	1145.27	21.38	1.87	528.79	46.17	430.78	37.61	155.05	13.54	9.27	0.81
2.草甸型淹育水稻土土属	2750.90	251.08	9.13	1758.78	63.93	355.80	12.93	318.95	11.59	66.29	2.41
(1)中层草甸型淹育水稻土	2750.90	251.08	9.13	1758.78	63.93	355.80	12.93	318.95	11.59	66.29	2.41

附表6-3　佳木斯市郊区有机质分级面积统计

乡（镇）	合计面积（公顷）	一级		二级		三级		四级		五级	
		面积（公顷）	占总（%）	面积（公顷）	占总（%）	面积（公顷）	占总（%）	面积（公顷）	占总（%）	面积（公顷）	占总（%）
合　计	65352.84	7952.31	12.17	35385.61	54.15	14992.78	22.94	6180.60	9.46	841.54	1.29
大来镇	8331.89	738.72	8.87	2815.87	33.80	3124.52	37.50	1607.52	19.29	45.26	0.54

（续）

乡（镇）	合计面积（公顷）	一级		二级		三级		四级		五级	
		面积（公顷）	占总面积（%）	面积（公顷）	占总面积（%）	面积（公顷）	占总面积（%）	面积（公顷）	占总面积（%）	面积（公顷）	占总面积（%）
长发镇	6 471.95	530.49	8.20	5 940.16	91.78	1.30	0.02	0	0	0	0
敖其镇	4 453.21	71.74	1.61	1 675.26	37.62	2 176.86	48.88	480.29	10.79	49.06	1.10
莲江口镇	2 316.98	0	0	437.95	18.90	967.28	41.75	882.62	38.09	29.13	1.26
望江镇	8 959.99	402.35	4.49	2 724.94	30.41	3 975.45	44.37	1 589.78	17.74	267.47	2.99
长青乡	1 564.98	20.42	1.30	1 035.48	66.17	255.30	16.31	44.72	2.86	209.06	13.36
沿江乡	3 842.06	604.02	15.72	2 891.54	75.26	197.10	5.13	136.14	3.54	13.26	0.35
四丰乡	5 365.01	2 575.06	48.00	2 287.05	42.63	387.90	7.23	115.00	2.14	0	0
西格木乡	6 085.91	307.99	5.06	5 233.66	86.00	525.27	8.63	18.99	0.31	0	0
群胜乡	6 032.04	137.69	2.28	3 023.47	50.12	1 998.85	33.14	643.73	10.67	228.30	3.78
平安乡	8 569.86	1 886.88	22.02	5 317.83	62.05	944.12	11.02	421.03	4.91	0	0
燎原农场	1 010.03	0	0	814.49	80.64	63.22	6.26	132.32	13.10	0	0
苏木河农场	1 586.96	628.18	39.58	917.94	57.84	40.84	2.57	0	0	0	0
猴石山果苗良种场	465.97	0	0	143.54	30.80	320.82	68.85	1.61	0.35	0	0
新村农场	177.00	48.77	27.55	7.43	4.20	13.95	7.88	106.85	60.37	0	0
四丰园艺场	119.00	0	0	119.00	100.00	0	0	0	0	0	0

附表 6 - 4　佳木斯市郊区全氮分级面积统计

乡（镇）	合计面积（公顷）	一级		二级		三级		四级		五级	
		面积（公顷）	占总面积（%）	面积（公顷）	占总面积（%）	面积（公顷）	占总面积（%）	面积（公顷）	占总面积（%）	面积（公顷）	占总面积（%）
合计	65 352.84	159.45	0.24	2 363.93	3.62	19 344.82	29.60	39 565.59	60.54	3 919.05	6.00
大来镇	8 331.89	11.27	0.14	21.61	0.26	2 678.02	32.14	5 081.10	60.98	539.89	6.48

（续）

乡（镇）	合计面积（公顷）	一级 面积（公顷）	占总（%）	二级 面积（公顷）	占总（%）	三级 面积（公顷）	占总（%）	四级 面积（公顷）	占总（%）	五级 面积（公顷）	占总（%）
长发镇	6 471.95	70.35	1.09	444.21	6.86	4 038.79	62.40	1 741.54	26.91	177.06	2.74
敖其镇	4 453.21	58.88	1.32	217.49	4.88	1 628.16	36.56	2 548.68	57.23	0	0
莲江口镇	2 316.98	0	0	0	0	85.75	3.70	1 774.63	76.59	456.60	19.71
望江镇	8 959.99	0	0	0	0	868.75	9.70	7 035.09	78.52	1 056.15	11.79
长青乡	1 564.98	0	0	0	0	173.92	11.11	1391.06	88.89	0	0
沿江乡	3 842.06	0	0	0	0	495.53	12.90	3 079.94	80.16	266.59	6.94
四丰乡	5 365.01	18.95	0.31	1 329.10	24.77	1 827.48	34.06	1 849.72	34.48	358.71	6.69
西格木乡	6 085.91	0		8.19	0.13	3 813.61	62.66	2 166.16	35.59	79.00	1.30
群胜乡	6 032.04	0	0	164.78	2.73	1 278.46	21.19	4 219.71	69.95	369.09	6.12
平安乡	8 569.86	0	0	0	0	911.31	10.63	7 257.08	84.68	401.47	4.68
椿原农场	1 010.03	0	0	0	0	216.66	21.45	578.88	57.31	214.49	21.24
苏木河农场	1 586.96	0	0	178.55	11.25	799.57	50.38	608.84	38.37	0	0
猴石山果苗良种场	465.97	0	0	0	0	310.44	66.62	155.53	33.38	0	0
新村农场	177.00	0	0	0	0	99.37	56.14	77.63	43.86	0	0
四丰园艺场	119.00	0	0	0	0	119.00	100.00	0	0	0	0

附表 6-5 全区土壤类型全氮情况统计

单位：克/千克

土类、亚类、土属和土种名称	本次地力评价			1984年土壤普查		
	最大值	最小值	平均值	最大值	最小值	平均值
一、暗棕壤土类	2.76	0.39	1.48	—	—	2.98
（一）暗棕壤亚类	2.76	0.39	1.48	—	—	2.65
1. 暗矿质暗棕壤土属	2.05	1.27	1.68	—	—	2.19
（1）暗矿质暗棕壤	2.05	1.27	1.68	—	—	2.19
2. 沙砾质暗棕壤土属	2.76	0.39	1.44	—	—	3.26
（1）沙砾质暗棕壤	2.76	0.39	1.44	—	—	3.26
3. 沙砾质暗棕壤土属	2.35	0.88	1.58	—	—	2.50
（1）沙砾质暗棕壤	2.35	0.88	1.58	—	—	2.50
（二）白浆化暗棕壤亚类	2.13	1.10	1.43	—	—	3.31
1. 黄土质白浆化暗棕壤土属	2.13	1.10	1.43	—	—	3.31
（1）黄土质白浆化暗棕壤	2.13	1.10	1.43	—	—	3.31
二、白浆土土类	2.03	0.61	1.34	—	—	2.17
（一）白浆土亚类	2.03	0.61	1.34	—	—	2.20
1. 黄土质白浆土土属	2.03	0.61	1.34	—	—	2.20
（1）薄层黄土质白浆土	1.46	1.46	1.46	—	—	1.16
（2）中层黄土质白浆土	2.03	0.61	1.32	—	—	2.55
（3）厚层黄土质白浆土	1.87	1.28	1.58	—	—	2.90
（二）草甸白浆土亚类	1.38	1.38	1.38	—	—	2.14
1. 黏质草甸白浆土土属	1.38	1.38	1.38	—	—	2.14
（1）厚层黏质草甸白浆土	1.38	1.38	1.38	—	—	2.14
三、黑土土类	2.50	0.78	1.43	—	—	2.12
（一）黑土亚类	2.50	0.83	1.45	—	—	2.03
1. 砾底黑土土属	1.90	0.90	1.41	—	—	2.54
（1）薄层砾底黑土	1.90	0.90	1.42	—	—	1.79
（2）中层砾底黑土	1.84	1.09	1.37	—	—	3.30
2. 沙底黑土土属	1.27	1.23	1.24	—	—	1.41
（1）薄层沙底黑土	1.27	1.23	1.24	—	—	1.41
3. 黄土质黑土土属	2.50	0.83	1.45	—	—	2.14
（1）薄层黄土质黑土	2.14	0.86	1.42	—	—	2.03
（2）中层黄土质黑土	2.50	0.83	1.62	—	—	2.60
（3）厚层黄土质黑土	2.05	0.87	1.68	—	—	1.80
（二）草甸黑土亚类	2.11	0.81	1.36	—	—	1.97
1. 沙底草甸黑土土属	1.86	0.81	1.31	—	—	1.74
（1）薄层沙底草甸黑土	1.86	0.81	1.28	—	—	1.55
（2）中层沙底草甸黑土	1.71	1.05	1.41	—	—	1.92
2. 黄土质草甸黑土土属	2.11	1.00	1.44	—	—	2.20
（1）薄层黄土质草甸黑土	1.72	1.02	1.41	—	—	2.20
（2）中层黄土质草甸黑土	2.11	1.00	1.45	—	—	2.31
（3）厚层黄土质草甸黑土	1.85	1.09	1.45	—	—	2.09

（续）

土类、亚类、土属和土种名称	本次地力评价			1984 年土壤普查		
	最大值	最小值	平均值	最大值	最小值	平均值
（三）白浆化黑土亚类	2.16	0.78	1.48	—	—	2.37
1. 砾底白浆化黑土土属	2.16	0.78	1.48	—	—	3.04
（1）薄层砾底白浆化黑土	2.16	0.78	1.50	—	—	2.94
（2）中层砾底白浆化黑土	1.89	1.02	1.35	—	—	3.13
2. 黄土质白浆化黑土土属	1.98	1.14	1.48	—	—	1.71
（1）薄层黄土质白浆化黑土	1.98	1.14	1.48	—	—	1.71
四、草甸土土类	2.69	0.14	1.38	—	—	2.88
（一）草甸土亚类	2.69	0.14	1.37	—	—	2.82
1. 黏壤质草甸土土属	2.69	0.14	1.37	—	—	2.82
（1）薄层黏壤质草甸土	1.70	0.76	1.29	—	—	2.12
（2）中层黏壤质草甸土	2.45	0.14	1.24	—	—	2.89
（3）厚层黏壤质草甸土	2.69	1.03	1.64	—	—	3.45
（二）白浆化草甸土亚类	1.63	0.87	1.33	—	—	3.60
1. 黏壤质白浆化草甸土土属	1.63	0.87	1.33	—	—	3.60
（1）薄层黏壤质白浆化草甸土	1.63	1.03	1.32	—	—	4.07
（2）中层黏壤质白浆化草甸土	1.56	0.87	1.37	—	—	3.13
（三）潜育草甸土亚类	1.89	1.02	1.48	—	—	2.22
1. 黏壤质潜育草甸土土属	1.89	1.02	1.48	—	—	2.22
（1）薄层黏壤质潜育草甸土	1.64	1.25	1.35	—	—	1.46
（2）中层黏壤质潜育草甸土	1.77	1.77	1.77	—	—	2.32
（3）厚层黏壤质潜育草甸土	1.89	1.02	1.53	—	—	2.90
五、沼泽土土类	1.92	0.10	1.33	—	—	3.33
（一）泥炭沼泽土亚类	1.92	0.10	1.33	—	—	3.33
1. 泥炭沼泽土土属	1.92	0.10	1.33	—	—	3.33
（1）中层泥炭沼泽土	1.92	0.10	1.33	—	—	3.33
六、泥炭土土类	1.54	1.12	1.23	—	—	2.92
（一）低位泥炭土亚类	1.54	1.12	1.23	—	—	2.92
1. 芦苇薹草低位泥炭土土属	1.54	1.12	1.23	—	—	2.92
（1）薄层芦苇薹草低位泥炭土	1.54	1.20	1.37	—	—	3.10
（2）中层芦苇薹草低位泥炭土	1.14	1.12	1.13	—	—	2.75
七、新积土土类	1.57	1.22	1.38	—	—	1.75
（一）冲积土亚类	1.57	1.22	1.38	—	—	1.75
1. 层状冲积土土属	1.57	1.22	1.38	—	—	1.75
（1）中层层状冲积土	1.57	1.22	1.38	—	—	1.75
八、水稻土土类	2.05	0.81	1.28	—	—	2.24
（一）淹育水稻土亚类	2.05	0.81	1.28	—	—	2.24
1. 黑土型淹育水稻土土属	1.70	0.81	1.31	—	—	1.65
（1）薄层黑土型淹育水稻土	1.70	0.81	1.31	—	—	1.65
2. 草甸土型淹育水稻土土属	2.05	0.82	1.27	—	—	2.82
（1）中层草甸型淹育水稻土	2.05	0.82	1.27	—	—	2.82

附表 6-6 佳木斯市郊区耕地土壤全氮分级面积统计

土类、亚类、土属和土种名称	合计面积（公顷）	一级		二级		三级		四级		五级	
		面积（公顷）	占总面积（%）	面积（公顷）	占总面积（%）	面积（公顷）	占总面积（%）	面积（公顷）	占总面积（%）	面积（公顷）	占总面积（%）
合　计	65 352.84	159.45	0.24	2 363.93	3.62	19 344.82	29.60	39 565.59	60.54	3 919.05	6.00
一、暗棕壤土类	7 877.68	18.95	0.24	532.00	6.75	3 704.42	47.02	3 372.78	42.81	249.53	3.17
（一）暗棕壤亚类	7 272.13	18.95	0.26	530.19	7.29	3 521.00	48.42	2 952.46	40.60	249.53	3.43
1. 暗矿质暗棕壤土属	297.96	0	0	33.73	11.32	253.90	85.21	10.33	3.47	0	0
(1) 暗矿质暗棕壤	297.96	0	0	33.73	11.32	253.90	85.21	10.33	3.47	0	0
2. 沙砾质暗棕壤土属	3 300.02	18.95	0.57	178.81	5.42	1 363.63	41.32	1 614.90	48.94	123.73	3.75
(1) 沙砾质暗棕壤	3 300.02	18.95	0.57	178.81	5.42	1 363.63	41.32	1 614.90	48.94	123.73	3.75
3. 沙砾质暗棕壤土属	3 674.15	0	0	317.65	8.65	1 903.47	51.81	1 327.23	36.12	125.80	3.42
(1) 沙砾质暗棕壤	3 674.15	0	0	317.65	8.65	1 903.47	51.81	1 327.23	36.12	125.80	3.42
（二）白浆化暗棕壤亚类	605.55	0	0	1.81	0.30	183.42	30.29	420.32	69.41	0	0
1. 黄土质白浆化暗棕壤土属	605.55	0	0	1.81	0.30	183.42	30.29	420.32	69.41	0	0
(1) 黄土质白浆化暗棕壤	605.55	0	0	1.81	0.30	183.42	30.29	420.32	69.41	0	0
二、白浆土类	3 487.35	0	0	8.19	0.23	1 205.96	34.58	2 106.50	60.40	166.70	4.78
（一）白浆土亚类	3 487.35	0	0	8.19	0.23	1 205.96	34.58	2 106.50	60.40	166.70	4.78
1. 黄土质白浆土土属	3 459.03	0	0	8.19	0.24	1 205.96	34.86	2 078.18	60.08	166.70	4.82
(1) 薄层黄土质黄土土	8.16	0	0	0	0	0	0	8.16	100.00	0	0
(2) 中层黄土质白浆土	2 929.65	0	0	8.19	0.28	1 027.01	35.06	1 727.75	58.97	166.70	5.69
(3) 厚层黄土质白浆土	521.22	0	0	0	0	178.95	34.33	342.27	65.67	0	0
（二）草甸白浆土亚类	28.32	0	0	0	0	0	0	28.32	100.00	0	0
1. 黏质草甸白浆土土属	28.32	0	0	0	0	0	0	28.32	100.00	0	0
(1) 厚层黏质草甸白浆土	28.32	0	0	0	0	0	0	28.32	100.00	0	0

（续）

土类、亚类、土属和土种名称	合计 面积 （公顷）	一级 面积 （公顷）	一级 占总（%）	二级 面积 （公顷）	二级 占总（%）	三级 面积 （公顷）	三级 占总（%）	四级 面积 （公顷）	四级 占总（%）	五级 面积 （公顷）	五级 占总（%）
三、黑土土类	25 006.19	0	0	870.15	3.48	7 758.90	31.03	15 117.39	60.45	1 259.75	5.04
（一）黑土亚类	10 911.98	0	0	534.63	4.90	3 558.52	32.61	6 360.33	58.29	458.50	4.20
1. 砾底黑土土属	1 230.59	0	0	0	0	348.93	28.35	817.12	66.40	64.54	5.24
（1）薄层砾底黑土	933.08	0	0	0	0	260.64	27.93	607.90	65.15	64.54	6.92
（2）中层砾底黑土	297.51	0	0	0	0	88.29	29.68	209.22	70.32	0	0
2. 沙底黑土土属	35.78	0	0	0	0	0	0	35.78	100.00	0	0
（1）薄层沙底黑土	35.78	0	0	0	0	0	0	35.78	100.00	0	0
3. 黄土质黑土土属	9 645.61	0	0	534.63	5.54	3 209.59	33.28	5 507.43	57.10	393.96	4.08
（1）薄层黄土质黑土	8 364.50	0	0	296.57	3.55	2 742.17	32.78	5 066.52	60.57	259.24	3.10
（2）中层黄土质黑土	1 097.94	0	0	200.79	18.29	441.77	40.24	416.20	37.91	39.18	3.57
（3）厚层黄土质黑土	183.17	0	0	37.27	20.35	25.65	14.00	24.71	13.49	95.54	52.16
（二）草甸黑土亚类	8 324.37	0	0	100.53	1.21	1596.71	19.18	6 225.46	74.79	401.67	4.83
1. 沙底草甸黑土土属	4 824.22	0	0	0	0	511.66	10.61	3 910.89	81.07	401.67	8.33
（1）薄层沙底草甸黑土	4 144.86	0	0	0	0	320.31	7.73	3 422.88	82.58	401.67	9.69
（2）中层沙底草甸黑土	679.36	0	0	0	0	191.35	28.17	488.01	71.83	0	0
2. 黄土质草甸黑土土属	3 500.15	0	0	100.53	2.87	1 085.05	31.00	2 314.57	66.13	0	0
（1）薄层黄土质草甸黑土	530.44	0	0	0	0	243.40	45.89	287.04	54.11	0	0
（2）中层黄土质草甸黑土	2 705.89	0	0	100.53	3.72	717.07	26.50	1 888.29	69.78	0	0
（3）厚层黄土质草甸黑土	263.82	0	0	0	0	124.58	47.22	139.24	52.78	0	0
（三）白浆化黑土亚类	5 769.84	0	0	234.99	4.07	2 603.67	45.13	2 531.60	43.88	399.58	6.93
1. 砾底白浆化黑土土属	5 503.90	0	0	234.99	4.27	2 581.61	46.91	2 287.72	41.57	399.58	7.26
（1）薄层砾底白浆化黑土	5 024.39	0	0	234.99	4.68	2 415.98	48.09	1 973.84	39.29	399.58	7.95

（续）

土类、亚类、土属和土种名称	合计面积（公顷）	一级 面积（公顷）	一级 占总（%）	二级 面积（公顷）	二级 占总（%）	三级 面积（公顷）	三级 占总（%）	四级 面积（公顷）	四级 占总（%）	五级 面积（公顷）	五级 占总（%）
（2）中层砾底白浆化黑土	479.51	0	0	0	0	165.63	34.54	313.88	65.46	0	0
2. 黄土质白浆化黑土土属	265.94	0	0	0	0	22.06	8.30	243.88	91.70	0	0
（1）薄层黄土质白浆化黑土	265.94	0	0	0	0	22.06	8.30	243.88	91.70	0	0
四、草甸土土类	23 424.15	140.50	0.60	952.87	4.07	5 419.16	23.13	15 465.19	66.02	1 446.43	6.17
（一）草甸土亚类	22 757.62	140.50	0.62	952.87	4.19	5 268.15	23.15	14 950.11	65.69	1 445.99	6.35
1. 黏壤质草甸土土属	22 757.62	140.50	0.62	952.87	4.19	5 268.15	23.15	14 950.11	65.69	1 445.99	6.35
（1）薄层黏壤质草甸土	5 985.43	0	0	0	0	840.75	14.05	4 863.22	81.25	281.46	4.70
（2）中层黏壤质草甸土	9 462.32	0	0	38.40	0.41	746.91	7.89	7 512.48	79.39	1 164.53	12.31
（3）厚层黏壤质草甸土	7 309.87	140.50	1.92	914.47	12.51	3 680.49	50.35	2 574.41	35.22	0	0
（二）白浆化草甸土亚类	463.35	0	0	0	0	45.51	9.82	417.40	90.08	0.44	0.09
1. 黏壤质白浆化草甸土土属	463.35	0	0	0	0	45.51	9.82	417.40	90.08	0.44	0.09
（1）薄层黏壤质白浆化草甸土	281.58	0	0	0	0	1.37	0.49	280.21	99.51	0	0
（2）中层黏壤质白浆化草甸土	181.77	0	0	0	0	44.14	24.28	137.19	75.47	0.44	0.24
（三）潜育草甸土亚类	203.18	0	0	0	0	105.50	51.92	97.68	48.08	0	0
1. 黏壤质潜育草甸土土属	203.18	0	0	0	0	105.50	51.92	97.68	48.08	0	0
（1）薄层黏壤质潜育草甸土	54.93	0	0	0	0	18.72	34.08	36.21	65.92	0	0
（2）中层黏壤质潜育草甸土	7.05	0	0	0	0	7.05	100.00	0	0	0	0
（3）厚层黏壤质潜育草甸土	141.20	0	0	0	0	79.73	56.47	61.47	43.53	0	0
五、沼泽土土类	1 230.93	0	0	0	0	144.83	11.77	975.55	79.25	110.55	8.98
（一）泥炭沼泽土亚类	1 230.93	0	0	0	0	144.83	11.77	975.55	79.25	110.55	8.98
1. 泥炭沼泽土土属	1 230.93	0	0	0	0	144.83	11.77	975.55	79.25	110.55	8.98
（1）中层泥炭沼泽土	1 230.93	0	0	0	0	144.83	11.77	975.55	79.25	110.55	8.98

（续）

土类、亚类、土属和土种名称	合计 面积(公顷)	一级 面积(公顷)	一级 占总(%)	二级 面积(公顷)	二级 占总(%)	三级 面积(公顷)	三级 占总(%)	四级 面积(公顷)	四级 占总(%)	五级 面积(公顷)	五级 占总(%)
六、泥炭土土类	42.68	0	0	0	0	9.43	22.09	33.25	77.91	0	0
（一）低位泥炭土亚类	19.48	0	0	0	0	9.43	48.41	10.05	51.59	0	0
1.芦苇薹草低位泥炭土土属	19.48	0	0	0	0	9.43	48.41	10.05	51.59	0	0
（1）薄层芦苇薹草低位泥炭土	19.48	0	0	0	0	9.43	48.41	10.05	51.59	0	0
（2）中层芦苇薹草低位泥炭土	23.20	0	0	0	0	0	0	23.20	100.00	0	0
七、新积土土类	387.69	0	0	0	0	81.67	21.07	306.02	78.93	0	0
（一）冲积土亚类	387.69	0	0	0	0	81.67	21.07	306.02	78.93	0	0
1.层状冲积土土属	387.69	0	0	0	0	81.67	21.07	306.02	78.93	0	0
（1）中层层状冲积土	387.69	0	0	0	0	81.67	21.07	306.02	78.93	0	0
八、水稻土土类	3 896.17	0	0	0.72	0.02	1 020.45	26.19	2 188.91	56.18	686.09	17.61
（一）淹育水稻土亚类	3 896.17	0	0	0.72	0.02	1 020.45	26.19	2 188.91	56.18	686.09	17.61
1.黑土型淹育水稻土土属	1 145.27	0	0	0	0	340.10	29.70	559.13	48.82	246.04	21.48
（1）薄层黑土型淹育水稻土	1 145.27	0	0	0	0	340.10	29.70	559.13	48.82	246.04	21.48
2.草甸土型淹育水稻土土属	2 750.90	0	0	0.72	0.03	680.35	24.73	1 629.78	59.25	440.05	16.00
（1）中层草甸型淹育水稻土	2 750.90	0	0	0.72	0.03	680.35	24.73	1 629.78	59.25	440.05	16.00

附表 6 - 7　佳木斯市郊区有效磷分级面积统计

乡（镇）	合计 面积(公顷)	一级 面积(公顷)	一级 占总(%)	二级 面积(公顷)	二级 占总(%)	三级 面积(公顷)	三级 占总(%)	四级 面积(公顷)	四级 占总(%)	五级 面积(公顷)	五级 占总(%)
合　计	65 352.84	27 555.25	42.16	22 529.77	34.47	13 809.58	21.13	1 434.65	2.20	23.59	0.04
大来镇	8 331.89	4 565.86	54.80	2 592.07	31.11	1 128.30	13.54	45.66	0.55	0	0

（续）

乡（镇）	合计 面积 （公顷）	一级		二级		三级		四级		五级	
		面积 （公顷）	占总 面积（%）	面积 （公顷）	占总 面积（%）	面积 （公顷）	占总 面积（%）	面积 （公顷）	占总 面积（%）	面积 （公顷）	占总 面积（%）
长发镇	6 471.95	1 045.32	16.15	3 371.16	52.09	1 914.45	29.58	141.02	2.18	0	0
敖其镇	4 453.21	3 054.42	68.59	1 140.17	25.60	196.02	4.40	62.60	1.41	0	0
莲江口镇	2 316.98	2 142.62	92.47	91.19	3.94	59.58	2.57	0	0	23.59	1.02
望江镇	8 959.99	5 346.23	59.67	2 326.87	25.97	1 246.79	13.92	40.10	0.45	0	0
长青乡	1 564.98	1 463.49	93.51	45.79	2.93	55.70	3.56	0	0	0	0
沿江乡	3 842.06	3 527.81	91.82	107.74	2.80	54.77	1.43	151.74	3.95	0	0
四丰乡	5 365.01	1 081.66	20.16	2 075.84	38.69	1 995.10	37.19	212.41	3.96	0	0
西格木乡	6 085.91	3 076.55	50.55	2 508.55	41.22	474.47	7.80	26.34	0.43	0	0
群胜乡	6 032.04	1 252.78	20.77	3 025.43	50.16	1 672.18	27.72	81.65	1.35	0	0
平安乡	8 569.86	662.27	7.73	4 012.08	46.82	3 240.86	37.82	654.65	7.64	0	0
燎原农场	1 010.03	307.14	30.41	648.07	64.16	36.34	3.60	18.48	1.83	0	0
苏木河农场	1 586.96	0	0	136.38	8.59	1 450.58	91.41	0	0	0	0
猴石山果苗良种场	465.97	29.10	6.25	204.82	43.96	232.05	49.80	0	0	0	0
新村农场	177.00	0	0	124.61	70.40	52.39	29.60	0	0	0	0
四丰园艺场	119.00	0	0	119.00	100.00	0	0	0	0	0	0

附表 6 - 8　全区土壤类型有效磷情况统计

单位：毫克/千克

土类、亚类、土属和土种名称	本次地力评价			1984 年土壤普查		
	最大值	最小值	平均值	最大值	最小值	平均值
一、暗棕壤土类	161.70	16.40	54.21	—	—	16.19
（一）暗棕壤亚类	161.70	16.40	53.61	—	—	19.47
1. 暗矿质暗棕壤土属	115.80	32.30	57.34	—	—	25.90
（1）暗矿质暗棕壤	115.80	32.30	57.34	—	—	25.90
2. 沙砾质暗棕壤土属	161.70	16.40	57.03	—	—	15.50
（1）沙砾质暗棕壤	161.70	16.40	57.03	—	—	15.50
3. 沙砾质暗棕壤土属	84.30	18.70	43.44	—	—	17.00
（1）沙砾质暗棕壤	84.30	18.70	43.44	—	—	17.00
（二）白浆化暗棕壤亚类	113.30	19.60	58.33	—	—	13.50
1. 黄土质白浆化暗棕壤土属	113.30	19.60	58.33	—	—	13.50
（1）黄土质白浆化暗棕壤	113.30	19.60	58.33	—	—	13.50
二、白浆土土类	181.00	17.40	63.39	—	—	18.22
（一）白浆土亚类	181.00	17.40	63.64	—	—	14.93
1. 黄土质白浆土土属	181.00	17.40	63.64	—	—	14.93
（1）薄层黄土质白浆土	61.50	52.00	56.75	—	—	18.00
（2）中层黄土质白浆土	181.00	17.40	65.27	—	—	13.00
（3）厚层黄土质白浆土	50.60	20.40	38.19	—	—	13.80
（二）草甸白浆土亚类	28.60	28.60	28.60	—	—	21.50
1. 黏质草甸白浆土土属	28.60	28.60	28.60	—	—	21.50
（1）厚层黏质草甸白浆土	28.60	28.60	28.60	—	—	21.50
三、黑土土类	170.90	12.40	71.61	—	—	34.28
（一）黑土亚类	170.90	19.00	66.79	—	—	41.17
1. 砾底黑土土属	130.30	26.40	72.93	—	—	47.05
（1）薄层砾底黑土	130.30	26.40	81.04	—	—	50.10
（2）中层砾底黑土	100.40	27.70	52.68	—	—	44.00
2. 沙底黑土土属	91.80	85.70	87.53	—	—	39.80
（1）薄层沙底黑土	91.80	85.70	87.53	—	—	39.80
3. 黄土质黑土土属	170.90	19.00	65.80	—	—	32.45
（1）薄层黄土质黑土	170.90	19.00	69.93	—	—	27.70
（2）中层黄土质黑土	85.90	22.00	44.86	—	—	19.40
（3）厚层黄土质黑土	82.00	23.60	54.51	—	—	50.25
（二）草甸黑土亚类	170.40	12.40	85.60	—	—	49.01
1. 沙底草甸黑土土属	170.40	17.00	89.74	—	—	66.25
（1）薄层沙底草甸黑土	170.40	17.00	90.32	—	—	49.10
（2）中层沙底草甸黑土	156.20	50.00	87.89	—	—	83.40
2. 黄土质草甸黑土土属	168.30	12.40	79.84	—	—	31.77
（1）薄层黄土质草甸黑土	168.30	34.40	123.62	—	—	27.30
（2）中层黄土质草甸黑土	142.30	12.40	62.98	—	—	37.30
（3）厚层黄土质草甸黑土	65.40	17.10	46.29	—	—	30.70

（续）

土类、亚类、土属和土种名称	本次地力评价			1984年土壤普查		
	最大值	最小值	平均值	最大值	最小值	平均值
（三）白浆化黑土亚类	168.10	13.20	60.37	—	—	12.65
1. 砾底白浆化黑土土属	149.10	13.20	58.91	—	—	13.60
（1）薄层砾底白浆化黑土	149.10	13.20	54.72	—	—	12.70
（2）中层砾底白浆化黑土	146.00	38.50	80.20	—	—	14.50
2. 黄土质白浆化黑土土属	168.10	46.30	82.85	—	—	11.70
（1）薄层黄土质白浆化黑土	168.10	46.30	82.85	—	—	11.70
四、草甸土土类	196.80	10.80	65.51	—	—	39.10
（一）草甸土亚类	196.80	10.80	65.34	—	—	54.77
1. 黏壤质草甸土土属	196.80	10.80	65.34	—	—	54.77
（1）薄层黏壤质草甸土	124.50	10.80	44.85	—	—	72.10
（2）中层黏壤质草甸土	196.80	19.30	80.76	—	—	63.80
（3）厚层黏壤质草甸土	167.50	17.00	61.01	—	—	28.40
（二）白浆化草甸土亚类	74.80	11.00	51.97	—	—	17.50
1. 黏壤质白浆化草甸土土属	74.80	11.00	51.97	—	—	17.50
（1）薄层黏壤质白浆化草甸土	70.50	11.00	52.73	—	—	16.10
（2）中层黏壤质白浆化草甸土	74.80	23.60	50.20	—	—	18.90
（三）潜育草甸土亚类	166.60	18.90	97.15	—	—	45.03
1. 黏壤质潜育草甸土土属	166.60	18.90	97.15	—	—	45.03
（1）薄层黏壤质潜育草甸土	132.70	18.90	103.66	—	—	43.00
（2）中层黏壤质潜育草甸土	80.60	80.60	80.60	—	—	47.70
（3）厚层黏壤质潜育草甸土	166.60	42.30	94.86	—	—	44.40
五、沼泽土土类	109.10	22.40	51.05	—	—	36.10
（一）泥炭沼泽土亚类	109.10	22.40	51.05	—	—	36.10
1. 泥炭沼泽土土属	109.10	22.40	51.05	—	—	36.10
（1）中层泥炭沼泽土	109.10	22.40	51.05	—	—	36.10
六、泥炭土土类	126.80	48.90	87.78	—	—	29.48
（一）低位泥炭土亚类	126.80	48.90	87.78	—	—	29.48
1. 芦苇薹草低位泥炭土土属	126.80	48.90	87.78	—	—	29.48
（1）薄层芦苇薹草低位泥炭土	71.60	64.80	68.20	—	—	22.70
（2）中层芦苇薹草低位泥炭土	126.80	48.90	100.83	—	—	36.25
七、新积土土类	69.10	33.30	48.29	—	—	25.00
（一）冲积土亚类	69.10	33.30	48.29	—	—	25.00
1. 层状冲积土土属	69.10	33.30	48.29	—	—	25.00
（1）中层层状冲积土	69.10	33.30	48.29	—	—	25.00
八、水稻土土类	168.50	9.10	65.11	—	—	18.05
（一）淹育水稻土亚类	168.50	9.10	65.11	—	—	18.05
1. 黑土型淹育水稻土土属	164.80	11.50	66.28	—	—	20.00
（1）薄层黑土型淹育水稻土	164.80	11.50	66.28	—	—	20.00
2. 草甸土型淹育水稻土土属	168.50	9.10	64.55	—	—	16.10
（1）中层草甸型淹育水稻土	168.50	9.10	64.55	—	—	16.10

附表 6-9　耕地土壤有磷分级面积统计

土类、亚类、土属和土种名称	合计 面积(公顷)	一级 面积(公顷)	一级 占总(%)	二级 面积(公顷)	二级 占总(%)	三级 面积(公顷)	三级 占总(%)	四级 面积(公顷)	四级 占总(%)	五级 面积(公顷)	五级 占总(%)
合　计	65 352.84	27 555.25	42.16	22 529.77	34.47	13 809.58	21.13	1 434.65	2.20	23.59	0.04
一、暗棕壤土类	7 877.68	1 828.51	23.21	3 551.71	45.09	2 169.18	27.54	328.28	4.17	0	0
(一)暗棕壤亚类	7 272.13	1 468.33	20.19	3 420.95	47.04	2 057.76	28.30	325.09	4.47	0	0
1.暗矿质暗棕土属	297.96	74.75	25.09	94.10	31.58	129.11	43.33	0	0	0	0
(1)暗矿质暗棕壤	297.96	74.75	25.09	94.10	31.58	129.11	43.33	0	0	0	0
2.沙砾质暗棕壤土属	3 300.02	1 127.18	34.16	1 370.72	41.54	675.84	20.48	126.28	3.83	0	0
(1)沙砾质暗棕壤	3 300.02	1 127.18	34.16	1 370.72	41.54	675.84	20.48	126.28	3.83	0	0
3.沙砾质暗棕壤土属	3 674.15	266.40	7.25	1 956.13	53.24	1 252.81	34.10	198.81	5.41	0	0
(1)沙砾质暗棕壤	3 674.15	266.40	7.25	1 956.13	53.24	1 252.81	34.10	198.81	5.41	0	0
(二)白浆化暗棕壤亚类	605.55	360.18	59.48	130.76	21.59	111.42	18.40	3.19	0.53	0	0
1.黄土质白浆化暗棕壤土属	605.55	360.18	59.48	130.76	21.59	111.42	18.40	3.19	0.53	0	0
(1)黄土质白浆化暗棕壤	605.55	360.18	59.48	130.76	21.59	111.42	18.40	3.19	0.53	0	0
二、白浆土土类	3 487.35	1 828.29	52.43	667.98	19.15	988.56	28.35	2.52	0.07	0	0
(一)白浆土亚类	3 487.35	1 828.29	52.43	667.98	19.15	988.56	28.35	2.52	0.07	0	0
1.黄土质黄土质白浆土土属	3 459.03	1 828.29	52.86	667.98	19.31	960.24	27.76	2.52	0.07	0	0
(1)薄层黄土质白浆土	8.16	7.35	90.07	0.81	9.93	0	0	0	0	0	0
(2)中层黄土质白浆土	2 929.65	1 820.94	62.16	557.34	19.02	548.85	18.73	2.52	0.09	0	0
(3)厚层黄土质白浆土	521.22	0	0	109.83	21.07	411.39	78.93	0	0	0	0
(二)草甸白浆土亚类	28.32	0	0	0	0	28.32	100.00	0	0	0	0
1.黏质草甸白浆土土属	28.32	0	0	0	0	28.32	100.00	0	0	0	0
(1)厚层黏质草甸白浆土	28.32	0	0	0	0	28.32	100.00	0	0	0	0

（续）

土类、亚类、土属和土种名称	合计面积（公顷）	一级 面积（公顷）	一级 占总面积（%）	二级 面积（公顷）	二级 占总面积（%）	三级 面积（公顷）	三级 占总面积（%）	四级 面积（公顷）	四级 占总面积（%）	五级 面积（公顷）	五级 占总面积（%）
三、黑土土类	25 006.19	13 460.69	53.83	7 081.60	28.32	4 282.35	17.13	181.55	0.73	0	0
（一）黑土亚类	10 911.98	6 191.88	56.74	3 223.39	29.54	1 432.70	13.13	64.01	0.59	0	0
1. 砥底黑土土属	1 230.59	573.70	46.62	433.11	35.20	223.78	18.18	0	0	0	0
（1）薄层砥底黑土	933.08	530.93	56.90	318.75	34.16	83.40	8.94	0	0	0	0
（2）中层砥底黑土	297.51	42.77	14.38	114.36	38.44	140.38	47.18	0	0	0	0
2. 沙底黑土土属	35.78	35.78	100.00	0	0	0	0	0	0	0	0
（1）薄层沙底黑土	35.78	35.78	100.00	0	0	0	0	0	0	0	0
3. 黄土质黑土土属	9 645.61	5 582.40	57.88	2 790.28	28.93	1 208.92	12.53	64.01	0.66	0	0
（1）薄层黄土质黑土	8 364.50	5 371.49	64.22	2 301.67	27.52	627.33	7.50	64.01	0.77	0	0
（2）中层黄土质黑土	1 097.94	160.55	14.62	451.34	41.11	486.05	44.27	0	0	0	0
（3）厚层黄土质黑土	183.17	50.36	27.49	37.27	20.35	95.54	52.16	0	0	0	0
（二）草甸黑土亚类	8 324.37	6 041.33	72.57	1 203.03	14.45	980.59	11.78	99.42	1.19	0	0
1. 沙底草甸黑土土属	4 824.22	4 099.94	84.99	223.24	4.63	490.53	10.17	10.51	0.22	0	0
（1）薄层沙底草甸黑土	4 144.86	3 460.86	83.50	182.96	4.41	490.53	11.83	10.51	0.25	0	0
（2）中层沙底草甸黑土	679.36	639.08	94.07	40.28	5.93	0	0	0	0	0	0
2. 黄土质草甸黑土土属	3 500.15	1 941.39	55.47	979.79	27.99	490.06	14.00	88.91	2.54	0	0
（1）薄层黄土质草甸黑土	530.44	427.03	80.50	94.78	17.87	8.63	1.63	0	0	0	0
（2）中层黄土质草甸黑土	2 705.89	1 412.22	52.19	844.68	31.22	441.73	16.32	7.26	0.27	0	0
（3）厚层黄土质草甸黑土	263.82	102.14	38.72	40.33	15.29	39.70	15.05	81.65	30.95	0	0
（三）白浆化黑土亚类	5 769.84	1 227.48	21.27	2 655.18	46.02	1 869.06	32.39	18.12	0.31	0	0
1. 砥底白浆化黑土土属	5 503.90	967.15	17.57	2 649.57	48.14	1 869.06	33.96	18.12	0.33	0	0
（1）薄层砥底白浆化黑土	5 024.39	644.55	12.83	2 493.18	49.62	1 868.54	37.19	18.12	0.36	0	0

（续）

土类、亚类、土属和土种名称	合计 面积 （公顷）	一级 面积 （公顷）	一级 占总（%）	二级 面积 （公顷）	二级 占总（%）	三级 面积 （公顷）	三级 占总（%）	四级 面积 （公顷）	四级 占总（%）	五级 面积 （公顷）	五级 占总（%）
（2）中层砾底白浆化黑土	479.51	322.60	67.28	156.39	32.61	0.52	0.11	0	0	0	0
2. 黄土质白浆化黑土土属	265.94	260.33	97.89	5.61	2.11	0	0	0	0	0	0
（1）薄层黄土质白浆化黑土	265.94	260.33	97.89	5.61	2.11	0	0	0	0	0	0
四、草甸土土类	23 424.15	8 476.46	36.19	9 697.95	41.40	4 518.16	19.29	731.58	3.12	0	0
（一）草甸土亚类	22 757.62	8 217.16	36.11	9 345.58	41.07	4 497.64	19.76	697.24	3.06	0	0
1. 黏壤质草甸土土属	22 757.62	8 217.16	36.11	9 345.58	41.07	4 497.64	19.76	697.24	3.06	0	0
（1）薄层黏壤质草甸土	5 985.43	443.38	7.41	3 372.15	56.34	1 525.00	25.48	644.90	10.77	0	0
（2）中层黏壤质草甸土	9 462.32	5 780.43	61.09	2 426.50	25.64	1 206.06	12.75	49.33	0.52	0	0
（3）厚层黏壤质草甸土	7 309.87	1 993.35	27.27	3 546.93	48.52	1 766.58	24.17	3.01	0.04	0	0
（二）白浆化草甸土亚类	463.35	140.18	30.25	287.03	61.95	20.52	4.43	15.62	3.37	0	0
黏壤质白浆化草甸土土属	463.35	140.18	30.25	287.03	61.95	20.52	4.43	15.62	3.37	0	0
（1）薄层黏壤质白浆化草甸土	281.58	131.28	46.62	114.60	40.70	20.08	7.13	15.62	5.55	0	0
（2）中层黏壤质白浆化草甸土	181.77	8.90	4.90	172.43	94.86	0.44	0.24	0	0	0	0
（三）潜育草甸土亚类	203.18	119.12	58.63	65.34	32.16	0	0	18.72	9.21	0	0
1. 黏壤质潜育草甸土土属	203.18	119.12	58.63	65.34	32.16	0	0	18.72	9.21	0	0
（1）薄层黏壤质潜育草甸土	54.93	36.21	65.92	0	0	0	0	18.72	34.08	0	0
（2）中层黏壤质潜育草甸土	7.05	7.05	100.00	0	0	0	0	0	0	0	0
（3）厚层黏壤质潜育草甸土	141.20	75.86	53.73	65.34	46.27	0	0	0	0	0	0
五、沼泽土土类	1 230.93	261.73	21.26	357.32	29.03	611.88	49.71	0	0	0	0
（一）泥炭沼泽土亚类	1 230.93	261.73	21.26	357.32	29.03	611.88	49.71	0	0	0	0
1. 泥炭沼泽土土属	1 230.93	261.73	21.26	357.32	29.03	611.88	49.71	0	0	0	0
（1）中层泥炭沼泽土	1 230.93	261.73	21.26	357.32	29.03	611.88	49.71	0	0	0	0

（续）

土类、亚类、土属和种类名称	合计面积（公顷）	一级 面积（公顷）	一级 占总面积（%）	二级 面积（公顷）	二级 占总面积（%）	三级 面积（公顷）	三级 占总面积（%）	四级 面积（公顷）	四级 占总面积（%）	五级 面积（公顷）	五级 占总面积（%）
六、泥炭土土类	42.68	27.99	65.58	14.69	34.42	0	0	0	0	0	0
（一）低位泥炭土亚类	19.48	19.48	100.00	0	0	0	0	0	0	0	0
1. 芦苇薹草低位泥炭土属	19.48	19.48	100.00	0	0	0	0	0	0	0	0
（1）薄层芦苇薹草低位泥炭土	19.48	19.48	100.00	0	0	0	0	0	0	0	0
（2）中层芦苇薹草低位泥炭土	23.20	8.51	36.68	14.69	63.32	0	0	0	0	0	0
七、新积土土类	387.69	13.48	3.48	192.55	49.67	181.66	46.86	0	0	0	0
（一）冲积土亚类	387.69	13.48	3.48	192.55	49.67	181.66	46.86	0	0	0	0
1. 层状冲积土土属	387.69	13.48	3.48	192.55	49.67	181.66	46.86	0	0	0	0
（1）中层层状冲积土	387.69	13.48	3.48	192.55	49.67	181.66	46.86	0	0	0	0
八、水稻土土类	3 896.17	1 658.10	42.56	965.97	24.79	1 057.79	27.15	190.72	4.90	23.59	0.61
（一）淹育水稻土亚类	3 896.17	1 658.10	42.56	965.97	24.79	1 057.79	27.15	190.72	4.90	23.59	0.61
1. 黑土型淹育水稻土土属	1 145.27	569.97	49.77	283.77	24.78	229.88	20.07	61.65	5.38	0	0
（1）薄层黑土型淹育水稻土	1 145.27	569.97	49.77	283.77	24.78	229.88	20.07	61.65	5.38	0	0
2. 草甸土型淹育水稻土土属	2 750.90	1 088.13	39.56	682.20	24.80	827.91	30.10	129.07	4.69	23.59	0.86
（1）中层草甸型淹育水稻土	2 750.90	1 088.13	39.56	682.20	24.80	827.91	30.10	129.07	4.69	23.59	0.86

附表 6-10　佳木斯市郊区速效钾分级面积统计

乡（镇）	合计面积（公顷）	一级 面积（公顷）	一级 占总面积（%）	二级 面积（公顷）	二级 占总面积（%）	三级 面积（公顷）	三级 占总面积（%）	四级 面积（公顷）	四级 占总面积（%）	五级 面积（公顷）	五级 占总面积（%）
合　计	65 352.84	16 301.56	24.94	18 756.43	28.70	21 267.85	32.54	8 710.44	13.33	316.56	0.48
大来镇	8 331.89	2 179.36	26.16	3 780.70	45.38	1 982.71	23.80	389.12	4.67	0	0

（续）

乡（镇）	合计面积（公顷）	一级		二级		三级		四级		五级	
		面积（公顷）	占总面积（%）	面积（公顷）	占总面积（%）	面积（公顷）	占总面积（%）	面积（公顷）	占总面积（%）	面积（公顷）	占总面积（%）
长发镇	6 471.95	1 622.52	25.07	1 556.70	24.05	2 813.39	43.47	406.85	6.29	72.49	1.12
敖其镇	4 453.21	324.55	7.29	1 221.00	27.42	1 846.50	41.46	1 061.16	23.83	0	0
莲江口镇	2 316.98	1 579.51	68.17	316.78	13.67	289.02	12.47	131.67	5.68	0	0
望江镇	8 959.99	1 580.27	17.64	1 465.12	16.35	4 887.99	54.55	1 026.61	11.46	0	0
长青乡	1 564.98	1 328.37	84.88	190.63	12.18	45.98	2.94	0	0	0	0
沿江乡	3 842.06	2 771.10	72.13	732.01	19.05	77.81	2.03	261.14	6.80	0	0
四丰乡	5 365.01	1 330.95	24.81	3 059.16	57.02	974.90	18.17	0	0	0	0
西格木乡	6 085.91	1 151.28	18.92	3 540.34	58.17	1 394.29	22.91	0	0	0	0
群胜乡	6 032.04	1 786.21	29.61	1 593.30	26.41	2 409.57	39.95	242.96	4.03	0	0
平安乡	8 569.86	240.33	2.80	392.61	4.58	2 594.27	30.27	5 098.58	59.49	244.07	2.85
桦原农场	1 010.03	33.48	3.31	325.76	32.25	650.79	64.43	0	0	0	0
苏木河农场	1 586.96	100.05	6.30	179.15	11.29	1 215.41	76.59	92.35	5.82	0	0
猴石山果苗良种场	465.97	155.20	33.31	283.16	60.77	27.61	5.93	0	0	0	0
新村农场	177.00	0	0	119.39	67.45	57.61	32.55	0	0	0	0
四丰园艺场	119.00	118.38	99.48	0.62	0.52	0	0	0	0	0	0

附表6-11 全区土壤类型速效钾情况统计

单位：毫克/千克

土类、亚类、土属和土种名称	本次地力评价			1984年土壤普查		
	最大值	最小值	平均值	最大值	最小值	平均值
一、暗棕壤土类	607.00	43.00	167.86	—	—	303.00
（一）暗棕壤亚类	607.00	50.00	172.05	—	—	316.70
1. 暗矿质暗棕壤土属	314.00	109.00	183.64	—	—	316.70
（1）暗矿质暗棕壤	314.00	109.00	183.64	—	—	316.70
2. 沙砾质暗棕壤土属	607.00	50.00	176.83	—	—	176.00
（1）沙砾质暗棕壤	607.00	50.00	176.83	—	—	176.00
3. 沙砾质暗棕壤土属	300.00	64.00	156.84	—	—	146.00
（1）沙砾质暗棕壤	300.00	64.00	156.84	—	—	146.00
（二）白浆化暗棕壤亚类	235.00	43.00	139.24	—	—	289.30
1. 黄土质白浆化暗棕壤土属	235.00	43.00	139.24	—	—	289.30
（1）黄土质白浆化暗棕壤	235.00	43.00	139.24	—	—	289.30
二、白浆土土类	494.00	86.00	169.48	—	—	199.69
（一）白浆土亚类	494.00	86.00	169.55	—	—	184.77
1. 黄土质白浆土土属	494.00	86.00	169.55	—	—	184.77
（1）薄层黄土质白浆土	184.00	172.00	178.00	—	—	173.00
（2）中层黄土质白浆土	494.00	86.00	170.90	—	—	200.50
（3）厚层黄土质白浆土	191.00	132.00	144.88	—	—	180.80
（二）草甸白浆土亚类	160.00	160.00	160.00	—	—	214.60
1. 黏质草甸白浆土土属	160.00	160.00	160.00	—	—	214.60
（1）厚层黏质草甸白浆土	160.00	160.00	160.00	—	—	214.60
三、黑土土类	663.00	51.00	192.59	—	—	245.71
（一）黑土亚类	607.00	63.00	176.46	—	—	260.52
1. 砾底黑土土属	607.00	71.00	231.04	—	—	275.55
（1）薄层砾底黑土	607.00	71.00	242.03	—	—	331.10
（2）中层砾底黑土	449.00	106.00	203.56	—	—	220.00
2. 沙底黑土土属	176.00	173.00	173.75	—	—	243.50
（1）薄层沙底黑土	176.00	173.00	173.75	—	—	243.50
3. 黄土质黑土土属	387.00	63.00	167.68	—	—	262.51
（1）薄层黄土质黑土	387.00	63.00	171.95	—	—	287.00
（2）中层黄土质黑土	214.00	89.00	148.94	—	—	267.30
（3）厚层黄土质黑土	190.00	104.00	133.71	—	—	233.23
（二）草甸黑土亚类	663.00	57.00	227.48	—	—	287.54
1. 沙底草甸黑土土属	663.00	59.00	259.87	—	—	227.15
（1）薄层沙底草甸黑土	663.00	68.00	273.64	—	—	218.20
（2）中层沙底草甸黑土	443.00	59.00	216.08	—	—	236.10
2. 黄土质草甸黑土土属	603.00	57.00	182.36	—	—	347.93
（1）薄层黄土质草甸黑土	358.00	119.00	214.74	—	—	380.30
（2）中层黄土质草甸黑土	603.00	57.00	166.07	—	—	334.90
（3）厚层黄土质草甸黑土	261.00	146.00	188.56	—	—	328.60

（续）

土类、亚类、土属和土种名称	本次地力评价			1984年土壤普查		
	最大值	最小值	平均值	最大值	最小值	平均值
（三）白浆化黑土亚类	462.00	51.00	175.06	—	—	189.06
1. 砾底白浆化黑土土属	462.00	51.00	174.72	—	—	191.95
（1）薄层砾底白浆化黑土	428.00	51.00	160.27	—	—	205.70
（2）中层砾底白浆化黑土	462.00	128.00	248.00	—	—	178.20
2. 黄土质白浆化黑土土属	331.00	136.00	180.18	—	—	186.20
（1）薄层黄土质白浆化黑土	331.00	136.00	180.18	—	—	186.20
四、草甸土土类	578.00	48.00	157.56	—	—	250.60
（一）草甸土亚类	578.00	48.00	156.24	—	—	249.33
1. 黏壤质草甸土土属	578.00	48.00	156.24	—	—	249.33
（1）薄层黏壤质草甸土	578.00	48.00	120.84	—	—	242.00
（2）中层黏壤质草甸土	498.00	63.00	166.68	—	—	295.20
（3）厚层黏壤质草甸土	318.00	71.00	172.42	—	—	310.80
（二）白浆化草甸土亚类	184.00	79.00	141.55	—	—	269.15
1. 黏壤质白浆化草甸土土属	184.00	79.00	141.55	—	—	269.16
（1）薄层黏壤质白浆化草甸土	177.00	79.00	140.79	—	—	311.90
（2）中层黏壤质白浆化草甸土	184.00	106.00	143.33	—	—	226.40
（三）潜育草甸土亚类	393.00	111.00	266.08	—	—	233.33
1. 黏壤质潜育草甸土土属	393.00	111.00	266.08	—	—	233.33
（1）薄层黏壤质潜育草甸土	393.00	157.00	336.80	—	—	168.80
（2）中层黏壤质潜育草甸土	111.00	111.00	111.00	—	—	233.80
（3）厚层黏壤质潜育草甸土	380.00	157.00	237.71	—	—	297.40
五、沼泽土土类	375.00	61.00	144.78	—	—	211.90
（一）泥炭沼泽土亚类	375.00	61.00	144.78	—	—	211.90
1. 泥炭沼泽土土属	375.00	61.00	144.78	—	—	211.90
（1）中层泥炭沼泽土	375.00	61.00	144.78	—	—	211.90
六．泥炭土土类	435.00	121.00	267.40	—	—	284.15
（一）低位泥炭土亚类	435.00	121.00	267.40	—	—	284.15
1. 芦苇薹草低位泥炭土土属	435.00	121.00	267.40	—	—	284.15
（1）薄层芦苇薹低位泥炭土	162.00	121.00	141.50	—	—	287.40
（2）中层芦苇薹低位泥炭土	435.00	184.00	351.33	—	—	280.90
七、新积土土类	168.00	90.00	120.20	—	—	180.00
（一）冲积土亚类	168.00	90.00	120.20	—	—	180.00
1. 层状冲积土土属	168.00	90.00	120.20	—	—	180.00
（1）中层层状冲积土	168.00	90.00	120.20	—	—	180.00
八、水稻土土类	663.00	48.00	176.30	—	—	212.30
（一）淹育水稻土亚类	663.00	48.00	176.30	—	—	212.30
1. 黑土型淹育水稻土土属	580.00	59.00	196.90	—	—	174.20
（1）薄层黑土型淹育水稻土	580.00	59.00	196.90	—	—	174.20
2. 草甸土型淹育水稻土土属	663.00	48.00	166.44	—	—	250.40
（1）中层草甸型淹育水稻土	663.00	48.00	166.44	—	—	250.40

附表 6-12 耕地土壤速效钾分级面积统计

土类、亚类、土属和土种名称	合计 面积(公顷)	一级 面积(公顷)	占总面积(%)	二级 面积(公顷)	占总面积(%)	三级 面积(公顷)	占总面积(%)	四级 面积(公顷)	占总面积(%)	五级 面积(公顷)	占总面积(%)
合　计	65 352.84	16 301.56	24.94	18 756.43	28.70	21 267.85	32.54	8 710.44	13.33	316.56	0.48
一、暗棕壤土类	7 877.68	1 530.39	19.43	2 563.95	32.55	3 402.87	43.20	256.98	3.26	123.49	1.57
(一)暗棕壤亚类	7 272.13	1 468.12	20.19	2 380.95	32.74	3 142.41	43.21	208.16	2.86	72.49	1.00
1. 暗矿质暗棕壤土属	297.96	195.50	65.61	16.39	5.50	86.07	28.89	0	0	0	0
(1)暗矿质暗棕壤	297.96	195.50	65.61	16.39	5.50	86.07	28.89	0	0	0	0
2. 沙砾质暗棕壤土属	3 300.02	709.62	21.50	1 230.94	37.30	1 201.38	36.41	85.59	2.59	72.49	2.20
(1)沙砾质暗棕壤土属	3 300.02	709.62	21.50	1 230.94	37.30	1 201.38	36.41	85.59	2.59	72.49	2.20
3. 沙砾质暗棕壤土属	3 674.15	563.00	15.32	1 133.62	30.85	1 854.96	50.49	122.57	3.34	0	0
(1)沙砾质暗棕壤土属	3 674.15	563.00	15.32	1 133.62	30.85	1 854.96	50.49	122.57	3.34	0	0
(二)白浆化暗棕壤亚类	605.55	62.27	10.28	183.00	30.22	260.46	43.01	48.82	8.06	51.00	8.42
1. 黄土质白浆化暗棕壤土属	605.55	62.27	10.28	183.00	30.22	260.46	43.01	48.82	8.06	51.00	8.42
(1)黄土质白浆化暗棕壤	605.55	62.27	10.28	183.00	30.22	260.46	43.01	48.82	8.06	51.00	8.42
二、白浆土土类	3 487.35	913.82	26.20	773.33	22.18	1 589.13	45.57	211.07	6.05	0	0
(一)白浆土亚类	3 487.35	913.82	26.20	773.33	22.18	1 589.13	45.57	211.07	6.05	0	0
1. 黄土质白浆土土属	3 459.03	913.82	26.42	745.01	21.54	1 589.13	45.94	211.07	6.10	0	0
(1)薄层黄土质白浆土	8.16	0	0	8.16	100.00	0	0	0	0	0	0
(2)中层黄土质白浆土	2 929.65	913.82	31.19	627.02	21.40	1 177.74	40.20	211.07	7.20	0	0
(3)厚层黄土质白浆土	521.22	0	0	109.83	21.07	411.39	78.93	0	0	0	0
(二)草甸白浆亚类	28.32	0	0	28.32	100.00	0	0	0	0	0	0
1. 黏质草甸白浆土属	28.32	0	0	28.32	100.00	0	0	0	0	0	0
(1)厚层黏质草甸白浆土	28.32	0	0	28.32	100.00	0	0	0	0	0	0

（续）

土类、亚类、土属和土种名称	合计面积（公顷）	一级 面积（公顷）	一级 占总（%）	二级 面积（公顷）	二级 占总（%）	三级 面积（公顷）	三级 占总（%）	四级 面积（公顷）	四级 占总（%）	五级 面积（公顷）	五级 占总（%）
三、黑土土类	25 006.19	7 112.42	28.44	8 668.00	34.66	8 112.48	32.44	1 113.29	4.45	0	0
（一）黑土亚类	10 911.98	2 982.24	27.33	3 886.04	35.61	3 565.27	32.67	478.43	4.38	0	0
1. 砾底黑土土属	1 230.59	683.32	55.53	186.63	15.17	207.62	16.87	153.02	12.43	0	0
（1）薄层砾底黑土	933.08	591.39	63.38	145.53	15.60	43.14	4.62	153.02	16.40	0	0
（2）中层砾底黑土	297.51	91.93	30.90	41.10	13.81	164.48	55.29	0	0	0	0
2. 沙底黑土土属	35.78	0	0	35.78	100.00	0	0	0	0	0	0
（1）薄层沙底黑土	35.78	0	0	35.78	100.00	0	0	0	0	0	0
3. 黄土质黑土土属	9 645.61	2 298.92	23.83	3 663.63	37.98	3 357.65	34.81	325.41	3.37	0	0
（1）薄层黄土质黑土	8 364.50	2 186.63	26.14	3 090.68	36.95	2 807.03	33.56	280.16	3.35	0	0
（2）中层黄土质黑土	1 097.94	112.29	10.23	529.40	48.22	411.00	37.43	45.25	4.12	0	0
（3）厚层黄土质黑土	183.17	0	0	43.55	23.78	139.62	76.22	0	0	0	0
（二）草甸黑土亚类	8 324.37	3161.01	37.97	2 822.00	33.90	1 841.52	22.12	499.84	6.00	0	0
1. 沙底草甸黑土土属	4 824.22	2 434.51	50.46	1 496.52	31.02	679.47	14.08	213.72	4.43	0	0
（1）薄层沙底草甸黑土	4 144.86	2 253.32	54.36	1 383.46	33.38	499.45	12.05	8.63	0.21	0	0
（2）中层沙底草甸黑土	679.36	181.19	26.67	113.06	16.64	180.02	26.50	205.09	30.19	0	0
2. 黄土质草甸黑土土属	3 500.15	726.50	20.76	1 325.48	37.87	1 162.05	33.20	286.12	8.17	0	0
（1）薄层黄土质草甸黑土	530.44	131.04	24.70	178.31	33.62	221.09	41.68	0	0	0	0
（2）中层黄土质草甸黑土	2 705.89	455.16	16.82	1 060.20	39.18	904.41	33.42	286.12	10.57	0	0
（3）厚层黄土质草甸黑土	263.82	140.30	53.18	86.97	32.97	36.55	13.85	0	0	0	0
（三）白浆化黑土亚类	5 769.84	969.17	16.80	1 959.96	33.97	2 705.69	46.89	135.02	2.34	0	0
1. 砾底白浆化黑土土属	5 503.90	939.59	17.07	1741.27	31.64	2 688.02	48.84	135.02	2.45	0	0
（1）薄层砾底白浆化黑土	5 024.39	724.16	14.41	1 477.71	29.41	2 687.50	53.49	135.02	2.69	0	0

（续）

土类、亚类、土属和土种名称	合计 面积（公顷）	一级 面积（公顷）	一级 占总（%）	二级 面积（公顷）	二级 占总（%）	三级 面积（公顷）	三级 占总（%）	四级 面积（公顷）	四级 占总（%）	五级 面积（公顷）	五级 占总（%）
（2）中层砾底白浆化黑土	479.51	215.43	44.93	263.56	54.96	0.52	0.11	0	0	0	0
2. 黄土质白浆化黑土土属	265.94	29.58	11.12	218.69	82.23	17.67	6.64	0	0	0	0
（1）薄层黄土质白浆化黑土	265.94	29.58	11.12	218.69	82.23	17.67	6.64	0	0	0	0
四、草甸土土类	23 424.15	5 422.80	23.15	5 910.96	25.23	6 943.38	29.64	5 093.28	21.74	53.73	0.23
（一）草甸土亚类	22 757.62	5 357.12	23.54	5 535.87	24.33	6 873.52	30.20	4 937.38	21.70	53.73	0.24
1. 黏壤质草甸土土属	22 757.62	5 357.12	23.54	5 535.87	24.33	6 873.52	30.20	4 937.38	21.70	53.73	0.24
（1）薄层黏壤质草甸土	5 985.43	268.57	4.49	240.53	4.02	2 274.26	38.00	3 148.34	52.60	53.73	0.90
（2）中层黏壤质草甸土	9 462.32	2 973.81	31.43	2 072.88	21.91	2 929.97	30.96	1 485.66	15.70	0	0
（3）厚层黏壤质草甸土	7 309.87	2 114.74	28.93	3 222.46	44.08	1 669.29	22.84	303.38	4.15	0	0
（二）白浆化草甸土亚类	463.35	0	0	244.64	52.80	62.81	13.56	155.90	33.65	0	0
1. 黏壤质白浆化草甸土土属	463.35	0	0	244.64	52.80	62.81	13.56	155.90	33.65	0	0
（1）薄层黏壤质白浆化草甸土	281.58	0	0	112.79	40.06	12.89	4.58	155.90	55.37	0	0
（2）中层黏壤质白浆化草甸土	181.77	0	0	131.85	72.54	49.92	27.46	0	0	0	0
（三）潜育草甸土亚类	203.18	65.68	32.33	130.45	64.20	7.05	3.47	0	0	0	0
1. 黏壤质潜育草甸土土属	203.18	65.68	32.33	130.45	64.20	7.05	3.47	0	0	0	0
（1）薄层黏壤质潜育草甸土	54.93	36.21	65.92	18.72	34.08	0	0	0	0	0	0
（2）中层黏壤质潜育草甸土	7.05	0	0	0	0	7.05	100.00	0	0	0	0
（3）厚层黏壤质潜育草甸土	141.20	29.47	20.87	111.73	79.13	0	0	0	0	0	0
五、沼泽土土类	1 230.93	272.29	22.12	216.71	17.61	360.00	29.25	381.93	31.03	0	0
（一）泥炭沼泽土亚类	1 230.93	272.29	22.12	216.71	17.61	360.00	29.25	381.93	31.03	0	0
1. 泥炭沼泽土土属	1 230.93	272.29	22.12	216.71	17.61	360.00	29.25	381.93	31.03	0	0
（1）中层泥炭沼泽土	1 230.93	272.29	22.12	216.71	17.61	360.00	29.25	381.93	31.03	0	0

（续）

土类、亚类、土属和土种名称	合计面积（公顷）	一级 面积（公顷）	一级 占总（%）	二级 面积（公顷）	二级 占总（%）	三级 面积（公顷）	三级 占总（%）	四级 面积（公顷）	四级 占总（%）	五级 面积（公顷）	五级 占总（%）
六、泥炭土土类	42.68	8.51	19.94	24.74	57.97	9.43	22.09	0	0	0	0
（一）低位泥炭土亚类	19.48	0	0	10.05	51.59	9.43	48.41	0	0	0	0
1.芦苇薹草低位泥炭土土属	19.48	0	0	10.05	51.59	9.43	48.41	0	0	0	0
（1）薄层芦苇薹草低位泥炭土	19.48	0	0	10.05	51.59	9.43	48.41	0	0	0	0
（2）中层芦苇薹草低位泥炭土	23.20	8.51	36.68	14.69	63.32	0	0	0	0	0	0
七、新积土土类	387.69	0	0	2.67	0.69	234.54	60.50	150.48	38.81	0	0
（一）冲积土亚类	387.69	0	0	2.67	0.69	234.54	60.50	150.48	38.81	0	0
1.层状冲积土土属	387.69	0	0	2.67	0.69	234.54	60.50	150.48	38.81	0	0
（1）中层层状冲积土	387.69	0	0	2.67	0.69	234.54	60.50	150.48	38.81	0	0
八、水稻土土类	3 896.17	1 041.33	26.73	596.07	15.30	616.02	15.81	1 503.41	38.59	139.34	3.58
（一）淹育水稻土亚类	3 896.17	1 041.33	26.73	596.07	15.30	616.02	15.81	1 503.41	38.59	139.34	3.58
1.黑土型淹育水稻土土属	1 145.27	400.36	34.96	337.21	29.44	175.90	15.36	231.80	20.24	0	0
（1）薄层黑土型淹育水稻土	1 145.27	400.36	34.96	337.21	29.44	175.90	15.36	231.80	20.24	0	0
2.草甸土型淹育水稻土土属	2 750.90	640.97	23.30	258.86	9.41	440.12	16.00	1 271.61	46.23	139.34	5.07
（1）中层草甸型淹育水稻土	2 750.90	640.97	23.30	258.86	9.41	440.12	16.00	1 271.61	46.23	139.34	5.07

附表 6 - 13　全区土壤类型 pH 情况统计

土类、亚类、土属和土种名称	本次地力评价			1984 年土壤普查		
	最大值	最小值	平均值	最大值	最小值	平均值
一、暗棕壤土类	6.90	5.20	5.93	—	—	6.60
（一）暗棕壤亚类	6.90	5.20	5.96	—	—	6.50
1. 暗矿质暗棕壤土属	6.70	5.80	6.24	—	—	6.30
（1）暗矿质暗棕壤	6.70	5.80	6.24	—	—	6.30
2. 沙砾质暗棕壤土属	6.90	5.20	5.94	—	—	6.50
（1）沙砾质暗棕壤	6.90	5.20	5.94	—	—	6.50
3. 沙砾质暗棕壤土属	6.70	5.40	5.97	—	—	6.30
（1）沙砾质暗棕壤	6.70	5.40	5.97	—	—	6.30
（二）白浆化暗棕壤亚类	6.80	5.20	5.79	—	—	6.70
1. 黄土质白浆化暗棕壤土属	6.80	5.20	5.79	—	—	6.70
（1）黄土质白浆化暗棕壤	6.80	5.20	5.79	—	—	6.70
二、白浆土土类	7.20	5.00	5.84	—	—	6.39
（一）白浆土亚类	7.20	5.00	5.84	—	—	6.37
1. 黄土质白浆土土属	7.20	5.00	5.84	—	—	6.37
（1）薄层黄土质白浆土	6.20	6.10	6.15	—	—	6.40
（2）中层黄土质白浆土	7.20	5.00	5.85	—	—	6.50
（3）厚层黄土质白浆土	5.90	5.50	5.58	—	—	6.20
（二）草甸白浆土亚类	6.00	6.00	6.00	—	—	6.40
1. 黏质草甸白浆土土属	6.00	6.00	6.00	—	—	6.40
（1）厚层黏质草甸白浆土	6.00	6.00	6.00	—	—	6.40
三、黑土土类	6.90	4.80	5.92	—	—	6.58
（一）黑土亚类	6.90	4.80	5.93	—	—	6.58
1. 砾底黑土土属	6.90	5.60	6.06	—	—	6.65
（1）薄层砾底黑土	6.40	5.60	5.99	—	—	6.70
（2）中层砾底黑土	6.90	5.80	6.25	—	—	6.60
2. 沙底黑土土属	5.80	5.80	5.80	—	—	6.50
（1）薄层沙底黑土	5.80	5.80	5.80	—	—	6.50
3. 黄土质黑土土属	6.80	4.80	5.90	—	—	6.80
（1）薄层黄土质黑土	6.70	4.80	5.89	—	—	6.70
（2）中层黄土质黑土	6.80	5.40	5.93	—	—	7.00
（3）厚层黄土质黑土	6.50	6.20	6.39	—	—	6.70
（二）草甸黑土亚类	6.90	5.00	5.93	—	—	6.68
1. 沙底草甸黑土土属	6.60	5.00	5.93	—	—	6.75
（1）薄层沙底草甸黑土	6.60	5.00	5.94	—	—	7.00
（2）中层沙底草甸黑土	6.30	5.30	5.92	—	—	6.50
2. 黄土质草甸黑土土属	6.90	5.40	5.92	—	—	6.60
（1）薄层黄土质草甸黑土	6.50	5.50	5.94	—	—	6.50
（2）中层黄土质草甸黑土	6.90	5.40	5.93	—	—	6.80
（3）厚层黄土质草甸黑土	6.40	5.40	5.76	—	—	6.50

（续）

土类、亚类、土属和土种名称	本次地力评价			1984 年土壤普查		
	最大值	最小值	平均值	最大值	最小值	平均值
（三）白浆化黑土亚类	6.90	5.20	5.90	—	—	6.48
1. 砾底白浆化黑土土属	6.90	5.20	5.89	—	—	6.55
（1）薄层砾底白浆化黑土	6.90	5.20	5.85	—	—	6.60
（2）中层砾底白浆化黑土	6.90	5.60	6.10	—	—	6.50
2. 黄土质白浆化黑土土属	6.50	5.20	6.01	—	—	6.40
（1）薄层黄土质白浆化黑土	6.50	5.20	6.01	—	—	6.40
四、草甸土土类	8.00	5.00	5.80	—	—	6.61
（一）草甸土亚类	8.00	5.00	5.78	—	—	6.77
1. 黏壤质草甸土土属	8.00	5.00	5.78	—	—	6.77
（1）薄层黏壤质草甸土	7.40	5.00	5.53	—	—	7.30
（2）中层黏壤质草甸土	8.00	5.00	5.79	—	—	6.70
（3）厚层黏壤质草甸土	7.10	5.40	6.00	—	—	6.30
（二）白浆化草甸土亚类	7.30	5.50	6.05	—	—	6.35
1. 黏壤质白浆化草甸土土属	7.30	5.50	6.05	—	—	6.35
（1）薄层黏壤质白浆化草甸土	7.30	5.80	6.13	—	—	6.50
（2）中层黏壤质白浆化草甸土	6.30	5.50	5.87	—	—	6.20
（三）潜育草甸土亚类	6.40	5.70	6.17	—	—	6.70
1. 黏壤质潜育草甸土土属	6.40	5.70	6.17	—	—	6.70
（1）薄层黏壤质潜育草甸土	6.30	5.70	6.18	—	—	6.40
（2）中层黏壤质潜育草甸土	6.30	6.30	6.30	—	—	7.50
（3）厚层黏壤质潜育草甸土	6.40	5.80	6.14	—	—	6.20
五、沼泽土土类	6.50	5.10	5.64	—	—	7.20
（一）泥炭沼泽土亚类	6.50	5.10	5.64	—	—	7.20
1. 泥炭沼泽土土属	6.50	5.10	5.64	—	—	7.20
（1）中层泥炭沼泽土	6.50	5.10	5.64	—	—	7.20
六、泥炭土土类	6.40	5.70	6.08	—	—	6.65
（一）低位泥炭土亚类	6.40	5.70	6.08	—	—	6.65
1. 芦苇薹草低位泥炭土土属	6.40	5.70	6.08	—	—	6.65
（1）薄层芦苇薹草低位泥炭土	5.80	5.70	5.75	—	—	6.65
（2）中层芦苇薹草低位泥炭土	6.40	6.10	6.30	—	—	6.80
七、新积土土类	6.00	5.70	5.86	—	—	6.54
（一）冲积土亚类	6.00	5.70	5.86	—	—	6.54
1. 层状冲积土土属	6.00	5.70	5.86	—	—	6.54
（1）中层层状冲积土	6.00	5.70	5.86	—	—	6.54
八、水稻土土类	8.00	4.90	5.80	—	—	6.30
（一）淹育水稻土亚类	8.00	4.90	5.80	—	—	6.30
1. 黑土型淹育水稻土土属	6.60	5.20	5.92	—	—	6.20
（1）薄层黑土型淹育水稻土	6.60	5.20	5.92	—	—	6.20
2. 草甸土型淹育水稻土土属	8.00	4.90	5.74	—	—	6.40
（1）中层草甸型淹育水稻土	8.00	4.90	5.74	—	—	6.40

附表 6 - 14　佳木斯市郊区各乡（镇）碱解氮分级面积统计

乡（镇）	合计面积（公顷）	一级 面积（公顷）	一级 占总（%）	二级 面积（公顷）	二级 占总（%）	三级 面积（公顷）	三级 占总（%）	四级 面积（公顷）	四级 占总（%）	五级 面积（公顷）	五级 占总（%）	六级 面积（公顷）	六级 占总（%）
合　计	65 352.84	14 119.62	21.61	25 064.81	38.35	16 688.09	25.54	7 281.41	11.14	1 994.66	3.05	204.25	0.31
大来镇	8 331.89	61.86	0.74	2 881.12	34.58	3 315.20	39.79	1 478.10	17.74	568.94	6.83	26.67	0.32
长发镇	6 471.95	551.62	8.52	1 642.25	25.37	2 407.06	37.19	1 684.84	26.03	186.18	2.88	0	0
敖其镇	4 453.21	731.84	16.43	3 005.52	67.49	441.88	9.92	170.86	3.84	103.11	2.32	0	0
莲江口镇	2 316.98	172.61	7.45	318.22	13.73	1 442.55	62.26	331.42	14.30	52.18	2.25	0	0
望江镇	8 959.99	93.78	1.05	4 816.22	53.75	2 733.79	30.51	986.01	11.00	330.19	3.69	0	0
长青乡	1 564.98	137.58	8.79	582.04	37.19	474.13	30.30	371.23	23.72	0	0	0	0
沿江乡	3 842.06	33.42	0.87	1 682.55	43.79	1 915.21	49.85	128.59	3.35	64.27	1.67	18.02	0.47
四丰乡	5 365.01	5 115.75	95.35	218.66	4.08	25.20	0.47	5.40	0.10	0	0	0	0
西格木乡	6 085.91	275.60	4.53	3 009.04	49.44	1 951.01	32.06	838.78	13.78	11.48	0.19	0	0
群胜乡	6 032.04	313.69	5.20	3 755.62	62.26	1 141.15	18.92	555.92	9.22	265.66	4.40	0	0
平安乡	8 569.86	6 143.31	71.69	1 066.57	12.45	289.14	3.37	716.23	8.36	195.05	2.28	159.56	1.86
燎原农场	1 010.03	18.48	1.83	585.84	58.00	174.08	17.24	14.03	1.39	217.60	21.54	0	0
苏木河农场	1 586.96	302.13	19.04	1 192.48	75.14	92.35	5.82	0	0	0	0	0	0
猴石山果苗良种场	465.97	49.57	10.64	237.91	51.06	178.49	38.31	0	0	0	0	0	0
新村农场	177.00	0	0	70.15	39.63	106.85	60.37	0	0	0	0	0	0
四丰园艺场	119.00	118.38	99.48	0.62	0.52	0	0	0	0	0	0	0	0

附表 6 - 15　全区土壤类型碱解氮情况统计

单位：毫克/千克

土类、亚类、土属和土种名称	本次地力评价			1984 年土壤普查		
	最大值	最小值	平均值	最大值	最小值	平均值
一、暗棕壤土类	483.00	80.50	215.91	—	—	212.80
（一）暗棕壤亚类	418.60	80.50	216.24	—	—	218.76
1. 暗矿质暗棕壤土属	418.60	130.80	213.82	—	—	163.20
（1）暗矿质暗棕壤	418.60	130.80	213.82	—	—	163.20
2. 沙砾质暗棕壤土属	378.40	80.50	202.31	—	—	220.50
（1）沙砾质暗棕壤	378.40	80.50	202.31	—	—	220.50
3. 沙砾质暗棕壤土属	413.70	112.70	255.76	—	—	221.50
（1）沙砾质暗棕壤	413.70	112.70	255.76	—	—	221.50
（二）白浆化暗棕壤亚类	483.00	116.20	213.68	—	—	248.60
1. 黄土质白浆化暗棕壤土属	483.00	116.20	213.68	—	—	248.60
（1）黄土质白浆化暗棕壤	483.00	116.20	213.68	—	—	248.60
二、白浆土土类	296.50	49.30	176.55	—	—	168.70
（一）白浆土亚类	296.50	49.30	176.48	—	—	173.94
1. 黄土质白浆土土属	296.50	49.30	176.48	—	—	173.94
（1）薄层黄土质白浆土	168.20	161.60	164.90	—	—	165.20
（2）中层黄土质白浆土	296.50	49.30	173.63	—	—	169.90
（3）厚层黄土质白浆土	282.40	201.30	226.76	—	—	187.40
（二）草甸白浆土亚类	185.20	185.20	185.20	—	—	143.70
1. 黏质草甸白浆土土属	185.20	185.20	185.20	—	—	143.70
（1）厚层黏质草甸白浆土	185.20	185.20	185.20	—	—	143.70
三、黑土土类	474.90	68.50	200.84	—	—	170.64
（一）黑土亚类	458.90	88.50	204.49	—	—	179.44
1. 砾底黑土土属	273.70	88.50	179.46	—	—	201.06
（1）薄层砾底黑土	273.70	138.20	184.61	—	—	171.50
（2）中层砾底黑土	222.40	88.50	166.58	—	—	408.00
2. 沙底黑土土属	132.20	120.80	127.90	—	—	108.80
（1）薄层沙底黑土	132.20	120.80	127.90	—	—	108.80
3. 黄土质黑土土属	458.90	104.70	208.52	—	—	175.68
（1）薄层黄土质黑土	378.40	104.70	196.38	—	—	170.10
（2）中层黄土质黑土	458.90	128.80	273.86	—	—	212.90
（3）厚层黄土质黑土	265.60	161.00	213.19	—	—	142.00
（二）草甸黑土亚类	474.90	88.50	190.75	—	—	145.97
1. 沙底草甸黑土土属	333.10	112.70	184.64	—	—	139.70
（1）薄层沙底草甸黑土	333.10	112.70	177.38	—	—	127.10
（2）中层沙底草甸黑土	313.00	132.00	207.73	—	—	164.00
2. 黄土质草甸黑土土属	474.90	88.50	199.25	—	—	164.34
（1）薄层黄土质草甸黑土	338.10	140.90	194.41	—	—	160.10
（2）中层黄土质草甸黑土	474.90	88.50	199.55	—	—	172.40
（3）厚层黄土质草甸黑土	313.30	112.70	215.61	—	—	125.90

（续）

土类、亚类、土属和土种名称	本次地力评价			1984 年土壤普查		
	最大值	最小值	平均值	最大值	最小值	平均值
（三）白浆化黑土亚类	370.40	68.50	209.92	—	—	203.13
1. 砾底白浆化黑土土属	370.40	68.50	212.54	—	—	209.02
（1）薄层砾底白浆化黑土	370.40	68.50	220.72	—	—	200.40
（2）中层砾底白浆化黑土	265.10	88.50	171.05	—	—	247.40
2. 黄土质白浆化黑土土属	249.60	136.80	169.38	—	—	152.70
（1）薄层黄土质白浆化黑土	249.60	136.80	169.38	—	—	152.70
四、草甸土土类	547.40	40.30	228.90	—	—	237.10
（一）草甸土亚类	547.40	77.80	231.67	—	—	230.74
1. 黏壤质草甸土土属	547.40	77.80	231.67	—	—	230.74
（1）薄层黏壤质草甸土	547.40	77.80	324.81	—	—	212.10
（2）中层黏壤质草甸土	418.60	80.50	182.94	—	—	190.90
（3）厚层黏壤质草甸土	474.90	112.70	220.17	—	—	253.90
（二）白浆化草甸土亚类	265.60	40.30	150.86	—	—	297.59
1. 黏壤质白浆化草甸土土属	265.60	40.30	150.86	—	—	297.59
（1）薄层黏壤质白浆化草甸土	201.30	40.30	135.64	—	—	350.20
（2）中层黏壤质白浆化草甸土	265.60	161.60	186.38	—	—	255.50
（三）潜育草甸土亚类	251.40	144.90	185.78	—	—	198.50
1. 黏壤质潜育草甸土土属	251.40	144.90	185.78	—	—	198.50
（1）薄层黏壤质潜育草甸土	166.90	144.90	159.66	—	—	114.00
（2）中层黏壤质潜育草甸土	251.40	251.40	251.40	—	—	169.10
（3）厚层黏壤质潜育草甸土	217.30	188.40	195.06	—	—	213.20
五、沼泽土土类	474.90	124.60	228.12	—	—	488.00
（一）泥炭沼泽土亚类	474.90	124.60	228.12	—	—	488.00
1. 泥炭沼泽土土属	474.90	124.60	228.12	—	—	488.00
（1）中层泥炭沼泽土	474.90	124.60	228.12	—	—	488.00
六、泥炭土土类	202.90	169.90	182.20	—	—	291.60
（一）低位泥炭土亚类	202.90	169.90	182.20	—	—	291.60
1. 芦苇薹草低位泥炭土土属	202.90	169.90	182.20	—	—	291.60
（1）薄层芦苇薹低位泥炭土	202.90	181.20	192.05	—	—	291.60
（2）中层芦苇薹低位泥炭土	187.10	169.90	175.63	—	—	290.50
七、新积土土类	209.30	144.90	165.70	—	—	290.00
（一）冲积土亚类	209.30	144.90	165.70	—	—	290.00
1. 层状冲积土土属	209.30	144.90	165.70	—	—	290.00
（1）中层层状冲积土	209.30	144.90	165.70	—	—	290.00
八、水稻土土类	412.60	64.40	196.90	—	—	150.77
（一）淹育水稻土亚类	412.60	64.40	196.90	—	—	150.77
1. 黑土型淹育水稻土土属	346.10	112.70	184.72	—	—	138.30
（1）薄层黑土型淹育水稻土	346.10	112.70	184.72	—	—	138.30
2. 草甸土型淹育水稻土土属	412.60	64.40	202.73	—	—	180.10
（1）中层草甸型淹育水稻土	412.60	64.40	202.73	—	—	180.10

附表6-16 耕地土壤碱解氮分级面积统计

土类、亚类、土属和土种名称	合计面积（公顷）	一级		二级		三级		四级		五级		六级	
		面积（公顷）	占总面积（%）	面积（公顷）	占总面积（%）	面积（公顷）	占总面积（%）	面积（公顷）	占总面积（%）	面积（公顷）	占总面积（%）	面积（公顷）	占总面积（%）
合计	65 352.84	14 119.62	21.61	25 064.81	38.35	16 688.09	25.54	7 281.41	11.14	1 994.66	3.05	204.25	0.31
一、暗棕壤土类	7 877.68	1 863.57	23.66	2 708.55	34.38	1 958.22	24.86	1 164.95	14.79	182.39	2.32	0	0
（一）暗棕壤亚类	7 272.13	1 755.20	24.14	2 415.73	33.22	1 888.10	25.96	1 053.79	14.49	159.31	2.19	0	0
1. 暗矿质暗棕壤土属	297.96	141.22	47.40	48.50	16.28	95.02	31.89	13.22	4.44	0	0	0	0
（1）暗矿质暗棕壤	297.96	141.22	47.40	48.50	16.28	95.02	31.89	13.22	4.44	0	0	0	0
2. 沙砾质暗棕壤土属	3 300.02	652.13	19.76	1 524.09	46.18	710.24	21.52	324.69	9.84	88.87	2.69	0	0
（1）沙砾质暗棕壤	3 300.02	652.13	19.76	1 524.09	46.18	710.24	21.52	324.69	9.84	88.87	2.69	0	0
3. 沙砾质暗棕壤土属	3 674.15	961.85	26.18	843.14	22.95	1 082.84	29.47	715.88	19.48	70.44	1.92	0	0
（1）沙砾质暗棕壤	3 674.15	961.85	26.18	843.14	22.95	1 082.84	29.47	715.88	19.48	70.44	1.92	0	0
（二）白浆化暗棕壤亚类	605.55	108.37	17.90	292.82	48.36	70.12	11.58	111.16	18.36	23.08	3.81	0	0
1. 黄土质白浆化暗棕壤土属	605.55	108.37	17.90	292.82	48.36	70.12	11.58	111.16	18.36	23.08	3.81	0	0
（1）黄土质白浆化暗棕壤	605.55	108.37	17.90	292.82	48.36	70.12	11.58	111.16	18.36	23.08	3.81	0	0
二、白浆土类	3 487.35	154.11	4.42	1 605.54	46.04	1 027.25	29.46	332.28	9.53	365.65	10.49	2.52	0.07
（一）白浆土亚类	3 487.35	154.11	4.42	1 605.54	46.04	1 027.25	29.46	332.28	9.53	365.65	10.49	2.52	0.07
1. 黄土质白浆土土属	3 459.03	154.11	4.46	1 577.22	45.60	1 027.25	29.70	332.28	9.61	365.65	10.57	2.52	0.07
（1）薄层黄土质白浆土	8.16	0	0	0	0	8.16	100.00	0	0	0	0	0	0
（2）中层黄土质白浆土	2 929.65	22.63	0.77	1 187.48	40.53	1 019.09	34.79	332.28	11.34	365.65	12.48	2.52	0.09
（3）厚层黄土质白浆土	521.22	131.48	25.23	389.74	74.77	0	0	0	0	0	0	0	0
（二）草甸白浆土亚类	28.32	0	0	28.32	100.00	0	0	0	0	0	0	0	0
1. 黏质草甸白浆土土属	28.32	0	0	28.32	100.00	0	0	0	0	0	0	0	0
（1）厚层黏质草甸白浆土	28.32	0	0	28.32	100.00	0	0	0	0	0	0	0	0

（续）

土类、亚类、土属和土种名称	合计面积（公顷）	一级		二级		三级		四级		五级		六级	
		面积（公顷）	占总面积（%）	面积（公顷）	占总面积（%）	面积（公顷）	占总面积（%）	面积（公顷）	占总面积（%）	面积（公顷）	占总面积（%）	面积（公顷）	占总面积（%）
三、黑土土类	25 006.19	3 087.62	12.35	11 898.70	47.58	6 638.34	26.55	2 604.13	10.41	768.87	3.07	8.53	0.03
（一）黑土亚类	10 911.98	1 738.35	15.93	5 110.41	46.83	3 006.05	27.55	1 003.82	9.20	53.35	0.49	0	0
1.砾底黑土土属	1 230.59	19.88	1.62	560.79	45.57	528.77	42.97	117.85	9.58	3.30	0.27	0	0
（1）薄层砾底黑土	933.08	19.88	2.13	472.46	50.63	403.44	43.24	37.30	4.00	0	0	0	0
（2）中层砾底黑土	297.51	0	0	88.33	29.69	125.33	42.13	80.55	27.07	3.30	1.11	0	0
2.沙底黑土土属	35.78	0	0	0	0	0	0	35.78	100.00	0	0	0	0
（1）薄层沙底黑土	35.78	0	0	0	0	0	0	35.78	100.00	0	0	0	0
3.黄土质黑土土属	9 645.61	1 718.47	17.82	4 549.62	47.17	2 477.28	25.68	850.19	8.81	50.05	0.52	0	0
（1）薄层黄土质黑土	8 364.50	884.50	10.57	4 289.75	51.29	2 371.60	28.35	768.60	9.19	50.05	0.60	0	0
（2）中层黄土质黑土	1 097.94	712.78	64.92	235.16	21.42	68.41	6.23	81.59	7.43	0	0	0	0
（3）厚层黄土质黑土	183.17	121.19	66.16	24.71	13.49	37.27	20.35	0	0	0	0	0	0
（二）草甸黑土亚类	8 324.37	638.52	7.67	3 556.37	42.72	2 758.45	33.14	912.71	10.96	458.32	5.51	0	0
1.沙底草甸黑土土属	4 824.22	236.41	4.90	1 998.62	41.43	1 618.22	33.54	667.63	13.84	303.34	6.29	0	0
（1）薄层沙底草甸黑土	4 144.86	138.53	3.34	1 538.62	37.12	1 497.51	36.13	666.86	16.09	303.34	7.32	0	0
（2）中层沙底草甸黑土	679.36	97.88	14.41	460.00	67.71	120.71	17.77	0.77	0.11	0	0	0	0
2.黄土质草甸黑土土属	3 500.15	402.11	11.49	1 557.75	44.51	1140.23	32.58	245.08	7.00	154.98	4.43	0	0
（1）薄层黄土质草甸黑土	530.44	152.11	28.68	118.12	22.27	140.70	26.53	119.51	22.53	0	0	0	0
（2）中层黄土质草甸黑土	2 705.89	207.50	7.67	1 304.02	48.19	998.62	36.91	122.42	4.52	73.33	2.71	0	0
（3）厚层黄土质草甸黑土	263.82	42.50	16.11	135.61	51.40	0.91	0.34	3.15	1.19	81.65	30.95	0	0
（三）白浆化黑土亚类	5 769.84	710.75	12.32	3 231.92	56.01	873.84	15.14	687.60	11.92	257.20	4.46	8.53	0.15

（续）

土类、亚类、土属和土种名称	合计面积（公顷）	一级面积（公顷）	一级占总面积（%）	二级面积（公顷）	二级占总面积（%）	三级面积（公顷）	三级占总面积（%）	四级面积（公顷）	四级占总面积（%）	五级面积（公顷）	五级占总面积（%）	六级面积（公顷）	六级占总面积（%）
1. 砾底白浆化黑土土属	5 503.90	710.75	12.91	3 221.72	58.54	844.92	15.35	460.78	8.37	257.20	4.67	8.53	0.15
（1）薄底砾底白浆化黑土	5 024.39	710.75	14.15	3 032.57	60.36	646.77	12.87	446.84	8.89	178.93	3.56	8.53	0.17
（2）中层砾底白浆化黑土	479.51	0	0	189.15	39.45	198.15	41.32	13.94	2.91	78.27	16.32	0	0
2. 黄土质白浆化黑土土属	265.94	0	0	10.20	3.84	28.92	10.87	226.82	85.29	0	0	0	0
（1）薄黄土质白浆化黑土	265.94	0	0	10.20	3.84	28.92	10.87	226.82	85.29	0	0	0	0
四、草甸土类	23 424.15	7 927.22	33.84	6 898.17	29.45	5 728.81	24.46	2 428.94	10.37	421.53	1.80	19.48	0.08
（一）草甸土亚类	22 757.62	7 919.73	34.80	6 737.65	29.61	5 510.23	24.21	2 192.53	9.63	393.62	1.73	3.86	0.02
1. 黏壤质草甸土土属	22 757.62	7 919.73	34.80	6 737.65	29.61	5 510.23	24.21	2 192.53	9.63	393.62	1.73	3.86	0.02
（1）薄层黏壤质草甸土	5 985.43	5 110.15	85.38	529.79	8.85	244.79	4.09	88.48	1.48	8.36	0.14	3.86	0.06
（2）中层黏壤质草甸土	9 462.32	1 183.18	12.50	2 894.72	30.59	3 517.32	37.17	1 568.68	16.58	298.42	3.15	0	0
（3）厚层黏壤质草甸土	7 309.87	1 626.40	22.25	3 313.14	45.32	1 748.12	23.91	535.37	7.32	86.84	1.19	0	0
（二）白浆化草甸土亚类	463.35	0.44	0.09	19.32	4.17	182.37	39.36	217.69	46.98	27.91	6.02	15.62	3.37
1. 黏壤质白浆化草甸土土属	463.35	0.44	0.09	19.32	4.17	182.37	39.36	217.69	46.98	27.91	6.02	15.62	3.37
（1）薄层黏壤质白浆化草甸土	281.58	0.44	0.24	19.32	6.86	1.04	0.37	217.69	77.31	27.91	9.91	15.62	5.55
（2）中层黏壤质白浆化草甸土	181.77	0.44	0	19.32	0	181.33	99.76	0	0	0	0	0	0
（三）潜育草甸土亚类	203.18	7.05	3.47	141.20	69.50	36.21	17.82	18.72	9.21	0	0	0	0
1. 黏壤质潜育草甸土土属	203.18	7.05	3.47	141.20	69.50	36.21	17.82	18.72	9.21	0	0	0	0
（1）薄层黏壤质潜育草甸土	54.93	0	0	0	0	36.21	65.92	18.72	34.08	0	0	0	0
（2）中层黏壤质潜育草甸土	7.05	7.05	100.00	0	0	0	0	0	0	0	0	0	0
（3）厚层黏壤质潜育草甸土	141.20	0	0	141.20	100.00	0	0	0	0	0	0	0	0

（续）

土类、亚类、土属和土种名称	合计面积(公顷)	一级		二级		三级		四级		五级		六级	
		面积(公顷)	占总面积(%)	面积(公顷)	占总面积(%)	面积(公顷)	占总面积(%)	面积(公顷)	占总面积(%)	面积(公顷)	占总面积(%)	面积(公顷)	占总面积(%)
五、沼泽土土类	1 230.93	413.58	33.60	462.69	37.59	261.91	21.28	92.75	7.53	0	0	0	0
（一）泥炭沼泽土亚类	1 230.93	413.58	33.60	462.69	37.59	261.91	21.28	92.75	7.53	0	0	0	0
1. 泥炭沼泽土土属	1 230.93	413.58	33.60	462.69	37.59	261.91	21.28	92.75	7.53	0	0	0	0
（1）中层泥炭沼泽土	1 230.93	413.58	33.60	462.69	37.59	261.91	21.28	92.75	7.53	0	0	0	0
六、泥炭土土类	42.68	0	0	34.17	80.06	8.51	19.94	0	0	0	0	0	0
（一）低位泥炭土亚类	19.48	0	0	19.48	100.00	0	0	0	0	0	0	0	0
1. 芦苇薹草低位泥炭土土属	19.48	0	0	19.48	100.00	0	0	0	0	0	0	0	0
（1）薄层芦苇薹草低位泥炭土	19.48	0	0	19.48	100.00	0	0	0	0	0	0	0	0
（2）中层芦苇薹草低位泥炭土	23.20	0	0	14.69	63.32	8.51	36.68	0	0	0	0	0	0
七、新积土土类	387.69	0	0	176.91	45.63	86.56	22.33	124.22	32.04	0	0	0	0
（一）冲积土亚类	387.69	0	0	176.91	45.63	86.56	22.33	124.22	32.04	0	0	0	0
1. 层状冲积土土属	387.69	0	0	176.91	45.63	86.56	22.33	124.22	32.04	0	0	0	0
（1）中层层状冲积土	387.69	0	0	176.91	45.63	86.56	22.33	124.22	32.04	0	0	0	0
八、水稻土土类	3 896.17	673.52	17.29	1 280.08	32.85	978.49	25.11	534.14	13.71	256.22	6.58	173.72	4.46
（一）淹育水稻土亚类	3 896.17	673.52	17.29	1 280.08	32.85	978.49	25.11	534.14	13.71	256.22	6.58	173.72	4.46
1. 黑土型淹育水稻土土属	1 145.27	107.26	9.37	246.50	21.52	591.14	51.62	124.05	10.83	76.32	6.66	0	0
（1）薄层黑土型淹育水稻土	1 145.27	107.26	9.37	246.50	21.52	591.14	51.62	124.05	10.83	76.32	6.66	0	0
2. 草甸土型淹育水稻土土属	2 750.90	566.26	20.58	1 033.58	37.57	387.35	14.08	410.09	14.91	179.90	6.54	173.72	6.32
（1）中层草甸型淹育水稻	2 750.90	566.26	20.58	1 033.58	37.57	387.35	14.08	410.09	14.91	179.90	6.54	173.72	6.32

附表 6 - 17　佳木斯市郊区有效棚分级面积统计

单位：公顷

乡(镇)名称	合计面积(公顷)	一级		二级		三级		四级		五级	
		面积(公顷)	占总面积(%)	面积(公顷)	占总面积(%)	面积(公顷)	占总面积(%)	面积(公顷)	占总面积(%)	面积(公顷)	占总面积(%)
合　计	65 352.84	5 894.56	9.02	1 877.94	2.87	22 218.31	34.00	35 362.03	54.11	0	0
大来镇	8 331.89	177.96	2.14	76.18	0.91	1 643.94	19.73	6 433.81	77.22	0	0
长发镇	6 471.95	17.04	0.26	31.42	0.49	47.40	0.73	6 376.09	98.52	0	0
敖其镇	4 453.21	0	0	41.66	0.94	1 433.31	32.19	2 978.24	66.88	0	0
莲江口镇	2 316.98	0	0	0	0	50.68	2.19	2 266.30	97.81	0	0
望江镇	8 959.99	213.40	2.38	818.03	9.13	975.47	10.89	6 953.09	77.60	0	0
长青乡	1 564.98	8.95	0.57	5.34	0.34	1 437.69	91.87	113.00	7.22	0	0
沿江乡	3 842.06	0	0	9.51	0.25	3 266.71	85.02	565.84	14.73	0	0
四丰乡	5 365.01	2 874.19	53.57	211.12	3.94	2 194.52	40.90	85.18	1.59	0	0
西格木乡	6 085.91	49.88	0.82	0	0	327.78	5.39	5 708.25	93.79	0	0
群胜乡	6 032.04	2 305.81	38.23	486.41	8.06	2 441.84	40.48	797.98	13.23	0	0
平安乡	8 569.86	59.73	0.70	196.21	2.29	6 497.10	75.81	1 816.82	21.20	0	0
燎原农场	1 010.03	0	0	0	0	297.61	29.47	712.42	70.53	0	0
苏木河农场	1 586.96	68.60	4.32	0	0	1 199.16	75.56	319.20	20.11	0	0
猴石山果苗良种场	465.97	0	0	2.06	0.44	345.89	74.23	118.02	25.33	0	0
新村农场	177.00	0	0	0	0	59.21	33.45	117.79	66.55	0	0
四丰园艺场	119.00	119.00	100.00	0	0	0	0	0	0	0	0

附表 6－18　全区土壤类型有效硼情况统计

单位：毫克/千克

土类、亚类、土属和土种名称	最大值	最小值	平均值
一、暗棕壤土类	6.69	0.02	0.52
（一）暗棕壤亚类	6.69	0.02	0.53
1. 暗矿质暗棕壤土属	1.45	0.02	0.25
（1）暗矿质暗棕壤	1.45	0.02	0.25
2. 沙砾质暗棕壤土属	6.69	0.02	0.57
（1）沙砾质暗棕壤	6.69	0.02	0.57
3. 沙砾质暗棕壤土属	1.45	0.02	0.47
（1）沙砾质暗棕壤	1.45	0.02	0.47
（二）白浆化暗棕壤亚类	1.87	0.04	0.44
1. 黄土质白浆化暗棕壤土属	1.87	0.04	0.44
（1）黄土质白浆化暗棕壤	1.87	0.04	0.44
二、白浆土土类	1.51	0.02	0.39
（一）白浆土亚类	1.51	0.02	0.39
1. 黄土质白浆土土属	1.51	0.02	0.39
（1）薄层黄土质白浆土	0.28	0.26	0.27
（2）中层黄土质白浆土	1.51	0.02	0.38
（3）厚层黄土质白浆土	0.56	0.44	0.51
（二）草甸白浆土亚类	0.70	0.70	0.70
1. 黏质草甸白浆土土属	0.70	0.70	0.70
（1）厚层黏质草甸白浆土	0.70	0.70	0.70
三、黑土土类	9.62	0.02	0.55
（一）黑土亚类	6.41	0.02	0.55
1. 砾底黑土土属	1.40	0.02	0.42
（1）薄层砾底黑土	0.54	0.05	0.30
（2）中层砾底黑土	1.40	0.02	0.71
2. 沙底黑土土属	0.42	0.41	0.41
（1）薄层沙底黑土	0.42	0.41	0.41
3. 黄土质黑土土属	6.41	0.02	0.57
（1）薄层黄土质黑土	6.41	0.02	0.58
（2）中层黄土质黑土	1.45	0.02	0.63
（3）厚层黄土质黑土	0.60	0.02	0.12
（二）草甸黑土亚类	2.42	0.02	0.46
1. 沙底草甸黑土土属	1.02	0.02	0.41
（1）薄层沙底草甸黑土	1.02	0.02	0.42
（2）中层沙底草甸黑土	0.63	0.13	0.38
2. 黄土质草甸黑土土属	2.42	0.03	0.52
（1）薄层黄土质草甸黑土	2.42	0.16	0.78
（2）中层黄土质草甸黑土	1.33	0.03	0.36
（3）厚层黄土质草甸黑土	1.55	0.40	0.80

（续）

土类、亚类、土属和土种名称	最大值	最小值	平均值
（三）白浆化黑土亚类	9.62	0.03	0.71
1. 砾底白浆化黑土土属	9.62	0.03	0.73
（1）薄层砾底白浆化黑土	9.62	0.03	0.77
（2）中层砾底白浆化黑土	1.25	0.15	0.54
2. 黄土质白浆化黑土土属	1.83	0.17	0.42
（1）薄层黄土质白浆化黑土	1.83	0.17	0.42
四、草甸土土类	1.94	0.01	0.42
（一）草甸土亚类	1.94	0.01	0.42
1. 黏壤质草甸土土属	1.94	0.01	0.42
（1）薄层黏壤质草甸土	1.20	0.12	0.52
（2）中层黏壤质草甸土	1.67	0.01	0.35
（3）厚层黏壤质草甸土	1.94	0.02	0.44
（二）白浆化草甸土亚类	0.60	0.23	0.40
1. 黏壤质白浆化草甸土土属	0.60	0.23	0.40
（1）薄层黏壤质白浆化草甸土	0.52	0.23	0.42
（2）中层黏壤质白浆化草甸土	0.60	0.24	0.37
（三）潜育草甸土亚类	0.56	0.08	0.36
1. 黏壤质潜育草甸土土属	0.56	0.08	0.36
（1）薄层黏壤质潜育草甸土	0.56	0.42	0.49
（2）中层黏壤质潜育草甸土	0.08	0.08	0.08
（3）厚层黏壤质潜育草甸土	0.35	0.24	0.31
五、沼泽土土类	1.21	0.03	0.38
（一）泥炭沼泽土亚类	1.21	0.03	0.38
1. 泥炭沼泽土土属	1.21	0.03	0.38
（1）中层泥炭沼泽土	1.21	0.03	0.38
六、泥炭土土类	0.56	0.29	0.48
（一）低位泥炭土亚类	0.56	0.29	0.48
1. 芦苇薹草低位泥炭土土属	0.56	0.29	0.48
（1）薄层芦苇薹草低位泥炭土	0.45	0.29	0.37
（2）中层芦苇薹草低位泥炭土	0.56	0.54	0.55
七、新积土土类	0.35	0.15	0.29
（一）冲积土亚类	0.35	0.15	0.29
1. 层状冲积土土属	0.35	0.15	0.29
（1）中层层状冲积土	0.35	0.15	0.29
八、水稻土土类	1.09	0.05	0.41
（一）淹育水稻土亚类	1.09	0.05	0.41
1. 黑土型淹育水稻土土属	1.02	0.05	0.31
（1）薄层黑土型淹育水稻土	1.02	0.05	0.31
2. 草甸土型淹育水稻土土属	1.09	0.13	0.45
（1）中层草甸型淹育水稻土	1.09	0.13	0.45

附表6-19 耕地土壤有效硼分级面积统计

土类、亚类、土属和土种名称	合计面积(公顷)	一级		二级		三级		四级	
		面积(公顷)	占总面积(%)	面积(公顷)	占总面积(%)	面积(公顷)	占总面积(%)	面积(公顷)	占总面积(%)
合 计	65 352.84	5 894.56	9.02	1 877.94	2.87	22 218.31	34.00	35 362.03	54.11
一、暗棕壤土类	7 877.68	662.64	8.41	349.22	4.43	2 179.12	27.66	4 686.70	59.49
(一)暗棕壤亚类	7 272.13	631.89	8.69	289.31	3.98	2 011.54	27.66	4 339.39	59.67
1.暗矿质暗棕壤土属	297.96	1.50	0.50	0	0	93.86	31.50	202.60	68.00
(1)暗矿质暗棕壤	297.96	1.50	0.50	0	0	93.86	31.50	202.60	68.00
2.沙砾质暗棕壤土属	3 300.02	411.82	12.48	159.69	4.84	1 279.33	38.77	1 449.18	43.91
(1)沙砾质暗棕壤	3 300.02	411.82	12.48	159.69	4.84	1 279.33	38.77	1 449.18	43.91
3.沙砾质暗棕壤土属	3 674.15	218.57	5.95	129.62	3.53	638.35	17.37	2 687.61	73.15
(1)沙砾质暗棕壤	3 674.15	218.57	5.95	129.62	3.53	638.35	17.37	2 687.61	73.15
(二)白浆化暗棕壤亚类	605.55	30.75	5.08	59.91	9.89	167.58	27.67	347.31	57.35
1.黄土质白浆化暗棕壤土属	605.55	30.75	5.08	59.91	9.89	167.58	27.67	347.31	57.35
(1)黄土质白浆化暗棕壤	605.55	30.75	5.08	59.91	9.89	167.58	27.67	347.31	57.35
二、白浆土土类	3 487.35	43.74	1.25	2.45	0.07	955.72	27.41	2 485.44	71.27
(一)白浆土亚类	3 487.35	43.74	1.25	2.45	0.07	955.72	27.41	2 485.44	71.27
1.黄土质白浆土土属	3 459.03	43.74	1.26	2.45	0.07	927.40	26.81	2 485.44	71.85
(1)薄层黄土质白浆土	8.16	0	0	0	0	0	0	8.16	100
(2)中层黄土质白浆土	2 929.65	43.74	1.49	2.45	0.08	406.18	13.86	2 477.28	84.56
(3)厚层黄土质白浆土	521.22	0	0	0	0	521.22	100.00	0	0
(二)草甸白浆土亚类	28.32	0	0	0	0	28.32	100.00	0	0
1.黏质草甸白浆土土属	28.32	0	0	0	0	28.32	100.00	0	0
(1)厚层黏质草甸白浆土	28.32	0	0	0	0	28.32	100.00	0	0

（续）

土类、亚类、土属和土种名称	合计面积（公顷）	一级 面积（公顷）	一级 占总（%）	二级 面积（公顷）	二级 占总（%）	三级 面积（公顷）	三级 占总（%）	四级 面积（公顷）	四级 占总（%）
三、黑土土类	25 006.19	3 022.56	12.09	1 195.08	4.78	7 888.69	31.55	12 899.86	51.59
（一）黑土亚类	10 911.98	1 357.95	12.44	1 023.87	9.38	2 586.53	23.70	5 943.63	54.47
1. 砾底黑土土属	1 230.59	8.53	0.69	132.12	10.74	381.10	30.97	708.84	57.60
（1）薄层砾底黑土	933.08	0	0	0	0	224.94	24.11	708.14	75.89
（2）中层砾底黑土	297.51	8.53	2.87	132.12	44.41	156.16	52.49	0.70	0.24
2. 沙底黑土土属	35.78	0	0	0	0	35.78	100.00	0	0
（1）薄层沙底黑土	35.78	0	0	0	0	35.78	100.00	0	0
3. 黄土质黑土土属	9 645.61	1 349.42	13.99	891.75	9.25	2 169.65	22.49	5 234.79	54.27
（1）薄层黄土质黑土	8 364.50	1 092.25	13.06	861.48	10.30	1 634.34	19.54	4 776.43	57.10
（2）中层黄土质黑土	1 097.94	257.17	23.42	30.27	2.76	439.77	40.05	370.73	33.77
（3）厚层黄土质黑土	183.17	0	0	0	0	95.54	52.16	87.63	47.84
（二）草甸黑土亚类	8 324.37	465.42	5.59	111.04	1.33	3 607.08	43.33	4140.83	49.74
1. 沙底草甸黑土土属	4 824.22	100.77	2.09	64.30	1.33	2 884.09	59.78	1 775.06	36.79
（1）薄层沙底草甸黑土	4 144.86	100.77	2.43	64.30	1.55	2 663.86	64.27	1 315.93	31.75
（2）中层沙底草甸黑土	679.36	0	0	0	0	220.23	32.42	459.13	67.58
2. 黄土质草甸黑土土属	3 500.15	364.65	10.42	46.74	1.34	722.99	20.66	2 365.77	67.59
（1）薄层黄土质草甸黑土	530.44	117.50	22.15	37.80	7.13	188.23	35.49	186.91	35.24
（2）中层黄土质草甸黑土	2 705.89	162.35	6.00	3.12	0.12	397.20	14.68	2 143.22	79.21
（3）厚层黄土质草甸黑土	263.82	84.80	32.14	5.82	2.21	137.56	52.14	35.64	13.51

（续）

土类、亚类、土属和土种名称	合计面积（公顷）	一级		二级		三级		四级	
		面积（公顷）	占总面积（%）	面积（公顷）	占总面积（%）	面积（公顷）	占总面积（%）	面积（公顷）	占总面积（%）
（三）白浆化黑土亚类	5 769.84	1 199.19	20.78	60.17	1.04	1 695.08	29.38	2 815.40	48.80
1. 砾底白浆化黑土土属	5 503.90	1 194.12	21.70	60.17	1.09	1 678.70	30.50	2 570.91	46.71
（1）薄层砾底白浆化黑土	5 024.39	1 166.19	23.21	6.54	0.13	1 526.77	30.39	2 324.89	46.27
（2）中层砾底白浆化黑土	479.51	27.93	5.82	53.63	11.18	151.93	31.68	246.02	51.31
2. 黄土质白浆化黑土土属	265.94	5.07	1.91	0	0	16.38	6.16	244.49	91.93
（1）薄层黄土质白浆化黑土	265.94	5.07	1.91	0	0	16.38	6.16	244.49	91.93
四、草甸土土类	23 424.15	2 035.48	8.69	311.88	1.33	8 838.60	37.73	12 238.19	52.25
（一）草甸土亚类	22 757.62	2 035.48	8.94	311.88	1.37	8 583.90	37.72	11 826.36	51.97
1. 黏壤质草甸土土属	22 757.62	2 035.48	8.94	311.88	1.37	8 583.90	37.72	11 826.36	51.97
（1）薄层黏壤质草甸土	5 985.43	83.70	1.40	119.22	1.99	4 788.09	80.00	994.42	16.61
（2）中层黏壤质草甸土	9 462.32	280.89	2.97	136.24	1.44	2 348.60	24.82	6 696.59	70.77
（3）厚层黏壤质草甸土	7 309.87	1 670.89	22.86	56.42	0.77	1 447.21	19.80	4 135.35	56.57
（二）白浆化草甸土亚类	463.35	0	0	0	0	199.77	43.11	263.58	56.89
1. 黏壤质白浆化草甸土土属	463.35	0	0	0	0	199.77	43.11	263.58	56.89
（1）薄层黏壤质白浆化草甸土	281.58	0	0	0	0	199.33	70.79	82.25	29.21
（2）中层黏壤质白浆化草甸土	181.77	0	0	0	0	0.44	0.24	181.33	99.76
（三）潜育草甸土亚类	203.18	0	0	0	0	54.93	27.04	148.25	72.96
1. 黏壤质潜育草甸土土属	203.18	0	0	0	0	54.93	27.04	148.25	72.96
（1）薄层黏壤质潜育草甸土	54.93	0	0	0	0	54.93	100.00	0	0
（2）中层黏壤质潜育草甸土	7.05	0	0	0	0	0	0	7.05	100.00

（续）

土类、亚类、土属和土种名称	合计面积（公顷）	一级 面积（公顷）	一级 占总面积（%）	二级 面积（公顷）	二级 占总面积（%）	三级 面积（公顷）	三级 占总面积（%）	四级 面积（公顷）	四级 占总面积（%）
（3）厚层黏壤质潜育草甸土	141.20	0	0	0	0	0	0	141.20	100.00
五、沼泽土土类	1 230.93	2.64	0.21	0	0	530.50	43.10	697.79	56.69
（一）泥炭沼泽土亚类	1 230.93	2.64	0.21	0	0	530.50	43.10	697.79	56.69
1. 泥炭沼泽土土属	1 230.93	2.64	0.21	0	0	530.50	43.10	697.79	56.69
（1）中层泥炭沼泽土	1 230.93	2.64	0.21	0	0	530.50	43.10	697.79	56.69
六、泥炭土土类	42.68	0	0	0	0	32.63	76.45	10.05	23.55
（一）低位泥炭土亚类	19.48	0	0	0	0	9.43	48.41	10.05	51.59
1. 芦苇薹草低位泥炭土土属	19.48	0	0	0	0	9.43	48.41	10.05	51.59
（1）薄层芦苇薹草低位泥炭土	19.48	0	0	0	0	9.43	48.41	10.05	51.59
（2）中层芦苇薹草低位泥炭土	23.20	0	0	0	0	23.20	100.00	0	0
七、新积土土类	387.69	0	0	0	0	0	0	387.69	100.00
（一）冲积土亚类	387.69	0	0	0	0	0	0	387.69	100.00
1. 层状冲积土土属	387.69	0	0	0	0	0	0	387.69	100.00
（1）中层层状冲积土	387.69	0	0	0	0	0	0	387.69	100.00
八、水稻土土类	3 896.17	127.50	3.27	19.31	0.50	1 793.05	46.02	1 956.31	50.21
（一）淹育水稻土亚类	3 896.17	127.50	3.27	19.31	0.50	1 793.05	46.02	1 956.31	50.21
1. 黑土型淹育水稻土土属	1 145.27	21.38	1.87	8.66	0.76	503.62	43.97	611.61	53.40
（1）薄层黑土型淹育水稻土	1 145.27	21.38	1.87	8.66	0.76	503.62	43.97	611.61	53.40
2. 草甸土型淹育水稻土土属	2 750.90	106.12	3.86	10.65	0.39	1 289.43	46.87	1 344.70	48.88
（1）中层草甸型淹育水稻土	2 750.90	106.12	3.86	10.65	0.39	1 289.43	46.87	1 344.70	48.88

附表 6 - 20 佳木斯市郊区有效锌分级面积统计

乡(镇)	合计面积(公顷)	一级 面积(公顷)	占总(%)	二级 面积(公顷)	占总(%)	三级 面积(公顷)	占总(%)	四级 面积(公顷)	占总(%)	五级 面积(公顷)	占总(%)
合 计	65 352.84	31 884.57	48.79	14 393.97	22.03	13 157.16	20.13	4 166.72	6.38	1 750.42	2.68
大来镇	8 331.89	4 415.24	52.99	857.81	10.30	2 586.40	31.04	437.99	5.26	34.45	0.41
长发镇	6 471.95	5 206.93	80.45	1 099.11	16.98	165.91	2.56	0	0	0	0
敖其镇	4 453.21	942.31	21.16	645.04	14.48	2 628.60	59.03	117.64	2.64	119.62	2.69
莲江口镇	2 316.98	464.61	20.05	1 147.92	49.54	453.47	19.57	250.98	10.83	0	0
望江镇	8 959.99	5 059.24	56.46	1 508.00	16.83	2 134.93	23.83	161.62	1.80	96.20	1.07
长青乡	1 564.98	1 181.69	75.51	279.60	17.87	103.69	6.63	0	0	0	0
沿江乡	3 842.06	3 420.23	89.02	358.79	9.34	63.04	1.64	0	0	0	0
四丰乡	5 365.01	3 697.31	68.92	802.13	14.95	865.57	16.13	0	0	0	0
西格木乡	6 085.91	1 782.17	29.28	3 613.81	59.38	689.93	11.34	0	0	0	0
群胜乡	6 032.04	1 109.96	18.40	893.46	14.81	1 311.56	21.74	1 850.58	30.68	866.48	14.36
平安乡	8 569.86	2 378.24	27.75	3 119.70	36.40	1 108.22	12.93	1 330.03	15.52	633.67	7.39
燎原农场	1 010.03	645.46	63.91	0	0	363.13	35.95	1.44	0.14	0	0
苏木河农场	1 586.96	1 188.13	74.87	68.60	4.32	330.23	20.81	0	0	0	0
猴石山果苗良种场	465.97	165.53	35.52	0	0	286.47	61.48	13.97	3.00	0	0
新村农场	177.00	108.52	61.31	0	0	66.01	37.29	2.47	1.40	0	0
四丰园艺场	119.00	119.00	100.00	0	0	0	0	0	0	0	0

附表 6 - 21　全区土壤类型有效锌情况统计

单位：毫克/千克

土类、亚类、土属和土种名称	最大值	最小值	平均值
一、暗棕壤土类	6.07	0.29	2.13
（一）暗棕壤亚类	5.32	0.29	2.06
1.暗矿质暗棕壤土属	3.50	0.89	2.44
（1）暗矿质暗棕壤	3.50	0.89	2.44
2.沙砾质暗棕壤土属	5.32	0.29	1.98
（1）沙砾质暗棕壤	5.32	0.29	1.98
3.沙砾质暗棕壤土属	3.86	1.02	2.25
（1）沙砾质暗棕壤	3.86	1.02	2.25
（二）白浆化暗棕壤亚类	6.07	0.38	2.56
1.黄土质白浆化暗棕壤土属	6.07	0.38	2.56
（1）黄土质白浆化暗棕壤	6.07	0.38	2.56
二、白浆土土类	6.07	0.68	2.45
（一）白浆土亚类	6.07	0.98	2.46
1.黄土质白浆土土属	6.07	0.98	2.46
（1）薄层黄土质白浆土	2.04	1.90	1.97
（2）中层黄土质白浆土	6.07	0.98	2.47
（3）厚层黄土质白浆土	3.03	1.25	2.41
（二）草甸白浆土亚类	0.68	0.68	0.68
1.黏质草甸白浆土土属	0.68	0.68	0.68
（1）厚层黏质草甸白浆土	0.68	0.68	0.68
三、黑土土类	10.94	0.22	2.26
（一）黑土亚类	5.77	0.29	2.29
1.砾底黑土土属	3.77	0.29	1.76
（1）薄层砾底黑土	3.09	0.75	1.83
（2）中层砾底黑土	3.77	0.29	1.57
2.沙底黑土土属	2.86	2.86	2.86
（1）薄层沙底黑土	2.86	2.86	2.86
3.黄土质黑土土属	5.77	0.48	2.37
（1）薄层黄土质黑土	5.77	0.48	2.33
（2）中层黄土质黑土	4.90	1.02	2.58
（3）厚层黄土质黑土	3.42	1.38	2.62
（二）草甸黑土亚类	10.94	0.22	2.21
1.沙底草甸黑土土属	5.65	0.22	2.51
（1）薄层沙底草甸黑土	5.65	0.22	2.55
（2）中层沙底草甸黑土	4.66	0.89	2.41
2.黄土质草甸黑土土属	10.94	0.46	1.79
（1）薄层黄土质草甸黑土	2.96	1.29	1.89
（2）中层黄土质草甸黑土	10.94	0.46	1.85
（3）厚层黄土质草甸黑土	2.45	0.47	0.95

（续）

土类、亚类、土属和土种名称	最大值	最小值	平均值
（三）白浆化黑土亚类	6.07	0.29	2.27
1. 砾底白浆化黑土土属	6.07	0.29	2.25
（1）薄层砾底白浆化黑土	6.07	0.36	2.24
（2）中层砾底白浆化黑土	5.65	0.29	2.31
2. 黄土质白浆化黑土土属	5.65	1.80	2.51
（1）薄层黄土质白浆化黑土	5.65	1.80	2.51
四、草甸土土类	6.17	0.10	2.02
（一）草甸土亚类	6.17	0.10	2.01
1. 黏壤质草甸土土属	6.17	0.10	2.01
（1）薄层黏壤质草甸土	6.17	0.10	1.68
（2）中层黏壤质草甸土	6.17	0.27	2.22
（3）厚层黏壤质草甸土	5.32	0.29	1.98
（二）白浆化草甸土亚类	5.32	0.98	2.13
1. 黏壤质白浆化草甸土土属	5.32	0.98	2.13
（1）薄层黏壤质白浆化草甸土	3.47	0.98	1.80
（2）中层黏壤质白浆化草甸土	5.32	1.38	2.89
（三）潜育草甸土亚类	2.99	1.51	2.40
1. 黏壤质潜育草甸土土属	2.99	1.51	2.40
（1）薄层黏壤质潜育草甸土	2.99	2.82	2.95
（2）中层黏壤质潜育草甸土	2.68	2.68	2.68
（3）厚层黏壤质潜育草甸土	2.47	1.51	1.96
五、沼泽土土类	5.69	0.27	1.92
（一）泥炭沼泽土亚类	5.69	0.27	1.92
1. 泥炭沼泽土土属	5.69	0.27	1.92
（1）中层泥炭沼泽土	5.69	0.27	1.92
六、泥炭土土类	5.65	0.57	3.25
（一）低位泥炭土亚类	5.65	0.57	3.25
1. 芦苇薹草低位泥炭土土属	5.65	0.57	3.25
（1）薄层芦苇薹草低位泥炭土	3.03	1.37	2.20
（2）中层芦苇薹草低位泥炭土	5.65	0.57	3.95
七、新积土土类	3.49	1.94	2.62
（一）冲积土亚类	3.49	1.94	2.62
1. 层状冲积土土属	3.49	1.94	2.62
（1）中层层状冲积土	3.49	1.94	2.62
八、水稻土土类	5.65	0.10	1.90
（一）淹育水稻土亚类	5.65	0.10	1.90
1. 黑土型淹育水稻土土属	5.65	0.22	2.23
（1）薄层黑土型淹育水稻土	5.65	0.22	2.23
2. 草甸土型淹育水稻土土属	3.66	0.10	1.74
（1）中层草甸型淹育水稻土	3.66	0.10	1.74

附表6-22　耕地土壤有效锌分级面积统计

土类、亚类、土属和土种名称	合计 面积(公顷)	一级 面积(公顷)	占总(%)	二级 面积(公顷)	占总(%)	三级 面积(公顷)	占总(%)	四级 面积(公顷)	占总(%)	五级 面积(公顷)	占总(%)
合　　计	65 352.84	31 884.57	48.79	14 393.97	22.03	13 157.16	20.13	4 166.72	6.38	1 750.42	2.68
一、暗棕壤土类	7 877.68	4 865.16	61.76	1 189.40	15.10	1 464.07	18.59	317.01	4.02	42.04	0.53
(一)暗棕壤亚类	7 272.13	4 501.15	61.90	1 092.94	15.03	1 328.27	18.27	317.01	4.36	32.76	0.45
1.暗矿质暗棕壤土属	297.96	136.61	45.85	151.01	50.68	0	0	10.34	3.47	0	0
(1)暗矿质暗棕壤	297.96	136.61	45.85	151.01	50.68	0	0	10.34	3.47	0	0
2.沙砾质暗棕壤土属	3 300.02	1 460.75	44.26	692.10	20.97	807.74	24.48	306.67	9.29	32.76	0.99
(1)沙砾质暗棕壤	3 300.02	1 460.75	44.26	692.10	20.97	807.74	24.48	306.67	9.29	32.76	0.99
3.沙砾质暗棕壤土属	3 674.15	2 903.79	79.03	249.83	6.80	520.53	14.17	0		0	0
(1)沙砾质暗棕壤	3 674.15	2 903.79	79.03	249.83	6.80	520.53	14.17	0		0	0
(二)白浆化暗棕壤亚类	605.55	364.01	60.11	96.46	15.93	135.80	22.43	0		9.28	1.53
1.黄土质白浆化暗棕壤土属	605.55	364.01	60.11	96.46	15.93	135.80	22.43	0		9.28	1.53
(1)黄土质白浆化暗棕壤	605.55	364.01	60.11	96.46	15.93	135.80	22.43	0		9.28	1.53
二、白浆土类	3 487.35	2 629.76	75.41	693.78	19.89	84.49	2.42	79.32	2.27	0	0
(一)白浆土亚类	3 487.35	2 629.76	75.41	693.78	19.89	84.49	2.42	79.32	2.27	0	0
1.黄土质白浆土土属	3 459.03	2 629.76	76.03	693.78	20.06	84.49	2.44	51.00	1.47	0	0
(1)薄层黄土质白浆土	8.16	0.81	9.93	7.35	90.07	0		0		0	0
(2)中层黄土质白浆土	2 929.65	2 148.57	73.34	686.43	23.43	43.65	1.49	51.00	1.74	0	0
(3)厚层黄土质白浆土	521.22	480.38	92.16	0		40.84	7.84	0		0	0
(二)草甸白浆土亚类	28.32	0	0	0	0	0	0	28.32	100.00	0	0
1.黏质草甸白浆土属	28.32	0	0	0	0	0	0	28.32	100.00	0	0
(1)厚层黏质草甸白浆土	28.32	0	0	0	0	0	0	28.32	100.00	0	0

（续）

土类、亚类、土属和土种名称	合计面积（公顷）	一级 面积（公顷）	一级 占总面积（%）	二级 面积（公顷）	二级 占总面积（%）	三级 面积（公顷）	三级 占总面积（%）	四级 面积（公顷）	四级 占总面积（%）	五级 面积（公顷）	五级 占总面积（%）
三、黑土土类	25 006.19	12 061.00	48.23	4 625.74	18.50	6 063.31	24.25	1 685.72	6.74	570.42	2.28
（一）砾底黑土亚类	10 911.98	5 348.49	49.01	1 876.17	17.19	3 138.47	28.76	477.70	4.38	71.15	0.65
1. 砾底黑土土属	1 230.59	550.66	44.75	30.48	2.48	410.15	33.33	185.61	15.08	53.69	4.36
（1）薄层砾底黑土	933.08	456.89	48.97	30.48	3.27	377.30	40.44	68.41	7.33	0	0
（2）中层砾底黑土	297.51	93.77	31.52	0	0	32.85	11.04	117.20	39.39	53.69	18.05
2. 沙底黑土土属	35.78	35.78	100.00	0	0	0	0	0	0	0	0
（1）薄层沙底黑土	35.78	35.78	100.00	0	0	0	0	0	0	0	0
3. 黄土质黑土土属	9 645.61	4 762.05	49.37	1 845.69	19.14	2 728.32	28.29	292.09	3.03	17.46	0.18
（1）薄层黄土质黑土	8 364.50	4 129.51	49.37	1 562.76	18.68	2 362.68	28.25	292.09	3.49	17.46	0.21
（2）中层黄土质黑土	1 097.94	569.62	51.88	258.22	23.52	270.10	24.60	0	0	0	0
（3）厚层黄土质黑土	183.17	62.92	34.35	24.71	13.49	95.54	52.16	0	0	0	0
（二）草甸黑土亚类	8 324.37	4 489.29	53.93	1 414.47	16.99	1 911.41	22.96	424.94	5.10	84.26	1.01
1. 沙底草甸黑土土属	4 824.22	3 596.91	74.56	237.24	4.92	885.57	18.36	89.49	1.86	15.01	0.31
（1）薄层沙底草甸黑土	4 144.86	3 227.25	77.86	179.47	4.33	668.15	16.12	54.98	1.33	15.01	0.36
（2）中层沙底草甸黑土	679.36	369.66	54.41	57.77	8.50	217.42	32.00	34.51	5.08	0	0
2. 黄土质草甸黑土土属	3 500.15	892.38	25.50	1 177.23	33.63	1 025.84	29.31	335.45	9.58	69.25	1.98
（1）薄层黄土质草甸黑土	530.44	168.76	31.82	215.44	40.62	146.24	27.57	0	0	0	0
（2）中层黄土质草甸黑土	2 705.89	687.98	25.43	861.82	31.85	877.43	32.43	253.80	9.38	24.86	0.92
（3）厚层黄土质草甸黑土	263.82	35.64	13.51	99.97	37.89	2.17	0.82	81.65	30.95	44.39	16.83

（续）

土类、亚类、土属和土种名称	合计 面积（公顷）	一级 面积（公顷）	一级 占总（%）	二级 面积（公顷）	二级 占总（%）	三级 面积（公顷）	三级 占总（%）	四级 面积（公顷）	四级 占总（%）	五级 面积（公顷）	五级 占总（%）
（三）白浆化黑土亚类	5 769.84	2 223.22	38.53	1 335.10	23.14	1 013.43	17.56	783.08	13.57	415.01	7.19
1. 砾底白浆化黑土土属	5 503.90	2 008.54	36.49	1 283.84	23.33	1 013.43	18.41	783.08	14.23	415.01	7.54
(1) 薄层砾底白浆化黑土	5 024.39	1 915.79	38.13	1 170.81	23.30	803.25	15.99	723.34	14.40	411.20	8.18
(2) 中层砾底白浆化黑土	479.51	92.75	19.34	113.03	23.57	210.18	43.83	59.74	12.46	3.81	0.79
2. 黄土质白浆化黑土土属	265.94	214.68	80.72	51.26	19.28	0	0	0	0	0	0
(1) 薄层黄土质白浆化黑土	265.94	214.68	80.72	51.26	19.28	0	0	0	0	0	0
四、草甸土类	23 424.15	10 012.93	42.75	6 249.62	26.68	4 604.75	19.66	1 813.91	7.74	742.94	3.17
（一）草甸土亚类	22 757.62	9 595.72	42.16	6 105.73	26.83	4 512.68	19.83	1 800.55	7.91	742.94	3.26
1. 黏壤质草甸土土属	22 757.62	9 595.72	42.16	6 105.73	26.83	4 512.68	19.83	1 800.55	7.91	742.94	3.26
(1) 薄层黏壤质草甸土	5 985.43	1 753.30	29.29	1 964.21	32.82	779.18	13.02	1 177.21	19.67	311.53	5.20
(2) 中层黏壤质草甸土	9 462.32	4 391.40	46.41	2 567.96	27.14	2 043.58	21.60	378.74	4.00	80.64	0.85
(3) 厚层黏壤质草甸土	7 309.87	3 451.02	47.21	1 573.56	21.53	1 689.92	23.12	244.60	3.35	350.77	4.80
（二）白浆化草甸土亚类	463.35	333.40	71.95	24.52	5.29	92.07	19.87	13.36	2.88	0	0
1. 黏壤质白浆化草甸土土属	463.35	333.40	71.95	24.52	5.29	92.07	19.87	13.36	2.88	0	0
(1) 薄层黏壤质白浆化草甸土	281.58	160.97	57.17	15.62	5.55	91.63	32.54	13.36	4.74	0	0
(2) 中层黏壤质白浆化草甸土	181.77	172.43	94.86	8.90	4.90	0.44	0.24	0	0	0	0
（三）潜育草甸土亚类	203.18	83.81	41.25	119.37	58.75	0	0	0	0	0	0
1. 黏壤质潜育草甸土土属	203.18	83.81	41.25	119.37	58.75	0	0	0	0	0	0
(1) 薄层黏壤质潜育草甸土	54.93	54.93	100.00	0	0	0	0	0	0	0	0
(2) 中层黏壤质潜育草甸土	7.05	7.05	100.00	0	0	0	0	0	0	0	0
(3) 厚层黏壤质潜育草甸土	141.20	21.83	15.46	119.37	84.54	0	0	0	0	0	0

（续）

土类、亚类、土属和土种名称	合计面积（公顷）	一级		二级		三级		四级		五级	
		面积（公顷）	占总面积（%）	面积（公顷）	占总面积（%）	面积（公顷）	占总面积（%）	面积（公顷）	占总面积（%）	面积（公顷）	占总面积（%）
五、沼泽土土类	1 230.93	298.31	24.23	452.48	36.76	289.49	23.52	0	0	190.65	15.49
（一）泥炭沼泽土亚类	1 230.93	298.31	24.23	452.48	36.76	289.49	23.52	0	0	190.65	15.49
1.泥炭沼泽土土属	1 230.93	298.31	24.23	452.48	36.76	289.49	23.52	0	0	190.65	15.49
(1)中层泥炭沼泽土	1 230.93	298.31	24.23	452.48	36.76	289.49	23.52	0	0	190.65	15.49
六、泥炭土土类	42.68	17.94	42.03	0	0	10.05	23.55	14.69	34.42	0	0
（一）低位泥炭土亚类	19.48	9.43	48.41	0	0	10.05	51.59	0	0	0	0
1.芦苇薹草低位泥炭土土属	19.48	9.43	48.41	0	0	10.05	51.59	0	0	0	0
(1)薄层芦苇薹草低位泥炭土	19.48	9.43	48.41	0	0	10.05	51.59	0	0	0	0
(2)中层芦苇薹草低位泥炭土	23.20	8.51	36.68	0	0	0	0	14.69	63.32	0	0
七、新积土土类	387.69	258.87	66.77	128.82	33.23	0	0	0	0	0	0
（一）冲积土亚类	387.69	258.87	66.77	128.82	33.23	0	0	0	0	0	0
1.层状冲积土土属	387.69	258.87	66.77	128.82	33.23	0	0	0	0	0	0
(1)中层状冲积土	387.69	258.87	66.77	128.82	33.23	0	0	0	0	0	0
八、水稻土土类	3 896.17	1 740.60	44.67	1 054.13	27.06	641.00	16.45	256.07	6.57	204.37	5.25
（一）淹育水稻土亚类	3 896.17	1 740.60	44.67	1 054.13	27.06	641.00	16.45	256.07	6.57	204.37	5.25
1.黑土型淹育水稻土土属	1 145.27	677.85	59.19	298.87	26.10	61.52	5.37	32.25	2.82	74.78	6.53
(1)薄层黑土型淹育水稻土	1 145.27	677.85	59.19	298.87	26.10	61.52	5.37	32.25	2.82	74.78	6.53
2.草甸土型淹育水稻土土属	2 750.90	1 062.75	38.63	755.26	27.46	579.48	21.07	223.82	8.14	129.59	4.71
(1)中层草甸型淹育水稻土	2 750.90	1 062.75	38.63	755.26	27.46	579.48	21.07	223.82	8.14	129.59	4.71

附表 6 - 23　全区土壤类型有效铁情况统计

单位：毫克/千克

土类、亚类、土属和土种名称	最大值	最小值	平均值
一、暗棕壤土类	66.30	26.50	37.99
（一）暗棕壤亚类	65.30	26.50	38.06
1. 暗矿质暗棕壤土属	51.90	28.60	44.18
（1）暗矿质暗棕壤	51.90	28.60	44.18
2. 沙砾质暗棕壤土属	65.30	26.50	36.85
（1）沙砾质暗棕壤	65.30	26.50	36.85
3. 沙砾质暗棕壤土属	58.70	26.60	40.52
（1）沙砾质暗棕壤	58.70	26.60	40.52
（二）白浆化暗棕壤亚类	66.30	26.60	37.49
1. 黄土质白浆化暗棕壤土属	66.30	26.60	37.49
（1）黄土质白浆化暗棕壤	66.30	26.60	37.49
二、白浆土土类	59.70	23.10	32.75
（一）白浆土亚类	59.70	23.10	32.76
1. 黄土质白浆土土属	59.70	23.10	32.76
（1）薄层黄土质白浆土	27.90	27.50	27.70
（2）中层黄土质白浆土	59.70	23.10	32.39
（3）厚层黄土质白浆土	41.50	37.10	40.20
（二）草甸白浆土亚类	32.00	32.00	32.00
1. 黏质草甸白浆土土属	32.00	32.00	32.00
（1）厚层黏质草甸白浆土	32.00	32.00	32.00
三、黑土土类	66.30	24.70	38.00
（一）黑土亚类	65.30	24.70	35.78
1. 砾底黑土土属	65.30	26.40	38.86
（1）薄层砾底黑土	65.30	26.40	39.56
（2）中层砾底黑土	55.80	26.50	37.12
2. 沙底黑土土属	36.30	35.70	35.93
（1）薄层沙底黑土	36.30	35.70	35.93
3. 黄土质黑土土属	60.80	24.70	35.29
（1）薄层黄土质黑土	60.80	24.70	35.01
（2）中层黄土质黑土	53.70	27.70	34.99
（3）厚层黄土质黑土	53.70	30.70	48.80
（二）草甸黑土亚类	66.30	24.70	42.44
1. 沙底草甸黑土土属	66.30	26.10	47.00
（1）薄层沙底草甸黑土	66.30	26.10	47.67
（2）中层沙底草甸黑土	64.80	27.30	44.87
2. 黄土质草甸黑土土属	65.50	24.70	36.08
（1）薄层黄土质草甸黑土	37.10	24.70	29.37
（2）中层黄土质草甸黑土	65.50	26.30	38.53
（3）厚层黄土质草甸黑土	60.10	33.00	42.29

（续）

土类、亚类、土属和土种名称	最大值	最小值	平均值
（三）白浆化黑土亚类	64.30	24.70	36.12
1.砾底白浆化黑土土属	64.30	24.90	36.32
（1）薄层砾底白浆化黑土	64.30	24.90	35.90
（2）中层砾底白浆化黑土	58.40	26.50	38.44
2.黄土质白浆化黑土土属	60.30	24.70	32.94
（1）薄层黄土质白浆化黑土	60.30	24.70	32.94
四、草甸土土类	68.40	24.10	41.69
（一）草甸土亚类	68.40	24.10	41.83
1.黏壤质草甸土土属	68.40	24.10	41.83
（1）薄层黏壤质草甸土	68.40	24.10	57.11
（2）中层黏壤质草甸土	67.00	24.10	34.28
（3）厚层黏壤质草甸土	61.90	26.10	39.30
（二）白浆化草甸土亚类	38.20	27.20	34.84
1.黏壤质白浆化草甸土土属	38.20	27.20	34.84
（1）薄层黏壤质白浆化草甸土	37.20	33.90	35.73
（2）中层黏壤质白浆化草甸土	38.20	27.20	32.77
（三）潜育草甸土亚类	67.10	26.40	43.09
1.黏壤质潜育草甸土土属	67.10	26.40	43.09
（1）薄层黏壤质潜育草甸土	67.10	46.30	54.82
（2）中层黏壤质潜育草甸土	53.40	53.40	53.40
（3）厚层黏壤质潜育草甸土	44.10	26.40	33.24
五、沼泽土土类	65.90	23.60	44.65
（一）泥炭沼泽土亚类	65.90	23.60	44.65
1.泥炭沼泽土土属	65.90	23.60	44.65
（1）中层泥炭沼泽土	65.90	23.60	44.65
六、泥炭土土类	53.70	31.80	42.96
（一）低位泥炭土亚类	53.70	31.80	42.96
1.芦苇薹草低位泥炭土土属	53.70	31.80	42.96
（1）薄层芦苇薹低位泥炭土	38.40	37.20	37.80
（2）中层芦苇薹低位泥炭土	53.70	31.80	46.40
七、新积土土类	29.90	26.10	27.37
（一）冲积土亚类	29.90	26.10	27.37
1.层状冲积土土属	29.90	26.10	27.37
（1）中层层状冲积土	29.90	26.10	27.37
八、水稻土土类	65.90	24.60	45.87
（一）淹育水稻土亚类	65.90	24.60	45.87
1.黑土型淹育水稻土土属	64.30	26.30	43.46
（1）薄层黑土型淹育水稻土	64.30	26.30	43.46
2.草甸土型淹育水稻土土属	65.90	24.60	47.03
（1）中层草甸型淹育水稻土	65.90	24.60	47.03

附表 6-24　全区土壤类型有效锰情况统计

单位：毫克/千克

土类、亚类、土属和土种名称	最大值	最小值	平均值
一、暗棕壤土类	77.50	15.80	37.18
（一）暗棕壤亚类	77.50	15.80	36.25
1. 暗矿质暗棕壤土属	74.00	16.50	37.78
（1）暗矿质暗棕壤	74.00	16.50	37.78
2. 沙砾质暗棕壤土属	77.50	16.20	38.07
（1）沙砾质暗棕壤	77.50	16.20	38.07
3. 沙砾质暗棕壤土属	48.30	15.80	30.92
（1）沙砾质暗棕壤	48.30	15.80	30.92
（二）白浆化暗棕壤亚类	75.00	17.70	43.52
1. 黄土质白浆化暗棕壤土属	75.00	17.70	43.52
（1）黄土质白浆化暗棕壤	75.00	17.70	43.52
二、白浆土土类	74.00	15.00	32.07
（一）白浆土亚类	74.00	15.00	32.15
1. 黄土质白浆土土属	74.00	15.00	32.15
（1）薄层黄土质白浆土	36.50	32.00	34.25
（2）中层黄土质白浆土	74.00	15.00	31.29
（3）厚层黄土质白浆土	50.20	24.10	45.99
（二）草甸白浆土亚类	19.90	19.90	19.90
1. 黏质草甸白浆土土属	19.90	19.90	19.90
（1）厚层黏质草甸白浆土	19.90	19.90	19.90
三、黑土土类	77.50	15.20	30.56
（一）黑土亚类	77.50	15.20	30.58
1. 砾底黑土土属	77.50	16.20	36.43
（1）薄层砾底黑土	77.50	16.20	42.64
（2）中层砾底黑土	38.90	17.60	20.88
2. 沙底黑土土属	56.50	56.30	56.45
（1）薄层沙底黑土	56.50	56.30	56.45
3. 黄土质黑土土属	77.50	15.20	29.64
（1）薄层黄土质黑土	77.50	15.20	29.67
（2）中层黄土质黑土	72.30	16.00	28.77
（3）厚层黄土质黑土	39.20	18.10	34.90
（二）草甸黑土亚类	76.10	15.20	29.18
1. 沙底草甸黑土土属	76.10	15.20	30.68
（1）薄层沙底草甸黑土	75.20	15.20	31.17
（2）中层沙底草甸黑土	76.10	16.60	29.13
2. 黄土质草甸黑土土属	68.40	16.40	27.08
（1）薄层黄土质草甸黑土	36.20	16.90	27.05
（2）中层黄土质草甸黑土	68.40	16.40	27.98
（3）厚层黄土质草甸黑土	29.40	17.10	19.86

（续）

土类、亚类、土属和土种名称	最大值	最小值	平均值
（三）白浆化黑土亚类	75.00	15.70	32.10
1. 砾底白浆化黑土土属	75.00	15.70	32.21
（1）薄层砾底白浆化黑土	75.00	15.70	32.90
（2）中层砾底白浆化黑土	59.00	15.70	28.73
2. 黄土质白浆化黑土土属	39.00	16.40	30.31
（1）薄层黄土质白浆化黑土	39.00	16.40	30.31
四、草甸土土类	77.50	16.00	30.06
（一）草甸土亚类	77.20	16.00	29.39
1. 黏壤质草甸土土属	77.20	16.00	29.39
（1）薄层黏壤质草甸土	46.90	17.00	22.63
（2）中层黏壤质草甸土	75.00	16.00	28.65
（3）厚层黏壤质草甸土	77.20	16.00	36.46
（二）白浆化草甸土亚类	77.50	18.10	60.67
1. 黏壤质白浆化草甸土土属	77.50	18.10	60.67
（1）薄层黏壤质白浆化草甸土	77.50	53.40	68.85
（2）中层黏壤质白浆化草甸土	57.30	18.10	41.58
（三）潜育草甸土亚类	39.00	16.80	25.64
1. 黏壤质潜育草甸土土属	39.00	16.80	25.64
（1）薄层黏壤质潜育草甸土	23.10	16.80	18.92
（2）中层黏壤质潜育草甸土	39.00	39.00	39.00
（3）厚层黏壤质潜育草甸土	34.30	24.50	28.53
五、沼泽土土类	74.70	16.90	25.77
（一）泥炭沼泽土亚类	74.70	16.90	25.77
1. 泥炭沼泽土土属	74.70	16.90	25.77
（1）中层泥炭沼泽土	74.70	16.90	25.77
六、泥炭土土类	58.50	16.20	32.68
（一）低位泥炭土亚类	58.50	16.20	32.68
1. 芦苇薹草低位泥炭土土属	58.50	16.20	32.68
（1）薄层芦苇薹低位泥炭土	58.50	51.80	55.15
（2）中层芦苇薹低位泥炭土	20.70	16.20	17.70
七、新积土土类	20.10	17.60	18.10
（一）冲积土亚类	20.10	17.60	18.10
1. 层状冲积土土属	20.10	17.60	18.10
（1）中层层状冲积土	20.10	17.60	18.10
八、水稻土土类	74.60	15.20	25.97
（一）淹育水稻土亚类	74.60	15.20	25.97
1. 黑土型淹育水稻土土属	74.60	15.60	31.20
（1）薄层黑土型淹育水稻土	74.60	15.60	31.20
2. 草甸土型淹育水稻土土属	50.30	15.20	23.46
（1）中层草甸型淹育水稻土	50.30	15.20	23.46

附表 6－25 全区土壤类型有效铜情况统计

单位：毫克/千克

土类、亚类、土属和土种名称	最大值	最小值	平均值
一、暗棕壤土类	16.31	0.85	5.17
（一）暗棕壤亚类	16.31	1.14	5.00
1. 暗矿质暗棕壤土属	2.96	1.89	2.23
（1）暗矿质暗棕壤	2.96	1.89	2.23
2. 沙砾质暗棕壤土属	16.31	1.14	6.03
（1）沙砾质暗棕壤	16.31	1.14	6.03
3. 沙砾质暗棕壤土属	3.89	1.59	2.53
（1）沙砾质暗棕壤	3.89	1.59	2.53
（二）白浆化暗棕壤亚类	15.92	0.85	6.29
1. 黄土质白浆化暗棕壤土属	15.92	0.85	6.29
（1）黄土质白浆化暗棕壤	15.92	0.85	6.29
二、白浆土土类	16.02	1.46	4.03
（一）白浆土亚类	16.02	1.46	4.04
1. 黄土质白浆土土属	16.02	1.46	4.04
（1）薄层黄土质白浆土	2.36	1.99	2.18
（2）中层黄土质白浆土	15.92	1.46	3.48
（3）厚层黄土质白浆土	16.02	2.34	13.74
（二）草甸白浆土亚类	2.75	2.75	2.75
1. 黏质草甸白浆土土属	2.75	2.75	2.75
（1）厚层黏质草甸白浆土	2.75	2.75	2.75
三、黑土土类	16.31	0.79	4.23
（一）黑土亚类	16.31	0.85	4.05
1. 砾底黑土土属	15.42	0.85	5.21
（1）薄层砾底黑土	15.42	0.85	6.41
（2）中层砾底黑土	2.48	1.92	2.23
2. 沙底黑土土属	12.03	12.03	12.03
（1）薄层沙底黑土	12.03	12.03	12.03
3. 黄土质黑土土属	16.31	1.14	3.86
（1）薄层黄土质黑土	16.31	1.27	4.12
（2）中层黄土质黑土	6.21	1.14	2.68
（3）厚层黄土质黑土	2.99	1.14	2.22
（二）草甸黑土亚类	15.27	0.79	3.74
1. 沙底草甸黑土土属	14.17	0.79	4.00
（1）薄层沙底草甸黑土	13.99	1.57	4.14
（2）中层沙底草甸黑土	14.17	0.79	3.55
2. 黄土质草甸黑土土属	15.27	0.79	3.38
（1）薄层黄土质草甸黑土	15.27	1.86	2.50
（2）中层黄土质草甸黑土	15.25	0.79	3.94
（3）厚层黄土质草甸黑土	2.47	2.15	2.26

（续）

土类、亚类、土属和土种名称	最大值	最小值	平均值
（三）白浆化黑土亚类	16.02	0.85	5.20
1. 砾底白浆化黑土土属	16.02	0.85	5.41
（1）薄层砾底白浆化黑土	16.02	0.85	5.55
（2）中层砾底白浆化黑土	14.96	1.57	4.71
2. 黄土质白浆化黑土土属	2.18	1.57	1.95
（1）薄层黄土质白浆化黑土	2.18	1.57	1.95
四、草甸土土类	16.02	0.79	2.77
（一）草甸土亚类	16.02	0.79	2.69
1. 黏壤质草甸土土属	16.02	0.79	2.69
（1）薄层黏壤质草甸土	12.94	0.97	1.86
（2）中层黏壤质草甸土	15.42	0.79	2.54
（3）厚层黏壤质草甸土	16.02	0.85	3.65
（二）白浆化草甸土亚类	15.25	1.14	6.28
1. 黏壤质白浆化草甸土土属	15.25	1.14	6.28
（1）薄层黏壤质白浆化草甸土	13.57	1.93	6.17
（2）中层黏壤质白浆化草甸土	15.25	1.14	6.53
（三）潜育草甸土亚类	4.46	1.97	2.59
1. 黏壤质潜育草甸土土属	4.46	1.97	2.59
（1）薄层黏壤质潜育草甸土	4.46	3.03	3.31
（2）中层黏壤质潜育草甸土	1.97	1.97	1.97
（3）厚层黏壤质潜育草甸土	2.36	1.97	2.16
五、沼泽土土类	14.40	1.36	2.60
（一）泥炭沼泽土亚类	14.40	1.36	2.60
1. 泥炭沼泽土土属	14.40	1.36	2.60
（1）中层泥炭沼泽土	14.40	1.36	2.60
六、泥炭土土类	16.02	1.57	7.36
（一）低位泥炭土亚类	16.02	1.57	7.36
1. 芦苇薹草低位泥炭土土属	16.02	1.57	7.36
（1）薄层芦苇薹低位泥炭土	16.02	15.27	15.65
（2）中层芦苇薹低位泥炭土	2.40	1.57	1.84
七、新积土土类	2.87	1.86	2.60
（一）冲积土亚类	2.87	1.86	2.60
1. 层状冲积土土属	2.87	1.86	2.60
（1）中层层状冲积土	2.87	1.86	2.60
八、水稻土土类	13.46	1.16	2.67
（一）淹育水稻土亚类	13.46	1.16	2.67
1. 黑土型淹育水稻土土属	13.46	1.57	3.92
（1）薄层黑土型淹育水稻土	13.46	1.57	3.92
2. 草甸土型淹育水稻土土属	4.66	1.16	2.07
（1）中层草甸型淹育水稻土	4.66	1.16	2.07

附表 6 - 26　大来镇土壤属性面积一览

单位：公顷

省土种名称	合计	大来村	复兴村	富民村	南城子村	庆丰村	山音村	胜利村	卧龙村	兴华村	中大村	中胜村
暗矿质暗棕壤	17.23	0	0	0	0	0	0	0	10.34	0	0	6.89
沙砾质暗棕壤	652.49	134.81	56.27	21.93	0	47.81	137.68	46.62	12.52	47.57	134.46	12.82
黄土质白浆化暗棕壤	242.75	19.88	12.45	13.36	1.45	6.27	9.67	3.02	45.65	71.66	7.09	52.25
中层黄土质白浆土	476.09	14.52	184.31	0	0	22.35	65.95	0	0	49.47	68.37	71.12
薄层砾底黑土	458.4	24.63	91.58	13.62	0	30.59	20.62	70.11	3.48	35.8	167.97	0
薄层沙底黑土	35.78	33.17	0	0	0	2.61	0	0	0	0	0	0
薄层黄土质黑土	1 554.87	152.46	318.34	150.34	0	97.62	96.14	176.27	148.16	212.18	52.83	150.53
中层黄土质黑土	30.49	0	0	0	0	12.68	17.81	0	0	0	0	0
薄层沙底草甸黑土	1 151.13	222.58	0	0	93.23	317.89	403.29	0	114.14	0	0	0
中层沙底草甸黑土	257.06	0	0	35.03	111.92	72.44	0	0	22.12	0	15.55	0
中层黄土质草甸黑土	341.04	0	147.22	0	0	0	0	131.36	0	62.46	0	0
薄层砾底白浆化黑土	212.32	49.13	0	0	0	15.42	19.24	0	20.31	57.03	41.46	9.73
中层黏壤质白浆化黑土	103.97	30.55	0	0	0	0	0	0	0	0	73.42	0
薄层黏壤质草甸土	27.15	0	0	0	0	0	27.15	0	0	0	0	0
中层黏壤质草甸土	700.36	20.16	0	0	452.34	31.47	37.66	0	7.21	17.1	103.02	31.4
厚层黏壤质草甸土	1 291.49	20.14	273.81	162.65	0	90.65	0	294.28	80.71	154.92	82.24	132.09
薄层黏壤质白浆化草甸土	281.58	5.72	0	0	0	0	33.11	0	0	0	234.38	8.37
中层黏壤质白浆化草甸土	5.34	0	5.34	0	0	0	0	0	0	0	0	0
中层泥炭沼泽土	84.52	0	0	8.3	0	0	38.92	19.86	17.44	0	0	0
薄层芦苇苔低位泥炭土	9.43	0	0	0	0	0	0	0	0	9.43	0	0
薄层黑土型潜育水稻土	398.4	107.63	0	0	34.59	136.4	43.65	0	76.13	0	0	0

附表 6-27 长发镇土壤属性一览

单位：公顷

省土种名称	合计	北长发村	长虹村	长新村	东胜村	东四合村	二龙山村	南长发村	太平川村	新河村	巨桥村	正合村
暗矿质暗棕壤	176.44	33.73	0	0	34.12	42.32	0	0	0	0	29.35	36.92
沙砾质暗棕壤	250.37	24.83	0	2.76	0	0	116.34	0	8.21	62.66	0	35.57
沙砾质暗棕壤	2 472.89	194.11	572.45	118.64	94.2	133.09	229.57	83.14	581	121.39	28.05	317.25
黄土质白浆化暗棕壤	2.75	2.75	0	0	0	0	0	0	0	0	0	0
中层黄土质白浆土	202.51	0	0	0	0	0	114.03	0	0	0	0	88.48
薄层砾底黑土	32.37	0	0	0	0	16	0	0	0	0	16.37	0
中层砾底黑土	0.7	0	0	0	0	0	0	0	0	0	0	0.7
薄层黄土质黑土	892.6	84.66	2.95	47.1	0	161.54	5.55	64.01	14.55	73.14	431.52	7.58
中层黄土质黑土	275.29	87.63	0	0	0.64	0	0	102.62	0	39.15	45.25	0
厚层黄土质黑土	87.63	23.76	0	0	0	0	0	20.32	0	0	43.55	0
中层黄土质草甸黑土	167.41	0	0	0	0	0	28.85	0	0	0	98.49	40.07
中层泰壤质草甸土	119.72	0	0	65.74	0	0	0.65	0	0	0	0	53.33
厚层黏壤质草甸土	1 758.42	121.09	195.04	149.6	153.01	284.29	2.23	114.92	222.05	277.19	213.67	25.33
中层黏壤质潜育草甸土	7.05	7.05	0	0	0	0	0	0	0	0	0	0
中层泥炭沼泽土	25.8	3.86	0	0	0	0	0	0	0	0	0	21.94

附表 6-28 敖其镇土壤属性一览

单位：公顷

省土种名称	合计	敖其村	长春村	长寿村	兴隆村	永安村	永仁村	双兴村	双玉村
沙砾质暗棕壤	159.38	5.72	0	0	0	3.4	53.1	19.29	77.87
黄土质白浆化暗棕壤	52.71	0	14.08	0	6.21	0	0	32.42	0
薄层砾底黑土	204.04	0	73.94	0	27.14	0	0	59.02	43.94
薄层黄土质黑土	740.91	21.38	0	0	0	92.88	216.63	2.68	407.34

（续）

省土种名称	合计	敖其村	长春村	长寿村	兴隆村	永安村	永仁村	双兴村	双玉村
薄层沙底草甸黑土	0.57	0.57	0	0	0	0	0	0	0
中层沙底草甸黑土	353.17	89.56	162.27	83.38	0	17.96	0	0	0
中层黄土质草甸黑土	1 107.04	82.9	49.56	110.21	446.26	156.32	15.2	170.96	75.63
厚层黄土质草甸黑土	24.61	0	0	0	0	0	0	0	24.61
薄层砾底白浆化黑土	320.26	118.64	27.52	0	0	8.17	0	68.06	97.87
中层黏壤质草甸土	467.74	61.06	166.82	225.39	14.47	0	0	0	0
厚层黏壤质草甸土	660.62	0	0	0	1.99	30.15	247.22	167.48	206.33
中层泥炭沼泽土	15.65	0	7.45	0	0	10.35	1.29	4.01	0
薄层黑土型潜育水稻土	346.51	20.57	0	68.91	56.07	133.9	0.75	66.31	0

附表 6 - 29　连江口镇土壤属性一览

单位：公顷

名称	合计	长胜村	万庆村	红升村	永兴村
薄层黏壤质草甸土	23.37	0	13.11	10.26	0
中层黏壤质草甸土	1 962.98	733.07	662.39	357.56	209.96
中层泥炭沼泽土	39.53	0	20.07	19.46	0
中层草甸型潜育水稻土	291.1	0	48.71	58.02	184.37

附表 6 - 30　望江镇土壤属性一览

单位：公顷

名称	合计	北四合村	德新村	东付中村	东明村	佳兴村	景阳村	立新村	临江村	望江村	望胜村	文俊村	西付中村	新合村
中层黄土质白浆土	1 420.7	142.61	416.4	0	402.39	0	142.57	153.79	6.35	0	156.58	0	0	0
薄层黄土质黑土	2 771.6	778.55	314.69	0	469.29		68.85	566.41	0	12.56	20.34	540.9	0	0

（续）

名称	合计	北四合村	德新村	东付中村	东明村	佳兴村	景阳村	立新村	临江村	望江村	望胜村	文俊村	西付中村	新合村
薄层黏壤质草甸土	155.13	0	0	0	155.13	0	0	0	0	0	0	0	0	0
中层黏壤质草甸土	3 362.6	50.73	0	513.15	95	220.45	435.62	0	762.2	181.58	268.75	253.42	332	249.71
中层泥炭沼泽土	601.29	0	0	33.48	74	0	0	0	0	161.6	0	0	27.77	304.44
中层状冲积土	387.69	0	223.94	0	0	0	0	8.28	0	0	155.47	0	0	0
中层草甸型潜育水稻土	260.99	0	0	0	1.83	0	127.78	0	124.13	7.25	0	0	0	0

附表 6-31　长青乡土壤属性一览

单位：公顷

名称	合计	光明村	前进村	四合村	万兴村	五一村	兴家村
沙砾质暗棕壤	25.66	0	0	0	0	25.66	0
沙砾质暗棕壤	16.75	0	0	0	0	16.75	0
薄层黄土质黑土	19.67	0	0	0	19.67	0	0
薄层沙底草甸黑土	756.82	55.71	55.71	297.4	74.65	263.89	9.46
中层沙底草甸黑土	50.45	0	0	0	0	0	50.45
薄层黄土质草甸黑土	30.08	2.27	0	0	27.81	0	0
薄层砾底白浆化黑土	22.39	0	0	0	0	22.39	0
薄层黏壤质草甸土	69.89	0	0	0	0	0	69.89
中层黏壤质草甸土	63.41	4.68	14.23	33.86	10.64	0	0
厚层黏壤质草甸土	10.51	0	0	0	10.51	0	0
薄层黏壤质潜育草甸土	36.21	0	0	0	0	0	36.21
薄层黑土型潜育水稻土	167.61	0	30.62	109.6	0	27.39	0
中层草甸型潜育水稻土	295.53	245.79	8.29	0	28.73	12.72	0

附表 6 - 32　沿江乡土壤属性一览

单位：公顷

名称	合计	福胜村	黑通村	民兴村	泡子沿村	三连村	新华村	沿江村
沙砾质暗棕壤	72.25	0	0	14.93	0	12.43	44.89	0
中层黄土质白浆土	55.63	0	0	10.04	0	2.73	42.86	0
薄层砾底黑土	200.66	0	0	0	0	62.4	138.26	0
中层砾底黑土	13.22	0	0	12.14	0	1.08	0	0
薄层沙底草甸黑土	2 230.14	303.04	624.15	398.54	601.01	136.28	0	167.12
中层沙底草甸黑土	18.68	0	0	18.68	0	0	0	0
中层黄土质草甸黑土	136.04	0	0	0	0	10.83	125.21	0
薄层砾底白浆化黑土	46.31	0	0	46.31	0	0	0	0
中层砾底白浆化黑土	64.99	0	6.58	46.42	0	2.41	9.58	0
薄层黄土白浆化黑土	24.51	13.26	11.25	0	0	0	0	0
薄层黏壤质草甸土	33.42	33.42	0	0	0	0	0	0
中层黏壤质草甸土	393.37	0	0	0	139.42	101.12	113.62	39.21
厚层黏壤质草甸土	30.5	30.5	0	0	0	0	0	0
薄层黏壤质潜育草甸土	18.72	0	0	0	18.72	0	0	0
厚层黏壤质潜育草甸土	11.89	0	0	0	0	0	11.89	0
中层芦苇苔低位泥炭土	8.51	0	7.51	0	0	0	0	1
薄层黑土型淹育水稻土	232.75	0	84.49	13.2	0	86.08	0	48.98
中层草甸型淹育水稻土	250.47	0	49.36	33.99	167.12	0	0	0

附表 6 - 33　四丰乡土壤属性一览

单位：公顷

名称	合计	花园村	顺山堡村	四丰村	新鲜村	四合山村	松木河村	团结村	董家村
暗矿质暗棕壤	93.96	0	0	0	0	0	1.5	0	92.46
沙砾质暗棕壤	501.07	119.67	159.27	27.75	0	35.35	0	0	159.03

（续）

单位：公顷

名称	合计	花园村	顺山堡村	四丰村	新鲜村	四合山村	松木河村	团结村	董家村
沙砾质暗棕壤	996.03	0	0	0	0	289.22	102.11	309.33	295.37
黄土质白浆化暗棕壤	12.34	0	0	0	0	0	0	12.34	0
厚层黄土质白浆土	68.99	0	0	0	0	0	0	68.99	0
薄层黄土质黑土	448.55	108.68	111.76	228.11	0	0	0	0	0
中层黄土质黑土	667.27	0	0	0	0	250.89	218.29	198.09	0
厚层黄土质黑土	95.54	0	0	0	0	95.54	0	0	0
薄层沙底草甸黑土	6.2	0	0	0	6.2	0	0	0	0
薄层黄土质草甸黑土	110.96	0	0	98.07	12.89	0	0	0	0
中层黄土质草甸黑土	4.43	0	0	0	0	0	0	4.43	0
薄层砾底白浆化黑土	501.01	189.97	181.88	105.27	0	20.11	0	0	3.78
薄层黄土白浆化黑土	5.07	0	0	5.07	0	0	0	0	0
中层黏壤质草甸土	752.61	6.17	75.24	0	5.37	347.18	0	0	318.65
厚层黄土质草甸土	962.82	0	0	30.54	2.37	0	429.51	500.4	0
中层草甸型潜育水稻土	138.16	0	0	33.99	104.17	0	0	0	0

附表 6-34 西格木乡土壤属性一览

单位：公顷

名称	合计	草帽村	东格木村	丰胜村	靠山村	民胜村	平安村	群林村	西格木村
暗矿质暗棕壤	10.33	0	0	0	0	0	0	0	10.33
沙砾质暗棕壤	567.15	142.69	43.83	10.34	36.3	47.1	13.87	252.16	20.86
沙砾质暗棕壤	153.56	0	0	0	0	0	0	153.56	0
黄土质白浆化暗棕壤	125.05	11.87	0	13.26	0	61	0	38.92	0
薄层黄土质白浆土	8.16	8.16	0	0	0	0	0	0	0

（续）

名称	合计	草帽村	东格木村	丰胜村	靠山村	民胜村	平安村	群林村	西格木村
中层黄土质白浆土	712.04	289.46	151.08	153.15	0	118.35	0	0	0
薄层砾底黑土	3.82	0	0	3.82	0	0	0	0	0
薄层黄土质黑土	656.39	50.78	130.2	0	154.33	0	152.4	0	168.68
中层黄土质黑土	71.34	0	0	0	0	0	0	71.34	0
薄层黄土质草甸黑土	285.99	0	142.62	0	0	0	102.85	0	40.52
中层黄土质草甸黑土	618.56	95.94	0	178.07	2.06	340.21	0	2.28	0
薄层砾底白浆化黑土	934.07	0	11.48	3.69	0	31.35	15.84	848.68	23.03
薄层黄土白浆化黑土	236.36	0.54	196.9	0	0	0	0	0	38.92
薄层黏质草甸土	152.78	0	0	57.74	0.58	94.46	0	0	0
中层黏质草甸土	329.65	0	30.33	8.06	218.38	0	56.81	0	16.07
厚层黏质草甸土	871.86	222.93	5.7	12.41	41.89	59.05	8.74	483.53	37.61
中层黏壤质白浆化草甸	132.29	132.29	0	0	0	0	0	0	0
厚层黏壤质潜育草甸土	129.31	0	0	67.84	43.89	0	0	0	17.58
中层草甸型淹育水稻土	87.2	0	73.56	0	13.1	0	0.54	0	0

附表 6 - 35　群胜乡土壤属性一览

单位：公顷

名称	合计	群胜村	永胜村	陡沟村	高峰村	西高峰村	巨桦村	新城村
沙砾质暗棕壤	540.49	71.3	57.44	79.58	32.96	31.25	140.08	127.88
黄土质白浆化暗棕壤	52.82	9.79	4.45	0	38.58	0	0	0
中层黄土质白浆土	26.24	26.24	0	0	0	0	0	0
厚层黏质草甸白浆土	28.32	0	28.32	0	0	0	0	0

（续）

单位：公顷

名称	合计	群胜村	永胜村	陡沟村	高峰村	西高峰村	巨梓村	新城村
中层砾底黑土	283.59	24.1	66.25	5.35	187.89	0	0	0
薄层黄土质黑土	909.69	132.77	134.26	0	0	462	40.26	140.4
中层黄土质黑土	53.55	0.64	52.91	0	0	0	0	0
薄层黄土质草甸黑土	102.27	0	0	0	0	64.47	37.8	0
中层黄土质草甸黑土	329.08	122.66	81.81	0	83.84	0	40.77	0
厚层黄土质草甸黑土	239.21	0	0	135.61	0	0	100.45	3.15
薄层砾底白浆化黑土	1 769.63	246.56	278.65	28.5	0	270.46	440.25	505.21
中层砾底白浆化黑土	250.29	162.4	10.87	1.18	75.84	0	0	0
薄层黏壤质草甸土	41.94	0	0	0	0	0	0	41.94
中层黏壤质草甸土	2.7	0	0	0	0	2.7	0	0
厚层黏壤质草甸土	1 387.53	271.01	212.2	0	167.37	376.39	264.38	96.18
中层芦苇苔低位泥炭土	14.69	0	14.69	0	0	0	0	0

附表 6-36　平安乡土壤属性一览

单位：公顷

名称	合计	东风村	东旺村	富胜村	佳新村	莲花村	明德村	群英村	荣新村	双兴村	太阳升村	万胜村	新业村	兴安村
黄土质白浆化暗棕壤	88.89	0	0	0	74.96	0	0	0	13.93	0	0	0	0	0
薄层黏壤质草甸土	5 481.75	480.53	459.68	302.52	694.5	362.97	12.54	47.08	77.22	282.4	884.51	55.72	1 822.08	0
中层黏壤质草甸土	1 170.7	1.67	0	0	10.46	61.93	324.4	326.27	225.21	0	0	49.97	0	170.79
中层泥炭沼泽土	401.07	0	23.16	0	275.46	0.49	25.78	0	71.14	0	0	5.04	0	0
中层草甸型淹育水稻土	1 427.45	398.19	15.24	200.88	0	204	0.35	69.44	9.77	6.65	144.53	0	110.66	267.74

附表 6-37　农场局土壤属性一览

单位：公顷

名　称	合计	煤原农场	苏木河农场	猴石山果苗良种场	新村农场	四丰园艺场
沙砾质暗棕壤	531.16	232.39	202.58	77.7	10.23	8.26
沙砾质暗棕壤	34.92	0	34.92	0	0	0
黄土质白浆化暗棕壤	28.24	0	9.99	0	18.25	0
中层黄土质白浆土	36.45	0	0	0	36.45	0
厚层黄土质白浆土	452.23	0	452.23	0	0	0
薄层砾底黑土	33.79	0	0	33.79	0	0
薄层黄土质黑土	370.23	162.08	0	131.31	0	76.84
薄层黄土质草甸黑土	1.14	1.14	0	0	0	0
中层黄土质草甸黑土	2.29	0	0	0	2.29	0
薄层砾底白浆化黑土	1218.4	354.86	716.55	112.28	0.81	33.9
中层砾底白浆化黑土	60.26	0	0	0	60.26	0
中层黏壤质草甸土	136.47	136.47	0	0	0	0
厚层黏壤质草甸土	336.12	113.04	170.69	47.82	4.57	0
中层黏壤质白浆化草甸	44.14	0	0	0	44.14	0
中层泥炭沼泽土	63.07	0	0	63.07	0	0
薄层芦苇苔藓低位泥炭土	10.05	10.05	0	0	0	0

附表 6-38　村级乡（镇）土壤养分含量（碱解氮、有效磷、速效钾、pH）

乡（镇）	村名	碱解氮（毫克/千克）			有效磷（毫克/千克）			速效钾（毫克/千克）			pH		
		平均值	最小值	最大值	平均值	最小值	最大值	平均值	最小值	最大值	平均值	最小值	最大值
大米镇	大米村	154.32	112.70	201.20	75.33	36.00	136.60	174.80	129.00	318.00	5.85	5.50	6.30
	复兴村	174.99	80.50	221.40	54.84	28.20	75.10	158.80	102.00	214.00	5.80	5.50	6.10

（续）

乡（镇）	村名	碱解氮（毫克/千克）			有效磷（毫克/千克）			速效钾（毫克/千克）			pH		
		平均值	最小值	最大值	平均值	最小值	最大值	平均值	最小值	最大值	平均值	最小值	最大值
大来镇	富民村	210.29	116.20	313.00	92.36	61.00	123.80	226.35	119.00	281.00	5.92	5.70	6.10
	南城子村	169.01	132.00	241.50	59.24	27.00	123.50	170.60	96.00	293.00	5.73	5.20	6.20
	庆丰村	188.59	129.40	249.60	95.74	11.50	181.00	179.70	84.00	281.00	5.83	5.00	6.30
	山音村	163.51	40.30	241.90	45.34	11.00	93.30	154.54	93.00	182.00	6.01	5.60	7.30
	胜利村	190.53	139.80	237.40	64.69	45.20	88.40	191.93	130.00	310.00	6.00	5.80	6.70
	卧龙村	190.56	144.90	378.40	71.87	39.00	115.00	172.15	68.00	246.00	5.81	5.40	6.20
	兴华村	182.06	116.20	249.60	58.87	35.00	94.10	155.67	85.00	222.00	5.80	5.40	6.10
	中大村	148.67	68.50	265.60	80.39	26.50	130.80	168.90	79.00	410.00	5.96	5.30	6.50
	中胜村	156.96	88.50	233.40	69.86	49.50	113.30	138.37	82.00	222.00	5.88	5.50	6.30
长发镇	北长发村	194.25	120.80	281.80	54.96	20.90	117.30	130.32	82.00	252.00	6.37	6.00	6.90
	长虹村	165.72	112.70	231.60	42.75	23.60	52.50	141.62	64.00	222.00	6.08	5.80	6.40
	长新村	123.55	112.70	153.00	46.11	30.00	55.70	238.23	189.00	300.00	6.34	6.00	6.50
	东胜村	175.15	128.80	209.30	51.96	46.60	73.30	155.08	134.00	209.00	6.28	6.20	6.60
	东四合村	158.10	128.80	257.60	61.74	32.80	140.40	162.82	111.00	298.00	6.49	6.20	7.10
	二龙山村	215.61	144.70	418.60	41.11	18.50	60.50	122.43	50.00	190.00	6.19	5.90	6.50
	南长发村	208.25	134.20	281.80	48.73	19.00	94.30	150.91	80.00	214.00	6.34	6.00	6.80
	大平川村	172.72	128.80	201.30	48.95	30.50	55.90	195.17	124.00	222.00	6.27	5.80	6.50
	新河村	148.13	120.80	197.20	44.90	29.20	98.80	178.00	93.00	300.00	6.23	5.80	6.80
	巨桥村	201.64	128.80	257.60	54.69	33.20	79.60	176.37	89.00	245.00	6.38	6.00	6.70
	正合村	221.45	124.00	418.60	46.11	24.20	77.40	134.93	80.00	314.00	6.15	5.30	6.60
敖其镇	敖其村	220.82	161.00	289.80	74.84	13.50	121.00	124.55	51.00	274.00	5.86	5.40	6.20
	长春村	189.83	112.70	220.10	65.05	47.30	88.10	88.15	57.00	134.00	5.62	5.40	5.90
	长寿村	178.00	112.70	281.80	74.61	12.40	128.70	124.42	111.00	152.00	5.88	5.70	6.10

（续）

乡（镇）	村名	碱解氮（毫克/千克）			有效磷（毫克/千克）			速效钾（毫克/千克）			pH		
		平均值	最小值	最大值	平均值	最小值	最大值	平均值	最小值	最大值	平均值	最小值	最大值
敖其镇	兴隆村	213.91	112.70	346.10	65.49	14.00	137.80	129.15	87.00	173.00	5.77	5.40	5.90
	永安村	255.17	185.20	346.10	82.50	24.20	107.10	95.92	59.00	189.00	5.89	5.50	6.20
	永仁村	235.35	164.70	273.70	72.45	57.50	88.40	152.67	87.00	206.00	6.14	5.80	6.30
	双兴村	212.81	177.10	243.50	71.33	50.00	111.80	119.58	76.00	230.00	6.10	5.70	6.30
	双玉村	227.12	152.90	322.00	58.95	28.30	101.50	178.03	114.00	250.00	5.77	5.50	6.10
连江口镇	长胜村	159.84	150.80	183.60	97.03	55.00	140.40	216.75	102.00	298.00	5.95	5.50	6.80
	万庆村	179.97	120.70	401.30	120.26	34.60	168.50	182.64	88.00	326.00	5.75	5.20	6.10
	红升村	201.10	104.70	335.70	78.77	29.60	196.80	187.53	64.00	345.00	5.79	5.20	6.60
	永兴村	175.34	107.30	201.30	86.38	9.10	135.50	190.38	75.00	277.00	5.82	5.30	6.20
望江镇	北四合村	179.77	104.70	249.60	50.37	35.10	108.30	119.50	86.00	185.00	5.45	4.80	5.90
	德新村	172.12	136.80	233.00	68.86	33.30	111.80	148.63	100.00	217.00	5.85	5.40	6.60
	东付中村	163.34	128.80	189.20	70.29	31.90	112.60	159.07	64.00	326.00	5.65	5.20	6.30
	东明村	185.24	144.90	209.30	85.12	35.90	170.90	220.89	128.00	578.00	5.94	5.40	6.90
	佳兴村	170.19	150.80	201.30	63.85	19.90	115.10	127.17	92.00	251.00	5.65	5.40	5.80
	景阳村	184.43	112.80	225.40	51.59	23.00	84.70	132.46	96.00	242.00	5.74	5.30	6.70
	立新村	193.91	144.90	229.40	69.36	33.30	94.60	165.71	100.00	230.00	5.80	5.70	5.90
	临江村	163.49	104.70	197.20	95.98	38.70	172.20	207.87	87.00	328.00	5.79	4.90	6.30
	望江村	186.25	112.70	265.60	59.07	19.90	162.10	127.68	89.00	180.00	5.49	5.10	6.00
	望胜村	171.70	104.70	225.40	43.70	28.50	83.20	118.00	90.00	142.00	5.76	5.10	6.00
	文俊村	173.11	136.80	225.40	66.42	40.90	97.70	143.68	93.00	175.00	5.49	5.10	5.70
	西付中村	164.87	112.70	233.40	69.37	29.60	162.10	122.53	79.00	180.00	5.71	5.20	6.10
	新合村	191.82	163.70	237.50	56.44	23.00	96.80	157.35	98.00	216.00	5.36	5.20	5.60

（续）

乡（镇）	村名	碱解氮（毫克/千克）			有效磷（毫克/千克）			速效钾（毫克/千克）			pH		
		平均值	最小值	最大值	平均值	最小值	最大值	平均值	最小值	最大值	平均值	最小值	最大值
长青乡	光明村	185.04	139.90	257.60	118.96	111.10	142.30	327.50	198.00	455.00	6.09	5.90	6.20
	前进村	200.01	181.10	281.80	123.02	42.60	166.50	371.20	230.00	548.00	5.98	5.00	6.20
	四合村	156.59	144.90	168.40	134.21	119.60	164.80	352.08	269.00	393.00	6.10	5.70	6.30
	万兴村	173.21	139.90	309.40	134.11	83.80	168.30	234.79	172.00	455.00	6.02	5.80	6.20
	五一村	198.84	161.00	257.60	82.15	24.10	170.40	312.35	118.00	646.00	5.96	5.60	6.30
	兴家村	166.07	161.00	193.20	124.23	119.60	140.60	404.18	348.00	618.00	6.26	5.80	6.30
沿江乡	福胜村	252.57	136.80	547.40	91.17	25.50	111.40	193.50	66.00	270.00	5.65	5.10	6.10
	黑通村	169.14	153.40	177.10	115.65	56.40	126.80	417.25	331.00	448.00	6.35	5.80	6.50
	民兴村	179.30	72.50	217.30	95.50	43.80	146.00	410.33	194.00	663.00	6.20	5.70	6.90
	泡子沿村	175.45	139.60	217.30	55.70	12.10	106.90	156.14	68.00	487.00	5.71	5.30	6.30
	三连村	175.86	140.90	193.20	111.68	87.30	158.30	448.76	288.00	607.00	6.06	5.70	6.30
	新华村	180.03	165.00	193.20	94.11	63.30	122.30	423.11	235.00	603.00	6.05	5.70	6.50
	沿江村	166.54	112.70	198.70	115.35	61.50	156.10	373.15	243.00	446.00	6.08	5.50	6.50
四丰乡	花园村	335.25	294.50	378.40	42.13	20.90	82.30	206.80	139.00	290.00	6.22	5.70	6.50
	顺山堡村	312.58	265.60	362.30	52.31	13.20	89.60	196.92	147.00	277.00	6.16	5.30	6.50
	四丰村	286.73	197.30	354.20	72.74	28.60	155.30	281.23	208.00	387.00	6.09	5.40	6.50
	新鲜村	267.23	120.80	382.40	96.74	74.30	111.60	232.54	182.00	350.00	6.36	5.80	7.60
	四合山村	313.28	217.30	362.30	42.43	19.70	72.00	155.41	128.00	184.00	5.88	5.50	6.20
	松木河村	354.50	254.30	434.70	33.06	25.20	41.50	166.18	135.00	201.00	5.78	5.50	6.10
	团结村	359.52	238.80	458.90	40.27	18.70	64.20	155.13	113.00	192.00	5.66	5.40	6.10
	董家村	309.75	168.40	418.60	54.25	32.30	69.50	178.16	118.00	314.00	6.08	5.80	6.30

附　录

（续）

乡（镇）	村名	碱解氮（毫克/千克）			有效磷（毫克/千克）			速效钾（毫克/千克）			pH		
		平均值	最小值	最大值	平均值	最小值	最大值	平均值	最小值	最大值	平均值	最小值	最大值
西格木乡	草帽村	178.64	132.80	277.00	53.33	16.40	89.60	170.18	116.00	476.00	6.07	5.80	6.70
	东格木村	181.80	104.70	296.50	90.44	16.40	168.10	159.28	119.00	206.00	6.08	5.80	6.50
	丰胜村	194.39	173.10	297.90	72.01	42.30	109.60	208.05	156.00	306.00	5.98	5.70	6.30
	靠山村	196.68	161.00	258.10	125.71	63.90	167.30	197.33	148.00	395.00	5.94	5.00	6.30
	民胜村	211.49	155.60	297.90	67.92	23.40	103.90	182.24	114.00	476.00	5.97	5.60	6.70
	平安村	165.11	132.90	338.10	131.45	41.80	168.30	173.19	125.00	256.00	5.98	5.60	6.40
	群林村	219.99	161.00	474.90	48.27	30.90	75.70	141.47	106.00	213.00	5.88	5.70	6.20
	西格木村	174.17	120.80	217.30	79.13	23.40	166.60	162.44	117.00	216.00	6.11	5.80	6.40
群胜乡	群胜村	189.15	173.10	209.60	53.37	26.10	100.60	158.38	111.00	222.00	5.84	5.20	6.30
	永胜村	196.87	165.10	237.50	46.78	28.60	71.50	152.20	84.00	196.00	5.92	5.40	6.20
	陡沟村	173.17	88.50	225.40	48.48	26.40	62.10	218.54	146.00	261.00	6.42	6.10	6.90
	高峰村	158.68	88.50	257.60	44.06	26.90	56.00	200.06	126.00	246.00	6.44	5.50	6.90
	西高峰村	194.02	169.10	322.00	42.39	34.40	53.00	173.31	90.00	232.00	5.93	5.80	6.00
	巨桦村	191.94	112.70	313.90	51.92	17.10	90.50	153.03	99.00	266.00	5.66	5.40	5.80
	新城村	183.29	120.80	209.30	48.90	29.90	70.00	138.47	104.00	271.00	5.78	5.40	6.20
平安乡	东风村	278.96	64.40	444.80	37.57	19.90	74.60	85.40	48.00	133.00	5.43	5.10	5.80
	东旺村	374.37	233.40	547.40	30.97	10.80	50.20	107.15	48.00	173.00	5.37	5.00	5.60
	富胜村	304.13	228.50	410.60	48.61	25.40	69.70	90.14	61.00	120.00	5.41	5.20	5.80
	佳新村	370.58	193.60	485.90	32.13	12.10	77.20	74.83	43.00	136.00	5.47	5.20	5.90
	莲花村	292.38	80.50	489.00	46.99	31.30	104.90	159.05	82.00	436.00	5.90	5.00	8.00
	明德村	166.45	102.60	391.70	44.89	33.00	70.30	136.88	84.00	268.00	5.74	5.40	6.80
	群英村	265.89	148.90	426.70	43.01	27.40	110.80	104.11	87.00	216.00	5.50	5.10	6.70
	荣新村	189.27	112.70	305.90	64.13	19.60	168.50	149.79	63.00	296.00	5.84	5.40	7.00

（续）

乡(镇)	村名	碱解氮(毫克/千克)			有效磷(毫克/千克)			速效钾(毫克/千克)			pH		
		平均值	最小值	最大值	平均值	最小值	最大值	平均值	最小值	最大值	平均值	最小值	最大值
平安乡	双兴村	376.14	92.60	462.90	33.33	17.90	66.70	99.55	48.00	164.00	5.60	5.20	6.00
	太阳升村	274.77	77.80	466.90	41.23	25.80	60.20	94.97	49.00	124.00	5.41	5.10	5.70
	万胜村	243.24	177.10	381.90	29.47	24.30	49.10	89.57	63.00	147.00	5.57	5.50	5.70
	新业村	309.59	77.80	479.60	38.88	31.30	56.50	103.60	56.00	241.00	5.36	5.20	5.90
	兴安村	212.29	133.80	313.00	51.72	37.10	84.70	86.00	68.00	120.00	5.54	5.40	5.80
农场局	燎原农场	178.97	80.50	356.80	56.16	17.80	116.20	149.62	101.00	232.00	5.85	5.60	6.20
	苏木河农场	229.72	169.10	378.90	35.91	20.40	50.60	146.05	91.00	242.00	5.52	5.20	5.70
	猴石山果苗良种场	216.73	152.90	289.80	48.06	21.70	92.60	186.75	110.00	270.00	5.78	5.30	6.10
	新村农场	196.30	169.10	225.40	45.72	33.30	58.60	151.62	106.00	186.00	5.71	5.50	5.90
	四丰园艺场	305.47	246.00	332.00	52.75	45.00	59.70	278.83	194.00	332.00	6.37	6.30	6.60

附表6-39 村级乡(镇)土壤养分含量(有机质、全氮、全磷、全钾)

乡(镇)	村名	有机质(克/千克)			全氮(克/千克)			全磷(毫克/千克)			全钾(克/千克)		
		平均值	最小值	最大值	平均值	最小值	最大值	平均值	最小值	最大值	平均值	最小值	最大值
大来镇	大来村	53.74	25.40	79.50	1.32	0.95	1.92	1 140	280	1 630	23.02	4.20	38.20
	复兴村	38.51	22.30	76.30	1.47	1.10	1.71	1340	1030	2410	26.63	16.00	34.70
	富民村	53.53	29.40	66.50	1.54	1.24	1.80	1 320	1 140	1 400	27.00	23.10	30.60
	南城子村	35.33	25.50	43.90	1.43	1.05	1.99	1 450	690	2 140	26.30	17.80	34.20
	庆丰村	53.18	17.60	84.60	1.45	0.97	1.86	1 180	450	2 420	24.61	8.30	39.50
	山音村	57.92	21.00	89.80	1.31	0.81	1.72	1 030	280	1 980	22.73	4.20	34.00
	胜利村	40.65	28.00	67.30	1.61	1.33	2.50	1 340	350	2 490	22.90	12.80	36.30
	卧龙村	41.57	24.30	77.30	1.35	0.97	2.05	1 380	580	2 460	26.20	10.70	31.50

（续）

乡（镇）	村名	有机质（克/千克）			全氮（克/千克）			全磷（毫克/千克）			全钾（克/千克）		
		平均值	最小值	最大值	平均值	最小值	最大值	平均值	最小值	最大值	平均值	最小值	最大值
大来镇	兴华村	35.47	18.30	50.10	1.46	1.14	1.69	1 360	440	2 270	19.34	8.30	37.20
	中大村	39.06	16.40	70.30	1.35	1.03	2.08	700	280	2 420	16.95	8.20	35.20
	中胜村	41.16	16.40	63.00	1.39	1.12	1.80	610	350	1 470	15.48	7.80	26.70
长发镇	北长发村	52.25	41.60	60.80	1.81	1.35	2.21	760	480	1 370	24.49	20.40	27.20
	长虹村	53.49	41.40	56.60	1.56	1.38	1.98	530	120	860	26.16	23.10	32.20
	长新村	49.73	44.20	59.60	1.01	0.89	1.24	660	630	700	28.25	26.70	30.30
	东胜村	52.77	47.50	63.50	1.65	1.24	1.81	890	680	1 370	24.57	22.40	27.60
	东四合村	53.41	47.20	63.30	1.77	1.54	2.50	840	560	1 070	24.60	22.40	28.60
	二龙山村	52.62	42.00	78.50	1.56	1.06	1.79	640	360	2 160	24.50	22.90	27.10
	南长发村	54.85	43.80	63.40	1.75	1.25	2.05	780	580	1 370	23.94	20.40	25.70
	太平川村	53.72	47.70	64.90	1.60	1.25	1.99	520	120	1 120	23.61	20.70	26.30
	新河村	52.07	37.20	63.50	1.40	0.86	2.08	750	120	1 370	27.28	23.10	30.60
	巨桥村	51.21	40.60	81.70	1.72	1.41	2.48	780	510	1 060	24.41	22.30	27.90
	正合村	51.68	44.00	65.00	1.76	1.27	2.45	1 150	360	2 160	23.89	19.60	30.60
敖其镇	敖其村	36.62	24.10	64.40	1.42	1.13	1.70	2 010	350	2 370	15.56	10.10	21.60
	长春村	35.48	14.40	44.20	1.44	1.29	2.05	2 120	1 650	2 460	16.30	10.80	21.30
	长寿村	37.18	22.80	59.00	1.43	1.03	1.86	2 140	2 030	2 410	17.63	12.90	23.40
	兴隆村	33.25	25.00	50.80	1.42	1.16	1.69	2 270	1 930	2 470	14.91	12.40	18.80
	永安村	37.55	31.90	51.40	1.63	1.41	1.92	1 950	1 450	2 460	14.04	11.00	19.70
	永仁村	51.39	33.00	70.80	1.86	1.62	2.07	1 880	1 250	2 490	14.07	11.40	23.60
	双兴村	36.16	29.90	54.70	1.42	1.08	1.66	2 040	1 350	2 470	13.74	6.60	24.70
	双玉村	43.37	24.60	58.40	1.48	1.03	2.69	1 450	570	2 490	17.18	7.10	25.40

（续）

乡（镇）	村名	有机质（克/千克）			全氮（克/千克）			全磷（毫克/千克）			全钾（克/千克）		
		平均值	最小值	最大值	平均值	最小值	最大值	平均值	最小值	最大值	平均值	最小值	最大值
莲江口镇	长胜村	32.00	25.60	42.30	1.11	0.75	1.20	950	60	2 370	23.61	22.40	24.80
	万庆村	36.29	27.90	55.70	1.11	0.92	1.47	270	120	890	22.60	16.80	27.40
	红升村	39.26	19.80	55.00	1.20	0.79	1.64	440	120	800	21.68	16.80	24.90
	永兴村	36.60	24.90	58.70	1.00	0.82	1.32	230	120	750	22.07	20.60	24.20
望江镇	北四合村	36.25	18.80	54.30	1.39	0.87	1.75	1 450	320	1 880	22.68	14.40	28.40
	德新村	41.23	32.20	55.40	1.30	1.06	1.89	1 980	1 490	2 340	27.01	20.50	39.10
	东付中村	41.81	25.60	58.90	1.17	0.91	1.32	1 380	60	2 450	26.34	21.50	36.60
	东明村	37.17	18.70	53.70	1.08	0.10	1.37	1 990	1 500	2 500	28.60	20.40	34.90
	佳兴村	39.78	25.60	69.50	0.89	0.14	1.16	2 070	60	2 370	26.48	19.30	33.60
	景阳村	35.28	20.60	54.60	1.23	0.89	1.60	1 850	1 050	2 440	21.16	16.90	26.60
	立新村	45.30	31.50	56.00	1.24	1.11	1.44	1 810	1 490	2 460	26.73	23.60	39.10
	临江村	28.61	15.80	51.00	1.13	0.79	1.33	2 240	1 490	2 460	25.15	20.50	32.60
	望江村	47.23	28.00	71.30	1.23	1.02	1.35	2 120	2 020	2 260	27.56	20.50	33.60
	望胜村	34.14	18.80	47.20	1.22	0.85	1.85	1 660	1 090	2 340	22.31	13.10	39.10
	文俊村	31.79	26.30	39.50	1.49	1.21	1.92	980	170	2 420	26.10	16.70	36.00
	西付中村	49.66	28.00	89.00	1.07	0.46	1.36	2 080	350	2 450	28.03	24.80	32.10
	新合村	44.53	33.80	62.60	1.24	0.95	1.38	1 290	120	2 260	24.71	23.40	28.10
长青乡	光明村	45.88	35.50	51.90	1.30	1.02	1.55	1 110	530	2 250	25.81	19.30	30.10
	前进村	46.48	29.60	63.90	1.17	1.05	1.46	600	350	770	20.82	19.50	22.30
	四合村	37.78	17.00	48.90	1.17	1.03	1.27	560	350	620	19.45	18.30	21.00
	万兴村	49.31	35.50	63.40	1.41	1.02	1.64	950	60	2 250	28.70	19.30	32.50
	五一村	48.63	29.10	57.70	1.42	1.02	1.87	660	460	1 030	25.74	17.40	34.60
	兴家村	45.74	35.50	47.10	1.27	1.21	1.36	640	620	770	19.02	18.30	21.30

（续）

乡（镇）	村名	有机质（克/千克）			全氮（克/千克）			全磷（毫克/千克）			全钾（克/千克）		
		平均值	最小值	最大值	平均值	最小值	最大值	平均值	最小值	最大值	平均值	最小值	最大值
沿江乡	福胜村	48.47	12.80	61.90	1.18	1.13	1.23	580	460	890	21.37	19.90	25.70
	黑通村	50.55	33.20	59.70	1.15	0.86	1.54	490	160	990	21.41	18.30	22.00
	民兴村	49.62	33.40	62.00	1.20	0.95	1.70	910	460	2 290	20.83	15.60	24.20
	泡子沿村	36.91	24.00	55.80	1.42	1.16	1.78	590	230	990	19.18	17.20	22.70
	三连村	59.61	43.30	76.80	1.12	0.90	1.35	830	350	1 210	17.26	12.60	21.80
四丰乡	新华村	59.41	48.40	73.70	1.36	0.94	1.72	840	720	900	19.14	13.30	31.90
	沿江村	47.64	31.10	70.50	1.10	0.87	1.26	360	160	520	21.05	19.00	22.00
	花园村	50.39	35.10	63.60	1.68	0.85	2.00	1 990	1 100	2 430	22.24	17.50	28.40
	顺山堡村	51.90	28.30	78.00	1.94	0.78	2.16	1 920	1 100	2 340	24.68	20.50	32.30
	四丰村	47.65	43.10	54.60	1.51	1.02	1.89	2 200	120	2 350	23.81	19.30	29.00
	新鲜村	56.82	44.90	67.30	1.48	1.22	2.05	1 640	60	2 350	26.71	20.20	31.10
	四合山村	48.12	22.30	73.10	1.07	0.83	1.65	1 540	900	2 380	24.92	21.50	30.60
	松木河村	77.21	65.20	96.10	1.76	1.35	2.13	2 270	600	2 440	20.57	19.00	28.00
	团结村	68.41	49.90	81.30	1.99	1.21	2.50	1 430	600	2 440	27.89	20.70	31.80
	董家村	56.60	35.90	78.50	1.38	1.06	1.76	1 320	360	2 160	24.95	20.40	28.10
西格木乡	草帽村	49.16	22.30	91.40	1.53	0.87	2.76	1 050	140	2 380	26.76	16.40	38.60
	东格木村	51.03	36.10	75.20	1.53	1.25	1.79	920	60	2 370	26.63	7.40	32.60
	丰胜村	48.12	37.50	54.70	1.58	1.28	1.89	880	610	940	31.88	26.40	36.70
	靠山村	44.68	37.40	50.40	1.36	0.99	1.62	640	460	940	30.22	22.80	35.40
	民胜村	50.32	37.50	81.50	1.64	1.39	2.76	1 140	610	2 370	27.60	16.70	38.60
	平安村	45.73	36.80	61.10	1.50	1.26	1.87	620	160	1 030	29.73	26.10	32.50
	群林村	52.62	23.50	65.30	1.63	1.45	1.98	940	460	1 660	26.73	18.50	31.70
	西格木村	45.50	35.80	59.00	1.52	1.02	1.73	740	630	1 150	30.48	25.30	37.40

（续）

乡（镇）	村名	有机质（克/千克）			全氮（克/千克）			全磷（毫克/千克）			全钾（克/千克）		
		平均值	最小值	最大值	平均值	最小值	最大值	平均值	最小值	最大值	平均值	最小值	最大值
群胜乡	群胜村	41.66	32.90	47.40	1.16	0.39	1.47	820	540	1 450	16.01	14.30	22.40
	永胜村	44.45	28.90	53.80	1.23	1.08	1.43	700	470	1 060	16.37	14.50	26.50
	陡沟村	42.02	34.20	47.20	1.63	1.47	1.85	680	520	880	18.45	16.00	21.70
	高峰村	40.89	25.00	46.90	1.51	1.41	1.70	810	520	880	16.67	15.70	17.90
	西高峰村	36.97	26.20	49.10	1.42	1.07	2.37	1 230	870	1 440	20.38	14.10	25.10
	巨祥村	36.31	16.60	58.50	1.32	1.07	1.82	710	540	2 040	16.60	9.50	22.30
	新城村	33.21	23.00	69.20	1.19	0.96	1.47	790	600	1 450	17.13	15.20	22.40
平安乡	东风村	52.80	23.20	68.50	1.30	1.02	1.66	560	330	790	22.60	15.60	27.90
	东旺村	43.92	29.80	68.00	1.33	1.04	1.60	440	170	590	16.38	12.50	24.70
	富胜村	50.69	28.60	60.00	1.34	1.02	1.63	470	400	690	23.36	22.40	24.50
	佳新村	51.66	20.70	80.90	1.19	0.77	1.57	450	190	570	21.32	17.40	24.30
	莲花村	40.95	22.80	75.90	1.30	0.98	1.53	480	160	790	20.18	12.50	22.30
	明德村	51.64	42.20	59.70	1.36	1.19	1.43	240	160	460	21.94	20.80	23.30
	群英村	53.84	43.70	69.10	1.29	1.19	1.42	650	230	810	21.81	17.80	24.70
	荣新村	38.55	22.30	55.50	1.21	0.95	1.66	370	120	750	20.39	15.60	24.10
	双兴村	46.78	41.20	55.30	1.19	1.10	1.29	530	460	590	19.95	16.90	25.10
	太阳升村	56.95	37.50	77.70	1.25	0.76	1.70	440	180	790	21.41	17.10	28.00
	万胜村	33.89	22.30	55.10	1.21	1.08	1.45	450	430	570	19.43	17.90	22.30
	新业村	51.59	22.70	91.70	1.29	0.82	1.59	520	160	750	19.83	16.80	28.00
	兴安村	53.24	41.00	61.80	1.19	1.10	1.25	480	360	520	22.93	20.40	24.20
农场局	燎原农场	42.42	26.20	59.00	1.25	0.99	1.62	1 280	890	1 650	10.34	5.70	23.20
	苏木河农场	62.08	32.50	87.30	1.64	1.06	2.16	1 420	1 260	1 660	26.37	23.50	29.60
	猴石山果苗良种场	40.08	24.60	51.40	1.59	1.03	1.92	1 400	600	2 200	19.64	2.50	27.50
	新村农场	47.87	23.40	83.10	1.38	1.05	1.59	1 350	660	1 560	24.14	16.00	28.40
	四丰园艺场	50.15	48.40	52.00	1.75	1.66	1.95	2 150	1 980	2 350	22.52	21.40	23.70

附表 6 - 40　村级乡（镇）土壤养分含量一览（有效铜、有效铁、有效锰、有效锌）

单位：毫克/千克

乡（镇）	村名	有效铜			有效铁			有效锰			有效锌		
		平均值	最小值	最大值	平均值	最小值	最大值	平均值	最小值	最大值	平均值	最小值	最大值
大来镇	大来村	9.03	2.1	14.31	36.12	32.7	38	54.18	40.3	74.5	2.25	0.98	4.66
	复兴村	8.97	2.52	15.25	37.45	33.9	60.8	55.54	18.6	74.6	2.89	1.26	5.32
	富民村	4.91	2.01	13.25	36.29	32.4	37.5	66.93	39.3	77.5	1.27	0.89	2.66
	南城子村	8.17	0.86	14.17	35.92	28.6	40.4	41.55	20.8	59.6	2.37	0.22	6.17
	庆丰村	7.34	1.96	14.49	37.15	32.7	39	60	38.5	77.5	2.63	0.57	6.07
	山音村	6.69	1.93	14.4	35.63	32.3	37.9	59.41	38.5	77.5	2.29	0.9	6.17
	胜利村	6.34	2.01	14.05	37.66	31.4	57.5	49.09	17.6	77.2	1.88	1.06	2.9
	邱龙村	3.04	0.79	12.03	35.91	28	39.1	57.64	17	75.2	1.6	0.57	2.9
	兴华村	12.76	3.25	16.02	37.62	34.6	51	53.93	27.2	75	2.55	0.84	3.56
	中大村	8.94	2.22	14.49	35.6	33.7	39.3	63.53	44.2	75	2.27	0.98	6.07
	中胜村	6.09	2.3	15.23	36.12	35.2	37.3	69.49	52.5	75	3.25	2.36	6.07
长发镇	北长发村	2.26	1.87	4.09	52.25	46.2	56.4	38.42	36.3	40.1	2.73	1.71	3.42
	长虹村	2.9	2.03	3.89	53.97	50.8	58.7	38.73	36.1	39.5	2.65	2.16	3.03
	长新村	2.39	2.14	2.66	52.44	51.4	54.5	39.63	39.3	40	2.09	1.47	2.49
	东胜村	2.19	2	2.58	51.09	45.6	54.5	38.22	37.7	39.6	2.79	1.98	3.03
	东四合村	2.43	1.89	4.09	47.23	44.4	48.2	36.92	35.8	38.5	2.12	1.58	2.96
	二龙山村	2.41	2.01	3.28	51.69	30.6	55.7	37.76	16.2	41.2	2.84	2.04	10.94
	南长发村	2.44	1.87	4.09	50.19	45.8	54	38.03	36.4	39.3	2.45	1.71	3.42
	太平川村	2.99	2.01	3.89	51.84	48.7	54.3	38.78	36.5	40.3	2.72	2.16	3.86
	新河村	2.44	1.62	3.89	52.39	45.6	56.4	38.97	37.6	39.7	2.19	1.15	3.03
	巨桥村	2.39	1.59	2.99	50	47.7	53.2	36.36	33.2	38.9	2.5	1.59	4.45
	正合村	2.41	2.03	3.28	42.11	27.7	53.7	31.22	17	39.3	2.45	1.99	3.77

（续）

乡（镇）	村名	有效铜			有效铁			有效锰			有效锌		
		平均值	最小值	最大值	平均值	最小值	最大值	平均值	最小值	最大值	平均值	最小值	最大值
散其镇	散其村	2.54	0.95	4.66	47.55	26.3	64.8	18.95	16.1	32.5	2.74	0.46	4.26
	长春村	3.45	0.85	14.17	29.26	26.4	33	19.6	16.6	37.9	1.89	1.03	4.66
	长寿村	2.66	0.79	3.88	41.86	26	64.3	18.42	17.3	19.9	2.23	0.46	4.27
	兴隆村	2.93	0.95	3.49	43.2	26.8	65.5	18.17	17.4	20.1	1.54	0.46	4.26
	永安村	2.6	2.1	3.24	47.62	27.6	58.9	18.44	17.2	22.3	2.06	0.83	2.85
	永仁村	3.63	2.15	12.23	51.21	37.2	59	19.92	17.1	38.6	1.39	1.04	2.47
	双兴村	2.48	2.01	3.24	33.29	28.2	39.9	20.96	16.9	74.7	1.41	1.03	2.31
	双玉村	4.18	1.52	16.02	46.13	31.3	61.9	23.35	17	47.3	1.15	0.47	2.47
连江口镇	长胜村	1.93	1.77	2.34	28.29	26.8	29.7	34.43	17.2	46.6	2.16	0.93	3.98
	万庆村	1.79	0.97	2.18	31.88	24.6	61.5	42.4	22.1	49.5	1.29	0.93	2.74
	红升村	1.71	1.33	2.11	41.26	24.1	65.3	34.68	22.4	50.2	2.2	0.57	4
	永兴村	1.72	1.33	1.96	30	25.6	53.4	40.16	21.1	47.8	1.53	0.57	4
望江镇	北四合村	2.64	1.86	2.96	29.22	28.6	30.7	18.5	16.9	20.3	1.77	0.95	2.9
	德新村	2.66	1.98	2.9	27.31	25.7	29.9	17.63	17	18.6	2.53	1.49	3.57
	东付中村	1.9	1.67	2.18	27.73	24.9	31.4	23.56	16	48.9	2.42	0.93	4.46
	东明村	2.22	1.46	2.79	26.96	23.1	29	17.15	16.7	18.3	4.04	2.16	5.49
	佳兴村	2.05	1.67	2.34	28.23	24.6	32	18.53	17	30.1	2.36	1.35	4.33
	景阳村	2.51	1.78	3.18	29.51	26	32.6	19.14	16	26.5	2.67	1.9	3.26
	立新村	2.42	1.46	2.87	26.82	24.6	27.8	17.8	17	18.4	3.04	1.27	5.16
	临江村	2.25	1.79	2.51	28.53	25.6	32	17.47	17	22.1	1.85	1.26	3.57
	望江村	2.12	1.98	2.47	27.63	25.6	29.7	17.5	17	18.2	1.94	1.49	2.66
	望胜村	2.41	1.75	2.87	29.24	26.9	32.6	18.1	15	20.1	2.43	1.94	3.08
	文俊村	1.81	1.27	2.51	29.48	28.5	31.6	17.82	15.2	19.4	1.28	0.48	2.04
	西付中村	2	1.67	2.36	26.98	23.6	29	17.51	16.2	20	2.55	1.35	4.33
	新合村	1.98	1.9	2.32	27.41	25.7	29.2	19.03	17.3	28	2.71	1.47	4.46

（续）

乡(镇)	村名	有效铜			有效铁			有效锰			有效锌		
		平均值	最小值	最大值	平均值	最小值	最大值	平均值	最小值	最大值	平均值	最小值	最大值
长青乡	光明村	2.38	1.97	3.17	39.92	26.1	52.4	23.02	18.1	27.6	2.22	1.29	2.96
	前进村	2.54	1.69	3.06	49.53	27.9	58.9	22.79	15.6	45.2	2.88	1.9	3.57
	四合村	2.73	2.02	3.03	55.83	53.6	57.4	16.83	16.3	18.2	3.03	2.96	3.57
	万兴村	2.17	1.86	3.17	30.94	26.1	52.4	26.97	18.1	36.2	1.97	1.29	2.96
	五一村	2.48	1.96	3.17	40.84	27.7	57.9	29.31	16	44.2	2.11	1.04	3.16
	兴家村	3.04	3.03	3.17	53.58	40.8	57.2	18.34	16.8	26.8	2.94	2.49	2.99
沿江乡	福胜村	1.77	1.29	1.92	56.67	42.4	60.5	17.75	16.5	20.1	2.49	1.93	4.26
	黑通村	1.7	1.57	2.47	53.84	50.5	57	16.23	16.1	16.4	5.01	2.56	5.65
	民兴村	2.18	1.57	3.02	54.86	50.5	64.8	16.62	15.2	18.2	3.45	1.85	5.65
	泡子沿村	3.58	2.36	4.66	62.67	56.9	67.1	16.36	15.7	16.8	2.55	1.09	3.66
	三连村	2.36	1.57	2.69	60.19	54.4	65.3	16.5	15.8	18.1	2.58	1.9	5.65
	新华村	2.33	2.15	2.69	53.61	28.5	63.9	19.85	16.3	36.3	2.26	1.77	2.9
	沿江村	1.82	1.57	2.17	53.09	39.8	57.3	17.4	16	30.1	3.72	2.56	5.65
四丰乡	花园村	2.41	1.79	3.14	28.61	26.3	30.6	18.12	17.3	20.7	2.55	1.35	3.57
	顺山堡村	2.68	1.99	3.5	28.94	27.6	30.2	18.2	16.9	23.7	2.64	1.8	3
	四丰村	2.05	1.78	2.56	29.11	26.9	31.6	18.1	16.9	23.5	2.47	1.89	2.96
	新鲜村	2.01	1.86	2.14	28.34	25.6	29.8	21.2	15.6	29.2	2.38	1.46	2.96
	四合山村	2.27	1.14	2.89	32.37	27.4	54.7	19.99	15.8	23.7	1.82	1.35	2.69
	松木河村	2.57	1.87	2.8	30.82	29	39.5	16.92	16.2	25.7	3.17	1.79	3.5
	团结村	2.54	1.96	2.85	31.41	28.4	50.5	18.91	16	29.2	1.98	1.02	3.5
	董家村	2.63	2.06	3.28	38.44	29	54.4	27.06	16	41.2	2.21	1.9	2.66

（续）

乡（镇）	村名	有效铜 平均值	有效铜 最小值	有效铜 最大值	有效铁 平均值	有效铁 最小值	有效铁 最大值	有效锰 平均值	有效锰 最小值	有效锰 最大值	有效锌 平均值	有效锌 最小值	有效锌 最大值
西格木乡	草帽村	2.15	1.14	2.69	28.05	26.3	33.9	35.05	18.1	42	1.75	1.32	2.41
	东格木村	2.1	1.73	2.58	27.81	24.7	29.2	33.41	20.4	39	2.02	1.33	2.47
	丰胜村	2.07	1.76	2.36	29.76	26.5	43.5	35.79	26.8	41.6	1.67	1.13	1.96
	靠山村	2.03	1.89	2.33	30.25	25.3	48.5	30.06	22.1	41.4	2.11	1.51	2.47
	民胜村	2.29	1.76	2.54	28.27	26.5	30.3	33.99	27.1	45.5	1.92	1.13	2.68
	平安村	2.15	1.97	2.44	27.98	24.9	36.8	31.83	25.6	41.4	1.7	1.26	2.15
	群林村	2.73	1.87	15.84	29.52		36	43.46	34.5	49.4	1.67	1.04	3.27
	西格木村	2.12	1.86	2.58	27.63	26	36.8	34.22	24.5	45.5	1.84	1.25	2.47
群胜乡	群胜村	4.3	2.16	15.92	33.46	30.1	37.7	21.06	18.1	34.6	1.31	0.29	2.99
	永胜村	2.44	2.22	3.2	33.25	31.4	40.6	22.18	18.2	47.6	0.98	0.29	5.32
	陡沟村	2.28	2.16	2.47	33.97	26.5	39.7	22.65	18.2	29.4	1.99	1.47	2.45
	高峰村	2.3	1.92	2.66	28.64	26.5	33	19.5	18.2	21.6	1.59	0.56	2.45
	西高峰村	9.58	2.11	15.27	34.98	33.1	37	30.9	18.2	54	1.53	1.35	3.9
	巨桦村	2.28	1.55	2.66	36.19	32.1	60.3	19.58	17	21	1.41	0.47	2.99
	新城村	3.78	1.96	15.92	33.97	32.5	37.7	23	18.8	34.6	0.99	0.36	2.56
平安乡	东风村	1.86	1.27	2.47	56.9	48.6	67	21.3	20.1	27.5	1.1	0.1	2.16
	东旺村	1.7	1.01	2.12	63.49	52.8	65.9	21.79	20.5	23.4	1.7	0.57	3.59
	富胜村	1.93	1.25	2.13	51.64	42.1	57.8	21.14	20.8	21.4	1.32	0.1	2.64
	佳新村	1.86	1.27	2.47	57.47	52.4	64.8	21.26	20.5	21.9	1.84	0.27	5.69
	莲花村	1.94	1.04	2.16	57.19	31.7	68.3	25.54	20.2	49.2	1.89	0.27	2.36
	明德村	1.59	1.36	2.18	54.75	44.1	60.5	25.98	21.8	36.4	2.65	0.57	3.27
	群英村	2.05	1.69	2.59	56.22	51.7	64.4	21.69	20.6	27.6	1.56	0.25	2.16
	荣新村	1.7	1.33	2.11	49.51	24.6	67	29.22	20.4	46.2	1.85	0.57	3.27

（续）

乡（镇）	村名	有效铜			有效铁			有效锰			有效锌		
		平均值	最小值	最大值	平均值	最小值	最大值	平均值	最小值	最大值	平均值	最小值	最大值
平安乡	双兴村	1.88	1.25	2.47	61.5	56.2	63.4	21.4	20.8	22.2	1.52	1.03	1.86
	大阳升村	1.67	0.97	2.13	59.04	48.4	65.4	21.48	20.3	24	1.05	0.1	2.74
	万胜村	1.96	1.89	2.12	63.51	56.4	67	21.1	20.4	22.3	1.79	0.57	2.04
	新业村	1.6	0.97	2.16	60.49	33.7	68.4	22.31	20.1	50.3	1.57	0.24	2.74
	兴安村	2	1.65	2.06	51.6	44.7	56.6	21.23	21	22	1.79	1.03	2.16
农场局	燎原农场	14.84	2.16	16.31	37.27	33.1	38.7	57.06	18.2	74.1	1.99	0.78	4.36
	苏木河农场	14.34	2.46	16.02	39.34	29.1	42	45.91	16.4	51	2.57	1.04	4.66
	猴石山果苗良种场	9.06	1.96	16.02	44.82	31.3	56.4	33.66	17.8	50	1.57	0.75	4.6
	新村农场	12.21	2.39	16.02	38	32.7	39.7	43.72	19.4	56.5	2.6	0.73	5.32
	四丰园艺场	2.67	2.14	3.14	31.15	29.3	37	19.02	16.9	24.9	2.69	2.47	3

附表6-41　村级乡（镇）土壤养分含量（有效硼、容重）

乡（镇）	村名	有效硼（毫克/千克）			容重（克/立方厘米）		
		平均值	最小值	最大值	平均值	最小值	最大值
大来镇	大米村	0.50	0.08	1.25	1.36	1.09	1.80
	复兴村	0.26	0.10	0.47	1.23	1.08	1.33
	富民村	0.29	0.20	0.39	1.32	1.22	1.40
	南城子村	0.18	0.05	0.41	1.21	1.12	1.33
	庆丰村	0.30	0.06	0.63	1.35	1.25	1.58
	山音村	0.52	0.22	1.47	1.36	1.19	1.50
	胜利村	0.30	0.20	0.55	1.29	1.08	1.51
	卧龙村	0.21	0.02	0.59	1.25	1.17	1.38

（续）

乡（镇）	村名	有效硼（毫克/千克）			容重（克/立方厘米）		
		平均值	最小值	最大值	平均值	最小值	最大值
大来镇	兴华村	0.32	0.13	0.46	1.18	0.97	1.38
	中大村	0.39	0.17	0.78	1.34	0.93	1.45
	中胜村	0.44	0.28	0.78	1.35	1.26	1.43
长发镇	北长发村	0.07	0.02	0.18	1.30	1.12	1.47
	长虹村	0.13	0.08	0.17	1.23	1.12	1.36
	长新村	0.15	0.12	0.17	1.22	1.16	1.28
	东胜村	0.16	0.11	0.18	1.20	1.07	1.24
	东四合村	0.10	0.03	0.17	1.24	1.04	1.29
	二龙山村	0.21	0.03	0.81	1.16	1.07	1.40
	南长发村	0.06	0.02	0.14	1.27	1.12	1.47
	太平川村	0.15	0.12	0.17	1.28	1.14	1.38
	新河村	0.14	0.02	0.19	1.23	1.07	1.37
	巨桥村	0.06	0.02	0.18	1.13	0.98	1.30
	正合村	0.48	0.02	2.64	1.19	1.07	1.29
敖其镇	敖其村	0.33	0.03	0.51	1.11	0.96	1.29
	长春村	0.19	0.16	0.26	1.17	1.13	1.27
	长寿村	0.22	0.09	0.31	1.26	1.10	1.38
	兴隆村	0.28	0.16	0.35	1.20	1.10	1.38
	永安村	0.34	0.18	0.54	1.14	0.95	1.32
	永仁村	0.45	0.29	0.55	1.24	1.09	1.29
	双兴村	0.29	0.23	0.57	1.19	1.10	1.36
	双玉村	0.57	0.34	0.98	1.26	1.13	1.36

（续）

乡（镇）	村名	有效硼（毫克/千克）			容重（克/立方厘米）		
		平均值	最小值	最大值	平均值	最小值	最大值
莲江口镇	长胜村	0.17	0.12	0.23	1.26	1.23	1.31
	万庆村	0.19	0.11	0.55	1.31	1.11	1.48
	红升村	0.31	0.01	0.57	1.21	1.06	1.38
	永兴村	0.17	0.08	0.34	1.24	0.97	1.31
望江镇	北四合村	0.60	0.10	1.12	1.21	1.11	1.31
	德新村	0.28	0.21	0.42	1.24	1.09	1.40
	东付中村	0.21	0.12	0.34	1.27	1.12	1.48
	东明村	0.31	0.22	0.52	1.20	1.14	1.24
	佳兴村	0.26	0.12	0.32	1.27	1.20	1.38
	景阳村	0.40	0.23	0.54	1.23	1.08	1.37
	立新村	0.27	0.19	0.46	1.20	1.15	1.40
	临江村	0.26	0.16	0.31	1.23	1.16	1.39
	望江村	0.23	0.12	0.31	1.32	1.19	1.42
	望胜村	0.36	0.10	1.05	1.24	1.06	1.40
	文俊村	0.74	0.21	1.30	1.18	1.09	1.33
	西付中村	0.22	0.12	0.33	1.32	1.19	1.48
	新合村	0.22	0.10	0.27	1.24	1.21	1.31
长青乡	光明村	0.48	0.38	0.78	1.21	1.13	1.27
	前进村	0.48	0.33	0.55	1.19	1.08	1.32
	四合村	0.51	0.43	0.56	1.13	1.12	1.16
	万兴村	0.55	0.32	1.28	1.22	1.13	1.25
	五一村	0.31	0.10	0.56	1.18	1.12	1.25
	兴家村	0.52	0.34	0.56	1.13	1.12	1.17

（续）

乡（镇）	村名	有效硼（毫克/千克）			容重（克/立方厘米）		
		平均值	最小值	最大值	平均值	最小值	最大值
沿江乡	福胜村	0.31	0.12	0.39	1.18	1.10	1.26
	黑通村	0.53	0.44	0.61	1.15	1.13	1.16
	民兴村	0.59	0.46	0.84	1.17	1.13	1.31
	泡子沿村	0.42	0.25	0.62	1.23	1.16	1.39
	三连村	0.50	0.44	0.58	1.19	1.14	1.25
	新华村	0.44	0.23	0.54	1.21	1.15	1.29
	沿江村	0.50	0.40	0.65	1.19	1.13	1.30
四丰乡	花园村	2.63	0.52	7.10	1.09	1.04	1.19
	顺山堡村	2.09	0.35	9.62	1.12	0.86	1.27
	四丰村	2.00	1.09	3.19	1.07	0.95	1.20
	新鲜村	0.81	0.24	1.87	1.16	0.98	1.27
	四合山村	0.56	0.38	1.33	1.19	0.97	1.52
	松木河村	1.35	0.79	1.45	1.06	0.87	1.28
	团结村	1.01	0.42	1.33	1.05	0.96	1.21
	董家村	0.41	0.14	0.81	1.15	0.89	1.38
西格木乡	草帽村	0.29	0.02	0.60	1.20	1.07	1.52
	东格木村	0.43	0.19	1.51	1.18	1.11	1.27
	丰胜村	0.25	0.15	0.38	1.20	1.08	1.31
	靠山村	0.28	0.15	0.44	1.21	1.11	1.30
	民胜村	0.28	0.04	0.60	1.20	1.11	1.31
	平安村	0.37	0.13	0.57	1.20	1.14	1.28
	群林村	0.17	0.03	0.55	1.20	1.15	1.33
	西格木村	0.21	0.04	0.35	1.18	1.10	1.30

（续）

乡（镇）	村名	有效硼（毫克/千克）			容重（克/立方厘米）		
		平均值	最小值	最大值	平均值	最小值	最大值
群胜乡	群胜村	0.97	0.23	1.91	1.19	1.11	1.31
	永胜村	0.60	0.33	1.40	1.18	1.11	1.24
	陇沟村	0.50	0.40	0.60	1.16	1.13	1.21
	高峰村	0.66	0.54	1.00	1.18	1.15	1.25
	西高峰村	0.52	0.33	1.01	1.11	0.98	1.13
	巨桦村	0.88	0.26	1.55	1.20	1.16	1.30
	新城村	1.01	0.33	1.39	1.21	1.08	1.31
平安乡	东风村	0.51	0.30	0.79	1.11	0.92	1.34
	东旺村	0.57	0.45	0.68	1.16	0.98	1.51
	富胜村	0.27	0.13	0.42	1.05	0.92	1.15
	佳新村	0.64	0.42	1.87	1.14	1.00	1.22
	莲花村	0.64	0.13	1.02	1.16	1.06	1.31
	明德村	0.42	0.28	0.58	1.29	1.09	1.35
	群英村	0.45	0.29	0.75	1.15	1.06	1.27
	荣新村	0.37	0.06	0.68	1.19	0.97	1.35
	双兴村	0.60	0.44	0.77	1.12	0.98	1.18
	太阳升村	0.45	0.19	0.83	1.11	1.01	1.26
	万胜村	0.45	0.41	0.58	1.04	0.97	1.14
	新业村	0.53	0.17	0.75	1.14	0.86	1.41
	兴安村	0.33	0.22	0.55	1.13	1.02	1.21
农场局	燎原农场	0.35	0.20	0.60	1.13	1.00	1.30
	苏木河农场	0.51	0.28	1.27	1.20	1.04	1.36
	猴石山果苗良种场	0.46	0.33	0.84	1.26	1.03	1.36
	新村农场	0.42	0.36	0.54	1.21	1.15	1.31
	四丰园艺场	2.40	2.01	2.77	1.06	1.03	1.13

图书在版编目（CIP）数据

黑龙江省佳木斯市郊区耕地地力评价 / 国忠宝主编
—北京：中国农业出版社，2017.12
ISBN 978-7-109-23496-3

Ⅰ.①黑… Ⅱ.①国… Ⅲ.①耕作土壤－土壤肥力－
土壤调查－佳木斯②耕作土壤－土壤评价－佳木斯 Ⅳ.
①S159.235.3②S158

中国版本图书馆CIP数据核字（2017）第266353号

中国农业出版社出版
（北京市朝阳区麦子店街18号楼）
（邮政编码100125）
责任编辑 杨桂华 廖 宁

中国农业出版社印刷厂印刷 新华书店北京发行所发行
2017年12月第1版 2017年12月北京第1次印刷

开本：787mm×1092mm 1/16 印张：18 插页：6
字数：500千字
定价：108.00元
（凡本版图书出现印刷、装订错误，请向出版社发行部调换）

佳木斯市郊区行政区划图

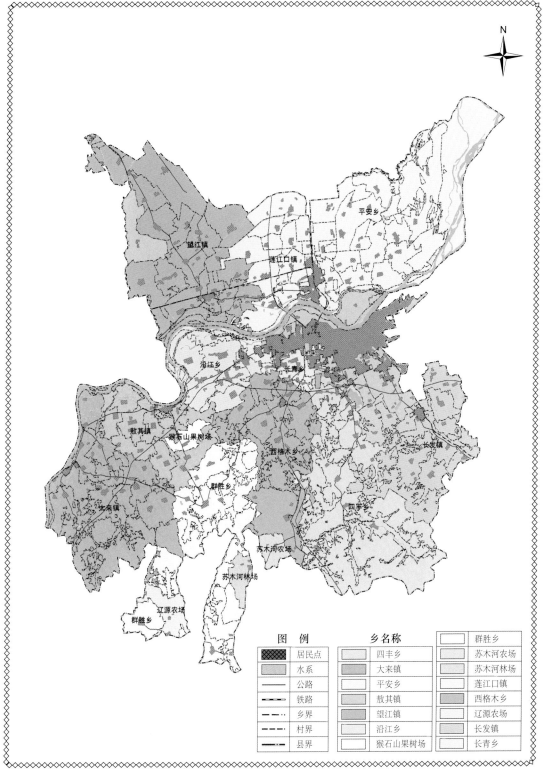

图　例		乡名称			
	居民点		四丰乡		群胜乡
	水系		大来镇		苏木河农场
	公路		平安乡		苏木河林场
	铁路		敖其镇		莲江口镇
	乡界		望江镇		西格木乡
	村界		沿江乡		辽源农场
	县界		猴石山果树场		长发镇
					长青乡

本图采用北京1954坐标系　　　　　比例尺　1：500 000　　　　　哈尔滨万图信息技术开发有限公司

佳木斯市郊区土地利用现状图

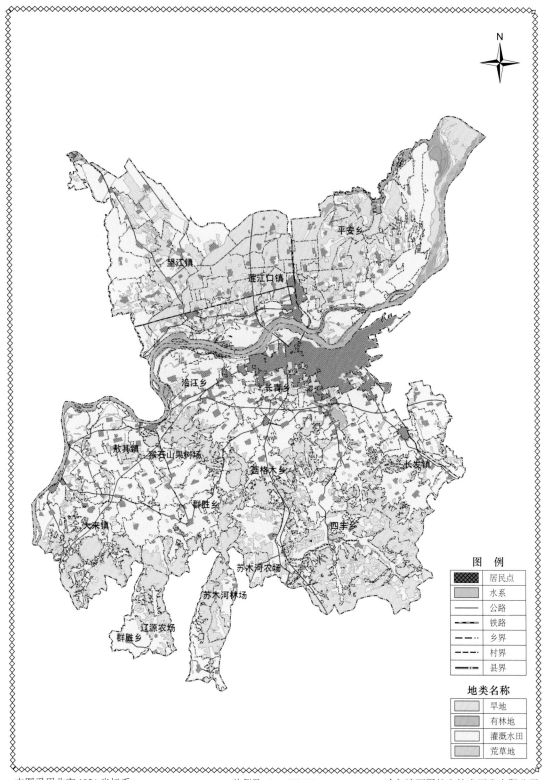

N

图 例

	居民点
	水系
	公路
	铁路
	乡界
	村界
	县界

地类名称

	旱地
	有林地
	灌溉水田
	荒草地

望江镇　莲江口镇　平安乡

沿江乡　长青乡

敖其镇　猴吞山果树场

西格木乡　长发镇

群胜乡

大来镇　四丰乡

苏木河农场

苏木河林场

辽源农场

群胜乡

本图采用北京 1954 坐标系　　　　比例尺 1：500 000　　　　哈尔滨万图信息技术开发有限公司

佳木斯市郊区土壤图

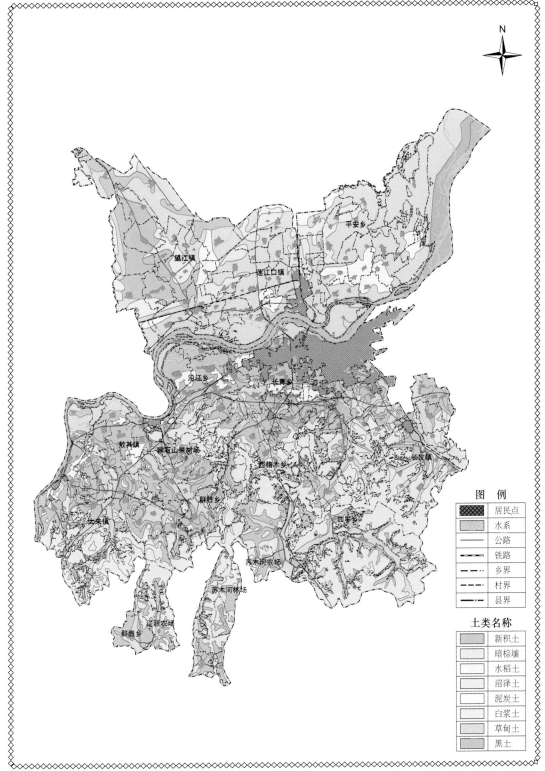

图 例

▨	居民点
▨	水系
——	公路
▭	铁路
– –	乡界
- - -	村界
——	县界

土类名称

▨	新积土
▨	暗棕壤
▨	水稻土
▨	沼泽土
▨	泥炭土
▨	白浆土
▨	草甸土
▨	黑土

本图采用北京 1954 坐标系　　　　比例尺　1：500 000　　　　哈尔滨万图信息技术开发有限公司

佳木斯市郊区耕地地力调查点分布图

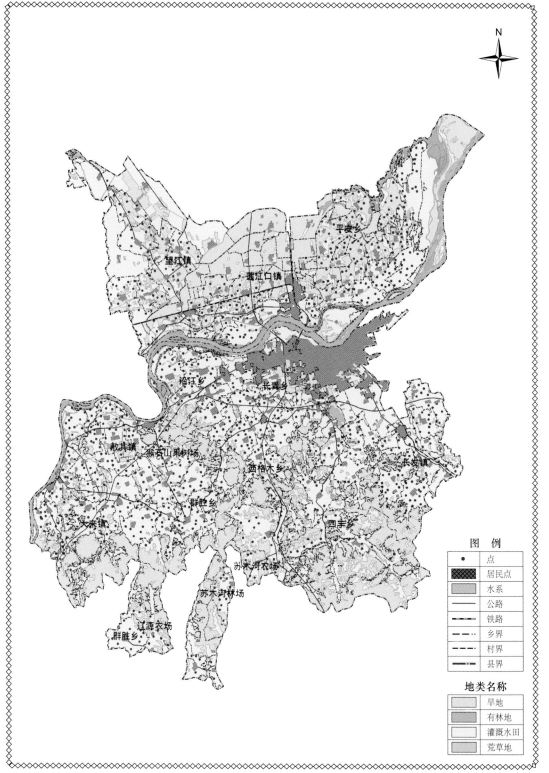

图 例

- 点 点
- 居民点
- 水系
- 公路
- 铁路
- 乡界
- 村界
- 县界

地类名称

- 旱地
- 有林地
- 灌溉水田
- 荒草地

望江镇
莲江口镇
平安乡
敖其镇
猴石山果树场
哈江乡
长青乡
西格木乡
长发镇
群胜乡
大来镇
四丰乡
苏木河农场
苏木河林场
辽源农场
群胜乡

本图采用北京 1954 坐标系　　　　　比例尺　1：500 000　　　　哈尔滨万图信息技术开发有限公司

佳木斯市郊区耕地地力等级图

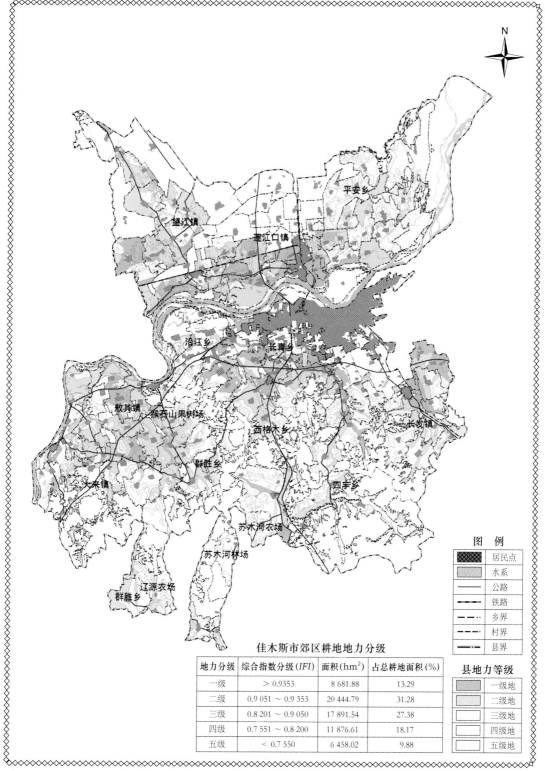

平安乡

望江镇

莲江口镇

沿江乡

长青乡

敖其镇

猴石山果树场

西格木乡

长发镇

群胜乡

大来镇

四丰乡

苏木河农场

苏木河林场

辽源农场

群胜乡

N

图　例

	居民点
	水系
	公路
	铁路
	乡界
	村界
	县界

县地力等级

	一级地
	二级地
	三级地
	四级地
	五级地

佳木斯市郊区耕地地力分级

地力分级	综合指数分级（IFI）	面积（hm²）	占总耕地面积（%）
一级	> 0.9353	8 681.88	13.29
二级	0.9 051 ～ 0.9 353	20 444.79	31.28
三级	0.8 201 ～ 0.9 050	17 891.54	27.38
四级	0.7 551 ～ 0.8 200	11 876.61	18.17
五级	< 0.7 550	6 458.02	9.88

本图采用北京1954坐标系　　　　　比例尺　1：500 000　　　　　哈尔滨万图信息技术开发有限公司

佳木斯市郊区耕地土壤有机质分级图

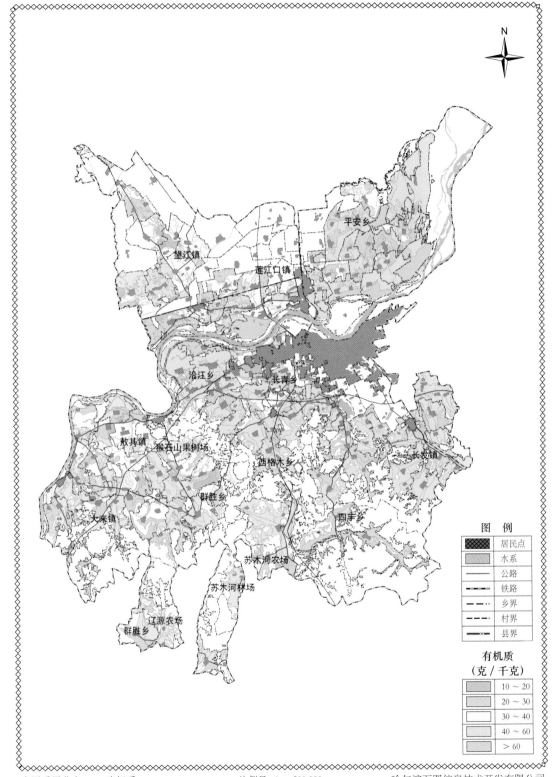

N

图 例

	居民点
	水系
	公路
	铁路
	乡界
	村界
	县界

有机质
（克／千克）

	10～20
	20～30
	30～40
	40～60
	＞60

本图采用北京1954坐标系　　　　比例尺 1：500 000　　　　哈尔滨万图信息技术开发有限公司

佳木斯市郊区耕地土壤有效磷分级图

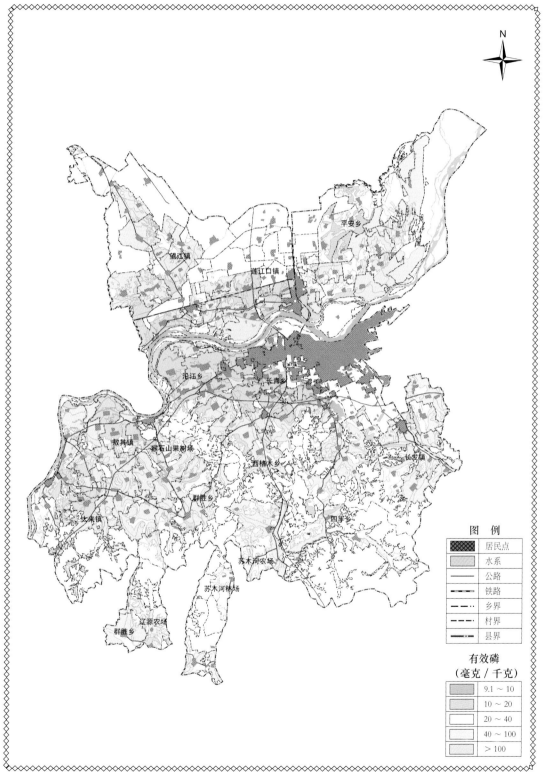

图 例

居民点	
水系	
公路	
铁路	
乡界	
村界	
县界	

有效磷
（毫克／千克）

	9.1 ～ 10
	10 ～ 20
	20 ～ 40
	40 ～ 100
	> 100

本图采用北京 1954 坐标系　　　　　比例尺　1：500 000　　　　　哈尔滨万图信息技术开发有限公司

佳木斯市郊区耕地土壤速效钾分级图

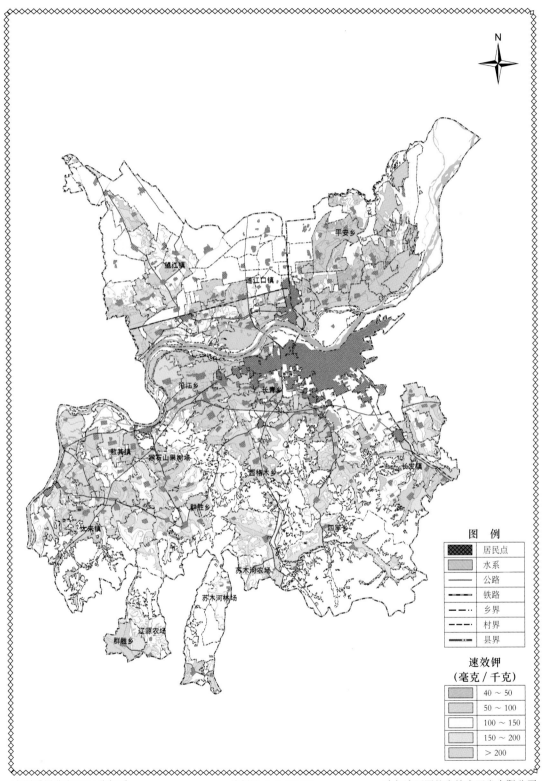

图　例

	居民点
	水系
	公路
	铁路
	乡界
	村界
	县界

速效钾
（毫克/千克）

	40～50
	50～100
	100～150
	150～200
	>200

本图采用北京 1954 坐标系　　　　　　比例尺　1：500 000　　　　　　哈尔滨万图信息技术开发有限公司

佳木斯市郊区耕地土壤有效铜分级图

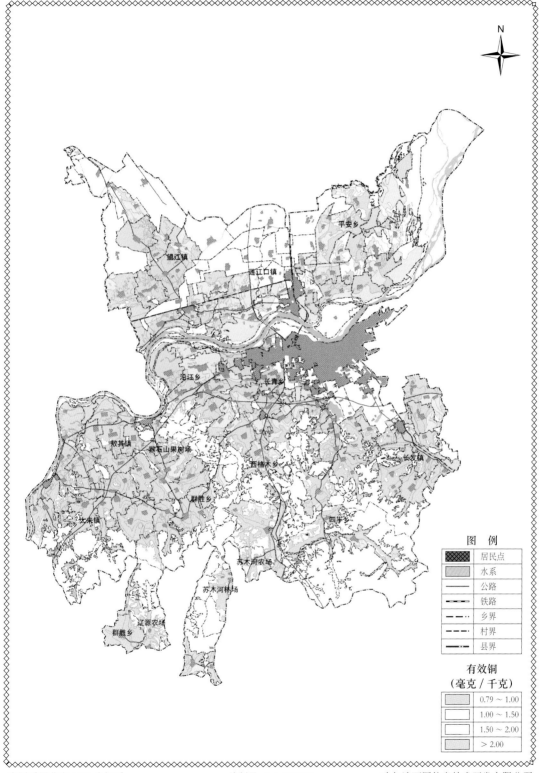

N

图 例

	居民点
	水系
	公路
	铁路
	乡界
	村界
	县界

有效铜
（毫克／千克）

	0.79 ～ 1.00
	1.00 ～ 1.50
	1.50 ～ 2.00
	> 2.00

本图采用北京 1954 坐标系　　　　比例尺　1：500 000　　　　哈尔滨万图信息技术开发有限公司

佳木斯市郊区耕地土壤有效锌分级图

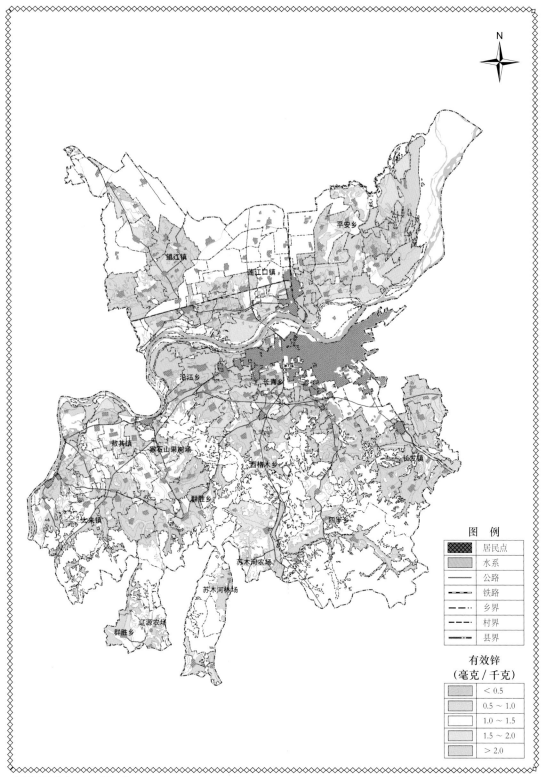

N

图 例

	居民点
	水系
	公路
	铁路
	乡界
	村界
	县界

有效锌
（毫克 / 千克）

	< 0.5
	0.5 ～ 1.0
	1.0 ～ 1.5
	1.5 ～ 2.0
	> 2.0

本图采用北京 1954 坐标系　　　　　　比例尺　1：500 000　　　　　　哈尔滨万图信息技术开发有限公司

佳木斯市郊区耕地土壤全氮分级图

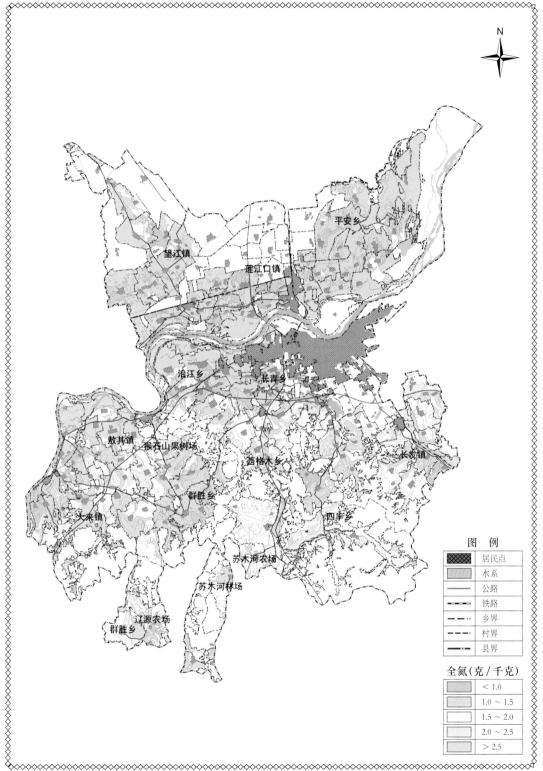

N

图 例

▨	居民点
▨	水系
—	公路
▦	铁路
– ··	乡界
- - -	村界
–·–·–	县界

全氮(克/千克)

▨	< 1.0
▨	1.0 ~ 1.5
□	1.5 ~ 2.0
▨	2.0 ~ 2.5
▨	> 2.5

平安乡
望江镇
莲江口镇
沿江乡
长青乡
敖其镇
猴石山果树场
西格木乡
长发镇
群胜乡
大来镇
四丰乡
苏木河农场
苏木河林场
辽源农场
群胜乡

本图采用北京 1954 坐标系　　　　　　　　比例尺　1：500 000　　　　　　　　哈尔滨万图信息技术开发有限公司

佳木斯市郊区玉米适宜性评价图

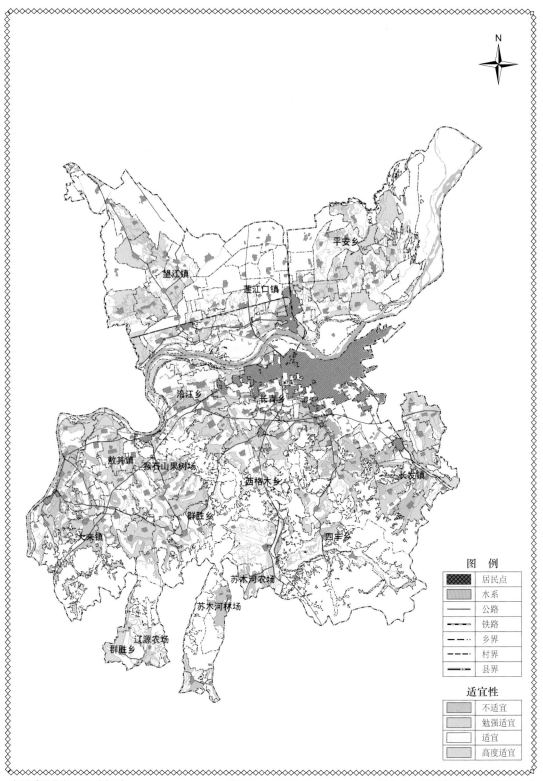

平安乡

望江镇
莲江口镇

沿江乡
长青乡

敖其镇
猴石山果树场
西格木乡
长发镇

群胜乡

大来镇
四丰乡

苏木河农场

苏木河林场

辽源农场
群胜乡

N

图　例

居民点	
水系	
公路	
铁路	
乡界	
村界	
县界	

适宜性

不适宜	
勉强适宜	
适宜	
高度适宜	

本图采用北京1954坐标系　　　　　比例尺　1：500 000　　　　　哈尔滨万图信息技术开发有限公司